普通高等教育"十三五"新能源类规划教材

光伏组件制造技术

主　编　李一龙　张冬霞　袁　英
副主编　代术华　潘红娜　胡军英　李　容

北京邮电大学出版社
www.buptpress.com

内容简介

本书全面而深入地介绍了晶体硅太阳能电池的基础知识、工作原理及制造工艺等，并对蓬勃发展的晶体硅太阳能电池、组件原材料相关知识及相关设备使用做了简要介绍。

全书分为6章，具体内容包括太阳能光伏发电基础知识、太阳能光伏组件原材料相关知识、光伏组件相关设备的使用与维护、光伏组件生产加工工艺、光伏组件来料检验及常规试验操作、车间管理。

本书可作为高等院校（本科院校、高职院校）新能源技术及应用、光伏发电技术及应用、新能源科学与工程等专业的教学用书，也可供太阳能电池企业的技术人员、管理人员以及广大太阳能电池发电爱好者参考。

图书在版编目（CIP）数据

光伏组件制造技术 / 李一龙，张冬霞，袁英主编. -- 北京：北京邮电大学出版社，2017.8（2025.1 重印）
ISBN 978-7-5635-5243-6

Ⅰ.①光… Ⅱ.①李… ②张… ③袁… Ⅲ.①太阳能电池—生产工艺 Ⅳ.①TM914.4

中国版本图书馆 CIP 数据核字（2017）第 197201 号

书　　名：光伏组件制造技术
著作责任者：李一龙　张冬霞　袁　英　主编
责任编辑：刘　颖
出版发行：北京邮电大学出版社
社　　址：北京市海淀区西土城路 10 号（邮编：100876）
发 行 部：电话：010-62282185　传真：010-62283578
E-mail：publish@bupt.edu.cn
经　　销：各地新华书店
印　　刷：保定市中画美凯印刷有限公司
开　　本：787 mm×1 092 mm　1/16
印　　张：16.25
字　　数：425 千字
版　　次：2017 年 8 月第 1 版　2025 年 1 月第 7 次印刷

ISBN 978-7-5635-5243-6　　定　价：39.00 元

· 如有印装质量问题，请与北京邮电大学出版社发行部联系 ·

前　言

2016年我国太阳能光伏电池累计产量6 838.1万千瓦，产量同比增长1.9%，累计增长16.6%。经过十几年的发展，我国光伏产业已成为一个名副其实的大产业。太阳能光伏工程技术人才的培养主要依靠光伏企业内部培养，由于种种原因，远远不能满足迅猛发展的光伏行业需求。理论功底厚且实践能力强的高端工程技术人员更是凤毛麟角。

高端工程技术人员的培养离不开适宜的、优质的教材。纵观国内太阳能光伏著作，适合作为本科及专科教学使用的并不多。部分早期太阳能光伏著作，理论分析深刻，但其中太阳能电池制造工艺已属于传统的、被淘汰的制造工艺，缺少对当前主流制造工艺的深入介绍。最新的专著往往在一些具体问题上过于深入而难以全面深入介绍太阳能电池发电机理。

晶体硅太阳能电池工艺经过了40余年的不断创新，发电机理清晰，技术成熟，电性能稳定，是目前乃至今后相当长时间内光伏行业主流的太阳能电池，为了适应目前蓬勃发展的光伏行业对工程技术人才的需求及配合国内高等院校开展光伏课程教学，我们组织编写了本书，全面而深入地介绍晶体硅太阳能电池的基础知识、工作原理及制造工艺等。

本书具有以下特色：

(1)按从太阳能电池的应用到微观的太阳能电池工作原理及制造工艺的顺序编写，旨在让读者先获得对太阳能光伏行业整体的感性的认识，再逐步深入学习，由表及里逐步加深理性认识；旨在使读者不仅知其然，而且知其所以然。

(2)对太阳能电池及组件制造工艺的讲解具体、深入而细致。以当今太阳能电池主流制造工艺为例，介绍了主流制造企业所应用的生产设备、操作方法，甚至包含了具体的工艺参数。

(3)主要章节后面附有一定数量的习题，有利于读者检验学习效果、教师组织课程练习及课程考核。

本书由李一龙、张冬霞、袁英担任主编，代术华、潘红娜、胡军英、李容担任副主编。具体编写分工如下：张冬霞编写第1章，袁英编写第2章，代术华编写第3章，潘红娜编写第4章，胡军英编写第5章，李一龙编写第6章，李容编写复习资料。全书由李一龙统稿。

由于编者水平有限，书中的疏漏和不足之处在所难免，恳请读者批评指正。

编　者

目　　录

第1章　太阳能光伏发电基础知识

1.1　太阳能光伏发电概述

1.1.1　太阳能光伏发电简介

太阳能光伏发电的基本原理是基于半导体PN结的光生伏打效应将太阳辐射能直接转换成电能。所谓的光生伏打效应，就是当物体受到光照时，其体内的电荷分布状态发生变化而产生电动势和电流的一种效应。太阳能光伏发电的能量转换就是太阳能电池，也叫光伏电池。当太阳光照射到由P、N型两种不同导电类型的同质半导体材料构成的太阳能电池上时，其中一部分光线被反射，一部分光线被吸收，还有一部分光线透过电池片。被吸收的光能被束缚的高能级状态下的电子产生电子-空穴对，在PN结的内建电场作用下，电子、空穴相互运动（图1-1），N区的空穴向P区运动，P区的电子向N区运动，使太阳能的受光面有大量负电荷积累。于是在PN结附近就形成与势垒电场方向相反的光生电场。光生电场的一部分抵消势垒电场，其余部分使P型区带正电，N型区带负电，使得P区与N区之间的薄层产生电动势，即光生电压，如在电池上、下表面做上金属电极，当接通外电路时，便有电流从P区经负载流至N区，此时就有电能的输出，这就是PN结型硅太阳电池发电的基本原理。

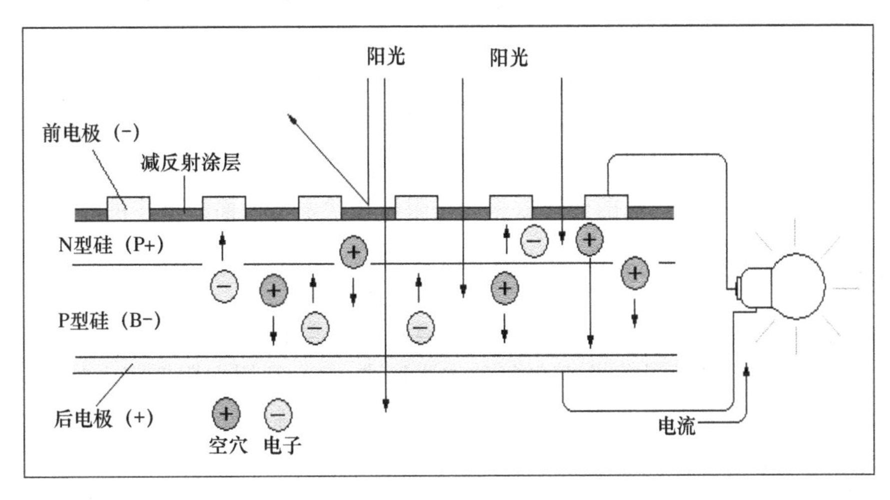

图1-1　太阳能光伏电池发电原理

1.1.2 太阳能发电的优点

(1) 太阳能资源取之不尽,用之不竭,地球表面接受的太阳辐射能是全球能源需求的1万倍。只要全球4%的沙漠装上太阳能光伏系统,所发的电就可以满足全球的需要。太阳能发电安全可靠,不会遭受能源危机或者燃料市场不稳定的冲击。

(2) 太阳能随处可得,可就近供电,不必长距离输电,避免了长距离输电线路的损失。

(3) 太阳能发电不用燃料,运行成本很低。

(4) 太阳能发电特别适合无人值守。

(5) 太阳能发电不产生任何废弃物,没有污染、噪声等公害,对环境无不良影响,是理想的清洁能源。

(6) 太阳能发电系统建设周期短,方便灵活,而且可以根据负荷的增减,任意添加或减少太阳能电池方阵容量,避免浪费。

(7) 太阳能发电系统无机械转动部件,操作、维护简单,运行稳定可靠,使用寿命长(30年以上)。

(8) 太阳能电池组件结构简单,体积小、重量轻,便于运输和安装。光伏发电系统建设周期短,而且根据用电负荷容量可大可小,方便灵活,极易组合、扩容。

1.1.3 太阳能发电的缺点

(1) 地面应用系统有间歇性和随机性,发电量与气候条件有关,在晚上或者阴雨天就不能或者很少发电。

(2) 能量密度较低,标准条件下,地面接收到的太阳辐射强度为1 000 W/m^2,大规模使用时,占地面积较大。例如,1 580 mm×808 mm的一块组件发电的功率约为150 W。

(3) 目前价格较贵,发电成本为常规发电的5~15倍,初始投资高。

(4) 硅电池的制造过程高污染、高能耗。硅电池的主要原料是纯净的硅,硅是地球上含量仅次于氧的元素,主要存在是沙子(二氧化硅)。从沙子中提取二氧化硅并一步步提纯为含量99.999 9%以上纯净的晶体硅,期间要经过多道化学和物理工序的处理,不仅要消耗大量能源,还会造成一定的环境污染。

(5) 转换效率低。光伏发电的最基本单元是太阳能电池组件。光伏发电的转换效率指的是光能转换为电能的比率。目前晶体硅光伏电池转换效率为17%~24%,非晶硅光伏电池转换效率只有10%~15%。由于光电转换效率低,从而使光伏发电功率密度低,难以形成高功率发电系统。因此,太阳能电池的转换效率低是阻碍光伏发电大面积推广的瓶颈。

1.1.4 太阳能发电的发展

太阳能转换利用方式有光-热转换、光-电转换和光-化学转换三种方式。

(1) 太阳能热水系统是目前光-热转换的主要形式,它是利用太阳能将水加热储于水箱中以便利用的装置。太阳能产生的热能可以广泛应用到采暖、制冷、干燥、蒸馏、室温、烹饪等很多领域,并可以进行热发电和热动力。

(2) 利用光生伏打效应原理制成的光伏电池,可将太阳的光能直接转换成电能以利用,称为光-电转换,即光伏发电。本课程所讲的就是光伏发电,所以太阳能电池发电也称为光伏发电、光伏工程等。

(3) 光-化学转换尚处于研究试验阶段，这种转换技术包括光伏电池电极化水制成氢、利用氢氧化钙和金属氢化物热分解储能等。

自从 1954 年第一块实用光伏电池问世以来，太阳能光伏发电取得了长足的进步。但比计算机和光纤通信的发展要慢得多。其原因可能是人们对信息的追求特别强烈，而常规能源还能满足人类对能源的需求。1973 年的石油危机和 20 世纪 90 年代的环境污染问题大大促进了太阳能光伏发电的发展。其技术及应用发展过程简列如下：

1893 年，法国科学家贝克勒尔发现"光生伏打效应"，即"光伏效应"。

1876 年，亚当斯等在金属和硒片上发现固态光伏效应。

1883 年，制成第一个"硒光电池"，用作敏感器件。

1930 年，肖特基提出 Cu_2O 势垒的"光伏效应"理论。同年，朗格首次提出用"光伏效应"制造"太阳能电池"，使太阳能变成电能。

1931 年，布鲁诺将铜化合物和硒银电极浸入电解液，在阳光下启动了一个电动机。

1932 年，奥杜博特和斯托拉制成第一块"硫化镉"太阳能电池。

1941 年，奥尔在硅上发现光伏效应。

1954 年，恰宾和皮尔松在美国贝尔实验室，首次制成了实用的单晶硅太阳能电池，光电转换效率为 6%。同年，韦克尔首次发现了砷化镓有光伏效应，并在玻璃上沉积硫化镉薄膜，制成了第一块薄膜太阳能电池。

1955 年，吉尼和罗非斯基进行材料的光电转换效率优化设计。同年，第一个光电航标灯问世。美国 RCA 研究砷化镓太阳能电池。

1957 年，硅太阳能电池转换效率达 8%。

1958 年，太阳能电池首次在空间应用，装备美国先锋 1 号卫星电源。

1959 年，第一个多晶硅太阳能电池问世，转换效率达 5%。

1960 年，硅太阳能电池首次实现并网运行。

1962 年，砷化镓太阳能电池转换效率达 13%。

1969 年，薄膜硫化镉太阳能电池转换效率达 8%。

1972 年，罗非斯基研制出紫光电池，转换效率达 16%。

1972 年，美国宇航公司背场电池问世。

1973 年，砷化镓太阳能电池转换效率达 15%。

1974 年，COMSAT 研究所提出无反射绒面电池，硅太阳能电池转换效率达 18%。

1975 年，非晶硅太阳能电池问世。同年，带硅电池转换效率达 6%～9%。

1976 年，多晶硅太阳能电池转换效率达 10%。

1978 年，美国建成 100 kWp 太阳能地面光伏电站。

1980 年，单晶硅太阳能电池转换效率达 20%，砷化镓电池达 22.5%，多晶硅电池达 14.5%，硫化镉电池达 9.15%。

1983 年，美国建成 1 MWp 光伏电站，冶金硅(外延)电池效率达 11.8%。

1986 年，美国建成 6.5 MWp 光伏电站。

1990 年，德国提出"2 000 个光伏屋顶计划"，每个家庭的屋顶装 3～5 kWp 光伏电池。

1995 年，高效聚光砷化镓太阳能电池效率达 32%。

1997 年，美国提出"克林顿总统百万太阳能屋顶计划"，在 2010 年以前为 100 万户，每户安装 3～5 kWp 光伏电池。有太阳时，光伏屋顶向电网供电，电表反转；无太阳时，电网向家庭供电,电表正转。家庭只需交“净电费”。

1997年,日本“新阳光计划”提出到2010年生产43亿Wp光伏电池。

1997年,欧洲联盟计划到2010年生产37亿Wp光伏电池。

1998年,单晶硅光伏电池效率达25%。荷兰政府提出“荷兰百万个太阳光伏屋顶计划”,到2020年完成。

太阳能电池的发展历史呈现出一定的阶段性特征,大致可以分为下面几个阶段:

(1) 第一阶段(1954—1973)

1954年恰宾和皮尔松在美国贝尔实验室,首次制成了实用的单晶太阳能电池,转换效率为6%。同年,韦克尔首次发现了砷化镓有光伏效应,并在玻璃上沉积硫化镉薄膜,制成了第一块薄膜太阳能电池。太阳能电池开始了缓慢的发展。

(2) 第二阶段(1973—1980)

1973年10月爆发中东战争,引起了第一次石油危机,从而使许多国家,尤其是工业发达国家,加强了对太阳能及其他可再生能源技术发展的支持,在世界上再次兴起了开发利用太阳能的热潮。1973年,美国制订了政府级阳光发电计划,太阳能研究经费大幅度增长,并且成立太阳能开发银行,促进太阳能产品的商业化。1978年美国建成100 kWp太阳能地面光伏电站。日本在1974年公布了政府制订的“阳光计划”,其中太阳能的研究开发项目有:太阳能房、工业太阳能系统、太阳能热发电、太阳能电池生产系统、分散型和大型光伏发电系统等。为实施这一计划,日本政府投入了大量人力、物力和财力。至1980年,单晶硅太阳能电池转换效率达20%,砷化镓电池达22.5%,多晶硅电池达14.5%,硫化镉电池达9.15%。

(3) 第三阶段(1980—1992)

进入20世纪80年代,世界石油价格大幅度回落,而太阳能产品价格居高不下,缺乏竞争力;太阳能光伏技术没有重大突破,提高效率和降低成本的目标没有实现,以致动摇了一些人开发利用太阳能的信心;核电发展较快,对太阳能光伏的发展产生了一定的抑制作用。在这个时期,太阳能利用进入了低谷,世界上许多国家相继大幅度削减太阳能光伏研究经费,其中美国最为突出。

(4) 第四阶段(1992—2000)

由于大量燃烧矿物化石能源,造成了全球性的环境污染和生态破坏,对人类的生存和发展构成威胁。在这样的背景下,1992年联合国在巴西召开“世界环境与发展大会”,会议通过了《里约热内卢环境与发展宣言》《21世纪议程》和《联合国气候变化框架公约》等一系列重要文件,把环境与发展纳入统一的框架,确立了可持续发展的模式。这次会议之后,世界各国加强了清洁能源技术的开发,将利用太阳能与环境保护结合在一起,国际太阳能领域的合作更加活跃,规模扩大,使世界太阳能光伏技术进入了一个新的发展时期。

此期间的标志性事件主要有:1993年,日本重新制订“阳光计划”;1997年,美国提出“克林顿总统百万太阳屋顶计划”。至1998年,单晶硅光伏电池转换效率达24.7%。

(5) 第五阶段(2000年至今)

进入21世纪,原油价格也进入了疯狂上涨的阶段,从2000年的不足30美元/桶,暴涨到2008年7月的接近150美元/桶,这让世界各国再次意识到不可再生能源的稀缺性,加强了人们发展新能源的欲望。此阶段,太阳能产业也得到了轰轰烈烈的发展,德国在2004年修正EEG法案补贴新能源,西班牙在2004年开始实施“Red Decreto”法案,意大利实施“Conto Energia”法案,对光伏购电进行补偿,许多发达国家加强了政府对新能源发展的支持补贴力度,太阳能发电装机容量得到了迅猛的增长。受益于太阳能发电需求的猛烈增长，我国由前几年的无名小卒到 2007 年一跃成为世界第一太阳能电池生产大国。在光伏电池转换效率方面，多晶硅太阳能电池实验最高转换效率达到了 20.3％。至 2007 年，Spectrolab 最新研制的 GaAs 多结聚光太阳能电池，转换效率达 40.7％。

1.2 太阳能发电系统的原理及组成

太阳能(Solar)是太阳内部连续不断的核聚变反应过程产生的能量，是各种可再生能源中最重要的基本能源，也是人类可利用的最丰富的能源。太阳每年投射到地面上的辐射能高达 1.05×10^{18} 千瓦时，相当于 1.3×10^{14} 亿吨标准煤，为全世界目前一年耗能的一万多倍。按目前太阳的质量消耗速率计，可维持 6×10^{10} 年，可以说它是“取之不尽，用之不竭”的能源。在地球大气层之外，地球与太阳平均距离处，垂直于太阳光方向的单位面积上的辐射能基本上为一个常数。这个辐射强度称为太阳常数，或称此辐射为大气质量为零(AM0)的辐射，其值为 1.367 kW/m^2。太阳是距离地球最近的恒星，是由炽热气体构成的一个巨大球体，中心温度约为 10^7 K，表面温度接近 5 800 K，主要由氢(约占 80％)和氦(约占 19％)组成。晴天，决定总入射功率的最重要的参数是光线通过大气层的路程。太阳在头顶正上方时，路程最短，实际路程和此最短路程之比称为光学大气质量。光学大气质量与太阳天顶角有关。当太阳天顶角为 0 °时，大气质量为 1 或称 AM1；天顶角为 60 °时，大气质量为 2 或称 AM2。天顶角为 48.2 度时，大气质量为 AM1.5，为光伏业界的标准。

地球上的风能、水能、海洋温差能、波浪能和生物质能以及部分潮汐能都是来源于太阳；即使是地球上的化石燃料(如煤、石油、天然气等)从根本上说也是远古以来贮存下来的太阳能，所以广义的太阳能所包括的范围非常大，狭义的太阳能则限于太阳辐射能的光热、光电和光化学的直接转换。太阳能既是一次能源，又是可再生能源。它资源丰富，既可免费使用，又无须运输，对环境无任何污染。太阳能的利用主要通过光—热、光—电、光—化学、光—生物质等几种转换方式实现。

太阳能发电系统是利用光生伏打效应原理制成的太阳能电池将太阳辐射能直接转换成电能的发电系统，光生伏打效应就是太阳光照到太阳能电池表面而产生电压的效应。太阳能发电系统分为离网型太阳能发电系统和并网型太阳能发电系统：太阳能光伏发电系统中，没有与公用电网相连接的光伏系统称为离网(或独立)太阳能光伏发电系统；与公共电网相连接的光伏系统称为并网(或联网)太阳能光伏发电系统。并网型太阳能发电系统是将所发电量送入电网；离网型太阳能发电系统是将所发电量在当地使用，不并入电网。离网(或独立)运行的光伏发电系统中，根据系统中用电负载的特点，可分为直流系统、交流系统、交直流混合系统。对于并网型太阳能发电系统要求全年所发电量尽可能最大，而对于离网型太阳能发电系统则要求全年发电量尽可能均衡，以满足负载需要。离网型太阳能发电与并网型太阳能发电的最大区别是前者一般需要蓄电池来储存电能。图 1-2 是离网型太阳能发电系统典型组成示意图，它包括太阳能电池方阵、控制器、蓄电池组、直流/交流逆变器等部分组成。

在并网型太阳能发电系统中需要防止孤岛效应，所谓孤岛现象是指当电网供电因故障或停电维修而跳脱时，各个用户端的分布式并网发电系统(如光伏发电、风力发电、燃料电池发电等)未能即时检测出停电状态而将自身切离市电网络，而形成由分布电站并网发电系统和周围的负载组成的一个自给供电的孤岛。

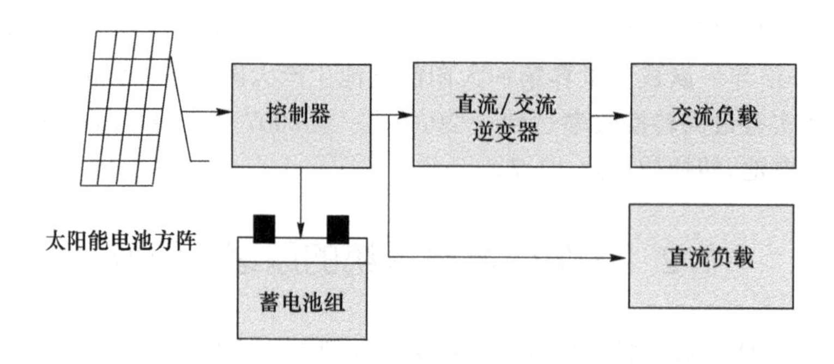

图 1-2 太阳能电池发电系统示意图

孤岛一旦产生将会危及电网输电线路上维修人员的安全；影响配电系统上的保护开关的动作程序，冲击电网保护装置；影响传输电能质量，电力孤岛区域的供电电压与频率将不稳定；当电网供电恢复后会造成相位不同步；单相分布式发电系统会造成系统三相负载欠相供电。因此对于一个并网系统必须能够进行防孤岛效应检测，逆变器直接并网时，除了应具有基本的保护功能外，还应具备防孤岛效应的特殊功能。从用电安全与电能质量考虑，孤岛效应是不允许出现的；当发生孤岛现象时，并网系统必须快速、准确地切除并网逆变器，向电网供电。孤岛发生时必须快速、准确地切除并网逆变器，向电网供电。

1.2.1 太阳能电池方阵

太阳能光伏发电系统的最核心的器件是太阳能电池，太阳能电池方阵由若干太阳能电池组件组成，太阳能电池组件由若干太阳能电池单体构成，太阳能电池单体是光电转换的最小单元。太阳能电池单体的工作电压为 0.4～0.5 V，工作电流为 20～25 mA/cm^2，一般不能单独作为电源使用。将太阳能电池单体进行串并联封装后，就成为太阳能电池组件，其功率一般为几瓦至几百瓦，是可以单独作为电源使用的最小单元。太阳能电池组件再经过串并联组合安装在支架上，就构成了太阳能电池方阵，可以满足负载所要求的输出功率，如图 1-3 所示。

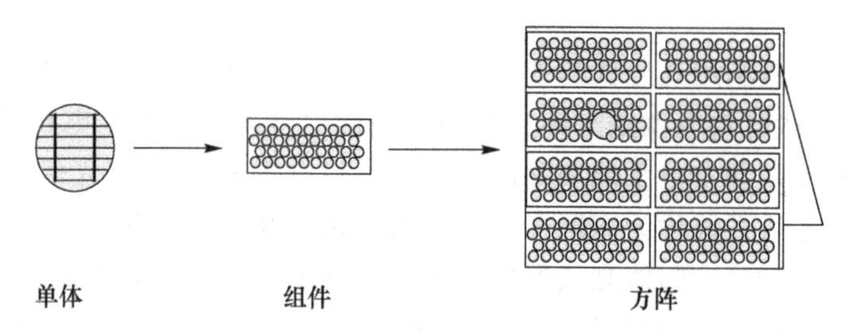

图 1-3 太阳能电池单体、组件和方阵

1. 太阳能电池单体

太阳能电池单体的材料一般为硅材料，在硅晶体中掺入其他的杂质(如硼等)时，硅晶体中就会存在着一个空穴，此时的半导体称为 P 型半导体。若在硅中掺入比其多一个价电子的元素(如磷)，最外层中的 5 个电子只能有 4 个和相邻的硅原子形成共价键，剩下一个电子不能形成共价键，但仍受杂质中心的约束，只是比共价键的约束弱得多，只要很小的能量便会摆脱束缚，所以就会有一个电子变得非常活跃，此时的半导体称为 N 型半导体。

当硅掺杂形成的 P 型半导体和 N 型半导体结合在一起时，在两种半导体的交界面区域里会形成一特殊的薄层，界面的 P 型一侧带负电，N 型一侧带正电。这是由于 P 型半导体多空穴,N 型多自由电子,出现了浓度差。N 区的电子会扩散到 P 区,P 区的空穴会扩散到 N 区,一旦扩散就形成一个由 N 区指向 P 区的“内电场”,从而阻止扩散进行。当扩散达到平衡后,就形成一个特殊的薄层,这就是 PN 结。

常用的太阳能电池主要是硅太阳能电池,晶体硅太阳能电池由一个晶体硅片组成,在晶体硅片的上表面紧密排列着金属栅线,下表面是金属层。硅片本身是 P 型硅,表面扩散层是 N 区,在这两个区的连接处就是所谓的 PN 结,PN 结形成一个电场。太阳能电池的顶部被一层抗反射膜所覆盖,以便减少太阳能的反射损失。

太阳光是由光子组成,而光子是包含有一定能量的微粒,能量的大小由光的波长决定,光被晶体硅吸收后,在 PN 结中产生一对正负电荷,由于在 PN 结区域的正负电荷被分离,因而就产生了电压,由于电压的单位是伏特,人们就称之为“光生伏打效应”,这就是太阳能电池的工作原理。太阳电池的光谱响应是指一定量的单色光照到太阳电池上,产生的光生载流子被收集后形成的光生电流的大小。因此,它不仅取决于光量子的产额,而且取决于收集效率。

将一个负载连接在太阳能电池的上下两表面间时,将有电流流过该负载,于是太阳能电池就产生了电流;太阳能电池吸收的光子越多,产生的电流也就越大。光子的能量由波长决定,低于基能能量的光子不能产生自由电子,一个高于基能能量的光子将仅产生一个自由电子,多余的能量将使电池发热,伴随能量损失的影响将使太阳能电池的效率下降。

2. 硅太阳能电池种类

目前世界上有 3 种已经商品化的太阳能电池:单晶硅太阳能电池、多晶硅太阳能电池和非晶硅太阳能电池,如图 1-4 所示。对于单晶和多晶太阳能电池,外形尺寸一般为 125 cm×125 cm和 156 cm×156 cm 两种,也就是业内简称的 125 太阳能电池和 156 太阳能电池。

单晶

多晶

非晶

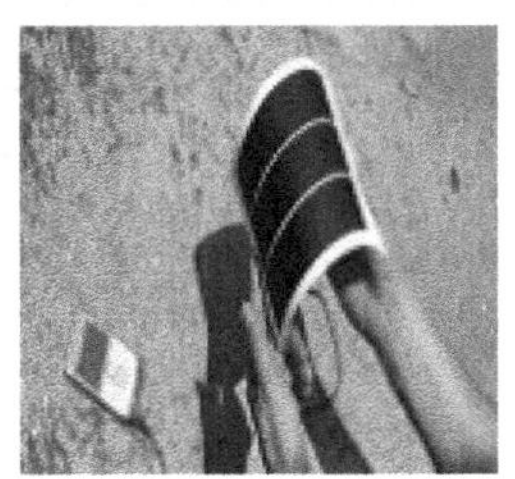

柔性

图 1-4 太阳能电池外观图

对于单晶硅太阳能电池,由于所使用的单晶硅材料与半导体工业所使用的材料具有相同的品质,使单晶硅的使用成本比较昂贵。多晶硅太阳能电池的晶体方向的无规则性,意味着正负电荷对并不能全部被 PN 结电场分离,因为电荷对在晶体与晶体之间的边界上可能由于晶体的不规则而损失,所以多晶硅太阳能电池的效率一般要比单晶硅太阳能电池低。多晶硅太阳能电池用铸造的方法生产,所以它的成本比单晶硅太阳能电池低。非晶硅太阳能电池属于薄膜电池,造价低廉,但光电转换效率比较低,稳定性也不如晶体硅太阳能电池,目前多数用于弱光性电源,如手表、计算器等。非晶硅太阳能电池可具有一定的柔性,可生产柔性太阳能电池,如图 1-4 所示。

太阳电池直流模型的等效电路如图 1-5 所示,其中 I_L 为光生电流, I_D 为二极管电流,R_s 为串联电阻,R_{sh} 为并联电阻,I 为输出电流,V 为输出电压。

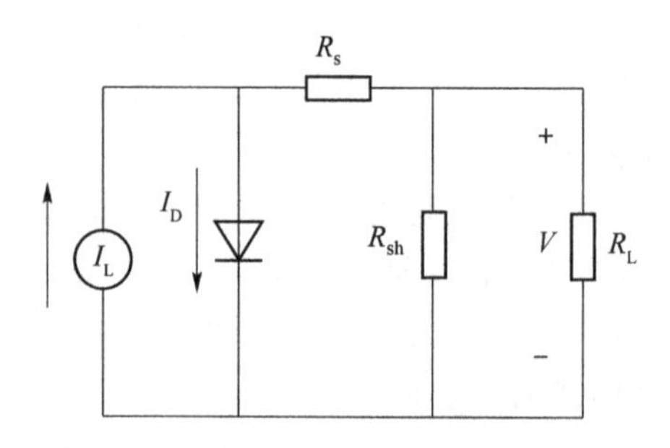

图 1-5　太阳电池直流模型的等效电路图

太阳电池最大输出功率与太阳光入射功率的比值称为转换效率，η

$$\eta(\%)=\frac{p_m}{p_{in}}\times 100\%=\frac{I_m}{p_{in}}V_m\times 100\%$$

其中，p_{in} 为太阳光入射功率；p_m 为最大输出电功率；I_m 与 V_m 分别为最大输出功率时的电流与电压。目前单晶硅太阳电池的实验室最高效率为 24.7%，由澳大利亚新南威尔士大学创造并保持。

目前，产品化单晶硅太阳电池的光电转换效率为 17%～19%；产品化多晶硅太阳电池的光电转换效率为 12%～14%；产品化非晶硅太阳电池的光电转换效率为 5%～8%。

太阳能电池的测试必须在标准条件下进行，地面用太阳电池标准测试条件如下：温度为 25 ℃以下，大气质量为 AM1.5 的阳光光谱，辐射能量密度为 1 000 W/m^2。

3. 太阳能电池生产工艺

生产电池片的工艺比较复杂，一般要经过硅片切割检测、表面制绒、扩散制结、去磷硅玻璃、等离子刻蚀、镀减反射膜、丝网印刷、快速烧结和检测分装等主要步骤，如图 1-6 所示。

本节介绍的是晶硅太阳能电池片生产的一般工艺。

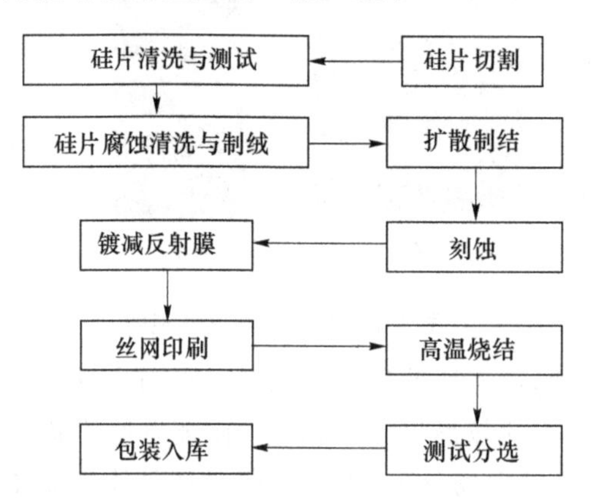

图 1-6　太阳能电池生产工艺流程图

(1) 硅片切割。硅片的切割加工是将硅锭经表面整形、切割、研磨、腐蚀、抛光、清洗等工艺，加工成具有一定宽度、长度、厚度、晶向和高度、表面平行度、平整度、光洁度，表面无缺陷、无崩边、无损伤层，高度完整、均匀、光洁的镜面硅片。将硅锭按照技术要求切割成硅片，才能作为生产制造太阳能电池的基体材料。因此，硅片的切割，即通常所说的切片，是整个硅片加工的重要工序。所谓切片，就是硅锭通过镶铸金刚砂磨料的刀片（或钢丝）的高速旋转、接触、磨削作用，定向切割成为要求规格的硅片。切片工艺技术直接关系到硅片的质量和成品率。

切片的方法主要有外圆切割、内圆切割、多线切割以及激光切割等。

切片工艺技术的原则要求是：

① 切割精度高、表面平行度高、翘曲度和厚度公差小。

② 断面完整性好，消除拉丝、刀痕和微裂纹。

③ 提高成品率，缩小刀(钢丝)切缝，降低原材料损耗。

④ 提高切割速度，实现自动化切割。

(2) 硅片检测。硅片是太阳能电池片的载体，硅片质量的好坏直接决定了太阳能电池片转换效率的高低，因此需要对来料硅片进行检测。该工序主要用来对硅片的一些技术参数进行在线测量，这些参数主要包括硅片表面不平整度、少子寿命、电阻率、P/N 型和微裂纹等。

(3) 表面制绒。硅绒面的制备是利用硅的各向异性腐蚀，在每平方厘米硅表面形成几百万个四面方锥体也即金字塔结构。由于入射光在表面的多次反射和折射，增加了光的吸收，提高了电池的短路电流和转换效率。绒化后的硅表面如图 1-7 所示。

图 1-7 绒化后的硅表面图

硅的各向异性腐蚀液通常用热的碱性溶液，可用的碱有氢氧化钠，氢氧化钾、氢氧化锂和乙二胺等。大多使用廉价的浓度约为 1%的氢氧化钠稀溶液来制备绒面硅，腐蚀温度为 70～85 ℃。为了获得均匀的绒面，还应在溶液中酌量添加醇类，如乙醇和异丙醇等作为络合剂，以加快硅的腐蚀。制备绒面前，硅片需先进行初步表面腐蚀，用碱性或酸性腐蚀液蚀去 20～25 μm，在腐蚀绒面后，进行一般的化学清洗。经过表面制绒的硅片都不宜在水中久存，以防沾污，应尽快扩散制结。

(4) 扩散制结。太阳能电池需要一个大面积的 PN 结以实现光能到电能的转换，而扩散炉即为制造太阳能电池 PN 结的专用设备。管式扩散炉主要由石英舟的上/下载部分、废气室、炉体部分和气柜部分等四大部分组成。扩散一般用三氯氧磷液态源作为扩散源。把 P 型硅片放在管式扩散炉的石英容器内，在 850～900 ℃高温下使用氮气将三氯氧磷带入石英容器，通过三氯氧磷和硅片进行反应，得到磷原子。经过一定时间，磷原子从四周进入硅片的表面层，并且通过硅原子之间的空隙向硅片内部渗透扩散，形成了 N 型半导体和 P 型半导体的交界面，也就是 PN 结。这种方法制出的 PN 结均匀性好，方块电阻的不均匀性小于百分之十，少子寿命可大于 10 ms。制造 PN 结是太阳电池生产最基本也是最关键的工序。因为正是 PN 结的形成，才使电子和空穴在流动后不再回到原处，这样就形成了电流，用导线将电流引出，就是直流电。

(5) 刻蚀。由于在扩散过程中，即使采用背靠背扩散，硅片的所有表面包括边缘都将不可避免地扩散上磷。PN 结的正面所收集到的光生电子会沿着边缘扩散有磷的区域流到 PN 结的背面，而造成短路。因此，必须对太阳能电池周边的掺杂硅进行刻蚀，以去除电池边缘的 PN 结。

在太阳能电池制造过程中，单晶硅与多晶硅的刻蚀通常包括湿法刻蚀和干法刻蚀，两种方法各有优劣，各有特点。干法刻蚀是利用等离子体将不要的材料去除(亚微米尺寸下刻蚀器件的最主要方法)，湿法刻蚀是利用腐蚀性液体将不要的材料去除。

湿法刻蚀即利用特定的溶液与薄膜间所进行的化学反应来去除薄膜未被光刻胶掩膜覆盖

的部分，而达到刻蚀的目的。因为湿法刻蚀是利用化学反应来进行薄膜的去除，而化学反应本身不具方向性，因此湿法刻蚀过程为等向性。相对于干法刻蚀，除了无法定义较细的线宽外，湿法刻蚀仍有以下的缺点：① 需花费较高成本的反应溶液及去离子水；② 化学药品处理时人员所遭遇的安全问题；③ 光刻胶掩膜附着性问题；④ 气泡形成及化学腐蚀液无法完全与晶片表面接触所造成的不完全及不均匀的刻蚀。

通常采用等离子刻蚀技术完成这一干法刻蚀工艺。等离子刻蚀是在低压状态下，反应气体 CF_4的母体分子在射频功率的激发下，产生电离并形成等离子体。等离子体是由带电的电子和离子组成，反应腔体中的气体在电子的撞击下，除了转变成离子外，还能吸收能量并形成大量的活性基团。活性反应基团由于扩散或者在电场作用下到达 SiO_2表面，在那里与被刻蚀材料表面发生化学反应，并形成挥发性的反应生成物，脱离被刻蚀物质表面，被真空系统抽出腔体。

(6) 镀减反射膜。抛光硅表面的反射率为 35%，为了减少表面反射，提高电池的转换效率，需要沉积一层氮化硅减反射膜。现在工业生产中常采用 PECVD 设备制备减反射膜。PECVD 即等离子增强型化学气相沉积。它的技术原理是利用低温等离子体作能量源，样品置于低气压下辉光放电的阴极上，利用辉光放电使样品升温到预定的温度，然后通入适量的反应气体 SiH_4和 NH_3，气体经一系列化学反应和等离子体反应，在样品表面形成固态薄膜即氮化硅薄膜。一般情况下，使用这种等离子增强型化学气相沉积的方法沉积的薄膜厚度在 70 nm左右。这样厚度的薄膜具有光学的功能性。利用薄膜干涉原理，可以使光的反射大为减少，电池的短路电流和输出就有很大增加，效率也有相当的提高。

(7) 丝网印刷。太阳电池经过制绒、扩散及 PECVD 等工序后，已经制成 PN 结，可以在光照下产生电流，为了将产生的电流导出，需要在电池表面上制作正、负两个电极。制造电极的方法很多，而丝网印刷是目前制作太阳电池电极最普遍的一种生产工艺。丝网印刷是采用压印的方式将预定的图形印刷在基板上，该设备由电池背面银铝浆印刷、电池背面铝浆印刷和电池正面银浆印刷三部分组成。其工作原理为：利用丝网图形部分网孔透过浆料，用刮刀在丝网的浆料部位施加一定压力，同时朝丝网另一端移动。油墨在移动中被刮刀从图形部分的网孔中挤压到基片上。由于浆料的粘性作用使印迹固着在一定范围内，印刷中刮板始终与丝网印版和基片呈线性接触，接触线随刮刀移动而移动，从而完成印刷过程。

(8) 高温烧结。经过丝网印刷后的硅片，不能直接使用，需经烧结炉高温烧结，将有机树脂黏合剂燃烧掉，剩下几乎纯粹的、由于玻璃质作用而密合在硅片上的银电极。当银电极和晶体硅在温度达到共晶温度时，晶体硅原子以一定的比例融入熔融的银电极材料中去，从而形成上下电极的欧姆接触，提高电池片的开路电压和填充因子两个关键参数，使其具有电阻特性，以提高电池片的转换效率。烧结炉分为预烧结、烧结、降温冷却三个阶段。预烧结阶段目的是使浆料中的高分子黏合剂分解、燃烧掉，此阶段温度慢慢上升；烧结阶段中烧结体内完成各种物理化学反应，形成电阻膜结构，使其真正具有电阻特性，该阶段温度达到峰值；降温冷却阶段，玻璃冷却硬化并凝固，使电阻膜结构固定地黏附于基片上。

(9) 测试分选。对于制作太阳能电池而言，印刷烧结后的电池片已经算是完成了电池片的制作过程，但是怎么去分辨太阳能电池的好坏，还需要对电池片测试分选。测试工序是按照电参数及外观尺寸的标准对太阳能电池片进行选择，只有符合要求的电池片才能够用于组件的制作。

测试系统的原理一般是通过模拟标准太阳光脉冲照射 PV 电池表面产生光电流，光电流流过可编程式模拟负载，在负载两端产生电压，负载装置将采样到的电流、电压、标准片检测到的光强以及感温装置检测到的环境温度值，通过 RS232 接口传送给监控软件进行计算和修正，得到 PV 电池的各种指标和曲线、然后根据结果进行分类和结果输出。测试的原理图如图 1-8 所示，其中 PV 为待测电池片，V 为电压测量装置，I 为电流测量装置，R_L 为可编程式模拟负载。

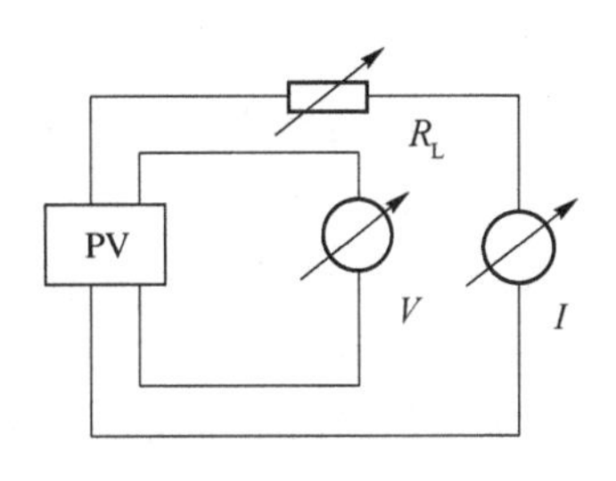

图 1-8　测试系统测试原理图

4. 太阳能电池组件

一个太阳能电池单体只能产生大约 0.6 V 电压，远低于实际应用所需要的电压。为了满足实际应用的需要，需把太阳能电池通过串并联的方式连接起来，形成组件。太阳能电池组件包含一定数量的太阳能电池片，这些太阳能电池片通过导线连接。太阳能电池组件的生产过程一般如图 1-9 所示。

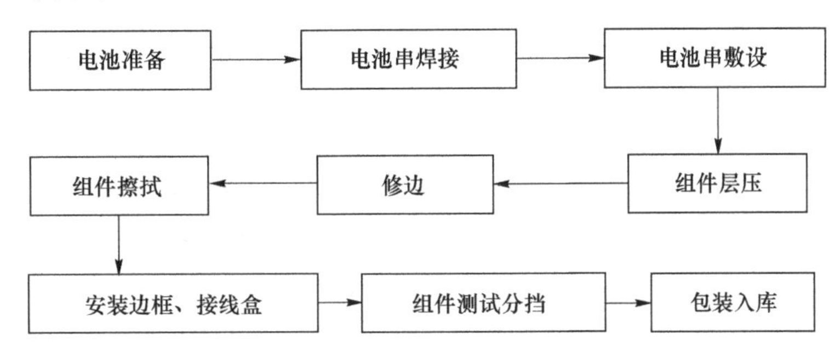

图 1-9　太阳能电池组件生产流程图

一个组件上，太阳能电池的数量如果是 36 片，这意味着一个太阳能电池组件大约能产生 18 V 的电压，正好能为一个额定电压为 12 V 的蓄电池进行有效充电。对于大功率需求的太阳能电池组件，太阳能电池的数量一般为 72 片，一个太阳能电池组件大约能产生 36 V 的电压。

通过导线连接的太阳能电池被密封成的物理单元被称为太阳能电池组件，具有一定的防腐、防风、防雹、防雨等的能力，广泛应用于各个领域和系统。当应用领域需要较高的电压和电流而单个组件不能满足要求时，可把多个组件组成太阳能电池方阵，以获得所需要的电压和电流。组件实物图如图 1-10 所示。

图 1-10　组件实物图

太阳能电池组件的可靠性在很大程度上取决于其防腐、防风、防雹、防雨等的能力。其潜在的质量问题是边沿的密封以及组件背面的接线盒。太阳能电池也是被镶嵌在一层聚合物中。

组件的电气特性主要是指电流-电压输出特性，也称为 V-I 特性曲线，如图 1-11 所示。V-I 特性曲线显示了通过太阳能电池组件传送的电流 I_m 与电压 V_m 在特定的太阳辐照度下的关系。如果太阳能电池组件电路短路，即 $V=0$，此时的电流称为短路电流 I_{sc}，当日照条件达到一定程度时，由于日照的变化而引起较明显变化的是短路电流；如果电路开路，即 $I=0$，此时的电压称为开路电压 V_{oc}。太阳能电池组件的输出功率等于流经该组件的电流与电压的乘积，即 $P=VI$ 。

当太阳能电池组件的电压上升时，例如，通过增加负载的电阻值或组件的电压从零（短路条件下）开始增加时，组件的输出功率亦从 0 开始增加；当电压达到一定值时，功率可达到最大，这时当阻值继续增加时，功率将跃过最大点，并逐渐减少至零，即电压达到开路电压 V_{oc}。太阳能电池的内阻呈现出强烈的非线性。在组件的输出功率达到最大点，称为最大功率点；该点所对应的电压，称为最大功率点电压 V_m（又称为最大工作电压或峰值电压）；该点所对应的电流，称为最大功率点电流 I_m（又称为最大工作电流或峰值电流）；该点的功率，称为最大功率 P_m。

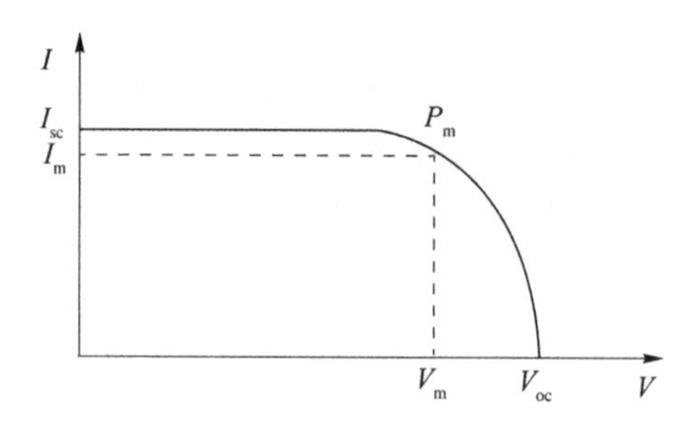

图 1-11　太阳能电池的电流-电压特性曲线

I：电流　I_{sc}：短路电流　I_m：最大工作电流

V：电压　V_{oc}：开路电压　V_m：最大工作电压

随着太阳能电池温度的增加，开路电压减少，大约每升高 1 ℃，每个单体电池每片电池的电压减少 5 mV，相当于在最大功率点的典型温度系数为−0.4%/ ℃。也就是说，如果太阳能电池温度每升高 1 ℃，则最大功率减少 0.4%。所以，太阳直射的夏天，尽管太阳辐射量比较大，如果通风不好，导致太阳电池温升过高，也可能不会输出很大功率。

由于太阳能电池组件的输出功率取决于太阳辐照度、太阳能光谱的分布和太阳能电池的温度，因此太阳能电池组件的测量在标准条件下（STC）进行，测量条件被欧洲委员会定义为 101 号标准，其条件是：

光谱辐照度　1 000 W/m²

大气质量系数　AM1.5

太阳电池温度　25 ℃

在该条件下，太阳能电池组件所输出的最大功率被称为峰值功率，表示为 W_p（peak watt）。在很多情况下，组件的峰值功率通常用太阳模拟仪测定并和国际认证机构的标准化的太阳能电池进行比较。

在衡量太阳电池输出特性参数中，表征最大输出功率与太阳电池短路电流和开路电压乘积比值的是填充因子，填充因子表示最大输出功率 I_mV_m 与极限输出功率 $I_{sc}V_{oc}$ 之比，通常以 FF 表示，即：

$$FF = I_mV_m / I_{sc}V_{oc}$$

填充因子越大，太阳电池性能就越好，优质太阳电池的 FF 可高达 0.8 以上。

通过户外测量太阳能电池组件的峰值功率是很困难的，因为太阳能电池组件所接受到的太阳光的实际光谱取决于大气条件及太阳的位置；此外，在测量的过程中，太阳能电池的温度也是不断变化的。在户外测量的误差很容易达到 10%或更大。太阳电池方阵安装时要进行太阳电池方阵测试，其测试条件是太阳总辐照度不低于 700 mW/cm^2。

如果太阳电池组件被其他物体（如鸟粪、树荫等）长时间遮挡时，被遮挡的太阳能电池组件此时将会严重发热，会影响整个太阳电池方阵所发出的电力，这就是"热斑效应"。这种效应对太阳能电池会造成严重的破坏。有光照的电池所产生的部分能量或所有的能量，都可能被遮蔽的电池所消耗。为了防止太阳能电池由于热斑效应而被破坏，需要在太阳能电池组件的正负极间并联一个旁通二极管，以避免光照组件所产生的能量被遮蔽的组件所消耗。在组件背面有一个连接盒，它保护电池与外界的交界面及各组件内部连接的导线和其他系统元件。它包含一个接线盒和 1 只或 2 只旁通二极管。

在太阳能电池方阵中，二极管是很重要的器件，常用的二极管基本都是硅整流二极管，在选用时要规格参数留有余量，防止击穿损坏。一般反向峰值击穿电压和最大工作电流都要取最大运行工作电压和工作电流的 2 倍以上。二极管在太阳能光伏发电系统中主要分为两类：

(1) 防反充（防逆流）二极管。防反充二极管的作用之一是防止太阳能电池组件或方阵在不发电时，蓄电池的电流反过来向组件或方阵倒送，不但消耗能量，而且会使组件或方阵发热甚至损坏；作用之二是在电池方阵中，防止方阵各支路之间的电流倒送。这是因为串联各支路的输出电压不可能绝对相等，各支路电压总有高低之差，或者某一支路故障、阴影遮蔽等使该支路的输出电压降低，高电压支路的电流就会流向低电压支路，甚至会使方阵总体输出电压降低。在各支路中串联接入防反充二极管就避免了这一现象的发生。

(2) 旁路二极管。当有较多的太阳能电池组件串联组成电池方阵或电池方阵的一个支路时，需要在每块电池板的正负极输出端反向并联 1 个（或 2～3 个）二极管，这个并联在组件两端的二极管就叫旁路二极管。

旁路二极管的作用是防止方阵中的某个组件或组件中的某一部分被阴影遮挡或出现故障停止发电时，在该组件旁路二极管两端会形成正向偏压使二极管导通，电池方阵组件串工作电流绕过故障组件，经二极管流过，不影响其他正常组件的发电，同时也保护被旁路组件，避免受到较高的正向偏压或由于"热斑效应"发热而损坏。

旁路二极管一般都直接安装在接线盒内，根据组件功率大小和电池片串的多少，安装 1～3 个二极管。旁路二极管也不是任何场合都需要的，当组件单独使用或并联使用时，是不需要接二极管的。对于组件串联数量不多且工作环境较好的场合，也可以考虑不用旁路二极管。

1.2.2 控制器

1. 控制器的类型和功能

太阳能光伏控制器主要由控制电路、开关元件和其他基本电子元件组成，它是太阳能光伏系统的核心部件之一，同时是系统平衡的主要组成部分。在小型光伏发电系统应用中，控制器主要起保护蓄电池并对蓄电池进行充放电控制的作用。在大中型系统中，控制器承担着平衡光伏系统能量，保护蓄电池及整个系统正常工作和显示系统工作状态等重要作用，控制器可以单独使用，也可与逆变器等合为一体。

充放电控制器是太阳能独立光伏系统中至关重要的部件，其主要功能是对独立光伏系统中的储能元件一蓄电池进行充放电控制，以免蓄电池在使用过程中出现过充或过放的现象，影响蓄电池寿命，从而提高系统的可靠性。一般的太阳能光伏发电系统要求光伏控制器要具备防止蓄电池过充、防止蓄电池过放、提供负载控制、光伏控制器工作状态信息显示、防雷、防反接、数据传输接口或联网控制等功能。

光伏控制器按电路方式的不同分为并联型、多路控制型、串联型、脉宽调制型、最大功率跟踪型和两阶段双电压控制型；按放电过程控制方式的不同，可分为剩余电量(SOC)放电全过程控制型和常规过放电控制型；按电池组件输入功率和负载功率的不同可分为专用控制器(如草坪灯控制器)、小功率型、大功率型和中功率型等。对于应用了微处理器的电路，实现了智能控制和软件编程，并附带有远程通信功能、自动数据采取和数据显示的控制器，称为智能控制器。

常见的光伏控制器外形如图 1-12 所示。

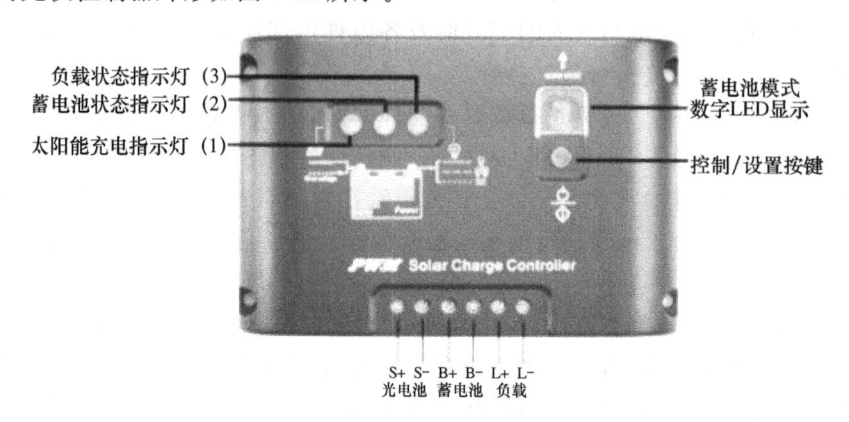

图 1-12　太阳能控制器

太阳能控制器的功能：

① 防止蓄电池过充电与过放电，延长蓄电池使用寿命；

② 防止蓄电池、太阳能电池板或电池方阵极性接反；

③ 防止逆变器、控制器、负载与其他设备内部短路；

④ 能够防止雷击引起的击穿；

⑤ 具有温度补偿功能；

⑥ 显示光伏发电系统的各种状态，如环境温度状态、故障报警、电池方阵工作状态、蓄电池(组)电压、辅助电源状态、负载状态等。

2. 控制器的主要技术参数

(1) 最大工作电流。最大工作电流是指太阳能控制器工作时的最大电流，有时用电池方阵或组件输出的最大电流来表征，有时用蓄电池的充电电流来表征，根据功率大小分为 5 A、6 A、8 A、10 A、12 A、15 A、20 A、30 A、40 A、50 A、70 A、100 A、150 A、200 A、250 A、300 A 等多种规格。有些厂家用太阳能电池组件最大功率来表示这一内容，间接地体现了最大工作电流这一技术参数。

(2) 系统电压。系统电压也叫额定工作电压，指光伏发电系统的直流工作电压，电压一般为 12 V 和 24 V，中型与大型功率控制器有 48 V、110 V、220 V 等。

(3) 电路自身损耗。控制器的电路自身损耗也是其中参数之一，同时也叫静态电流(空载损耗)或最大自消耗电流。为了降低控制器的损耗，提高光伏电源的转化效率，控制器的电路自身损耗要尽可能低。控制器的最大自身损耗不得超过其额定充电电流的 1%或 0.4 W。根据电路不同身损耗一般为 5～20 mA。

(4) 太阳能电池方阵输入路数。小功率光伏控制器一般都是单路输入，而大功率光伏控制器都是由太阳能电池方阵多路输入，一般大功率光伏控制器可输入 6 路，最多的可接入 12 路、18 路。

(5) 工作环境温度。控制器的使用或工作环境温度范围随厂家不同而不同，一般为

－20～＋50 ℃。

（6）蓄电池的过充电保护电压（HVD）。蓄电池过充电保护电压也叫充满断开或过压关断电压，一般可根据需要及蓄电池类型的不同，设定在 14.1～14.5 V（12 V 系统）、56.4～58 V（48 V 系统）和 28.2～29 V（24 V 系统），典型值分别为 14.4 V、57.6 V 和 28.8 V。蓄电池充电保护的关断恢复电压（HVR）一般设定为 13.1～13.4 V（12 V 系统）、26.2～26.8 V（24 V系统）和 52.4～53.6 V（48 V 系统），典型值分别为 13.2 V、26.4 V 和 52.8 V。

（7）蓄电池充电浮充电压。蓄电池的充电浮充电压一般为 13.7 V（12 V 系统）、27.4 V（24 V系统）、54.8 V（48 V 系统）。

（8）蓄电池的过放电保护电压（LVD）。蓄电池的过放电保护电压是指欠压关断电压或欠压断开，可根据蓄电池的类型不同与需要，设定在 43.2～45.6 V（48 V 系统）、21.6～22.8 V（24 系统）和 10.8～11.4 V（12 V 系统），典型值为 44.4 V、22.2 V 和 11.1 V。蓄电池过防电保护的关断恢复电压（LVR），一般设定为 48.4～50.4 V（48 V 系统）、24.2～25.2 V（24 V 系统）和 12.1～13.3.1.1 V（12 V 系统），典型值为 49.6 V、24.8 V 和 12.4 V。

（9）其他保护功能：

① 防雷击保护功能。控制器输入端防雷击的保护功能，避雷器的额定值和类型应能确保吸收预期的冲击能量。

② 控制器的输出与输入短路保护功能。控制器的输出与输入电路都要具有短路保护电路，提供保护功能。

③ 极性反接保护功能。蓄电池或太阳能电池组件接入控制器，当极性接反时，控制器应具有保护电路的功能。

④ 防反充保护功能。控制器要具有防止蓄电池向太阳能电池反向充电保护功能。

⑤ 耐冲击电流和电压保护。在控制器的太阳能电池输入端施加 1.25 倍的标称电压持续一小时，控制器不应该损坏。将控制器的充电回路电流达到标称电流的 1.25 倍并持续 1 h，控制器也不应该损坏。

3. 控制器的发展趋势

① 具有过充、过放、过载保护、电子短路、独特的防反接保护等全自动控制功能。

② 一般利用蓄电池放电率特性修正的准确放电控制特性。放电终了电压是通过放电率曲线修正的控制点来表示的，从而消除单纯的电压控制过放的不准确性，符合蓄电池固有的特性，即具有不同的放电率就有不同的终了电压。

③ 运用单片机和专用软件，实现智能控制。

④ 通常采用串联式 PWM 充电主电路，其充电回路电压的损失比使用二极管的充电电路降低近 1/2，充电效率比非 PWM 高 3%～6%，增加了用电时间；过放恢复的提升充电、正常的直充与浮充自动控制方式使系统有更长的使用寿命；同时具有高精度温度补偿。

⑤ 使用 LED 发光管指示，直观地可以了解当前蓄电池状态，让用户掌握使用状况。

⑥ 控制全部采用工业级芯片，其能在寒冷、高温、潮湿环境里运行自如。同时使用晶振定时控制，提高定时控制的精确性。

⑦ 取消了电位器调整控制设定点，而运用 Flash 存储器记录各工作控制点，使设置数字化，消除了因电位器震动偏位、温漂等使控制点出现误差，而降低准确性、可靠性的因素。

⑧ 使用了数字 LED 显示及设置，一键式操作即可完成所有设置，使用极其方便直观。

⑨ 全密封防水要求，具有完全的防水防潮性能。

4. 控制器的配置选型

光伏控制器的配置选型要根据整个系统的各项技术指标并参考生产厂家提供的产品手册来确定。一般要考虑下面几项技术指标：

(1) 控制器的额定负载电流。就是控制器输出到直流负载或逆变器的直流输出电流，该数据要满足负载或逆变器的输入要求。

(2) 系统工作电压。指太阳能发电系统中蓄电池组或蓄电池的工作电压，这个电压要根据直流负载的工作的电压或逆变器的配置选型确定，一般有 12 V、24 V、48 V、110 V 和 220 V等。

(3) 额定输入路数和电流。控制器的输入路数要等于或多于太阳能电池方阵的设计输入路数。小功率控制器一般只有一路太阳能电池方阵输入，大功率控制器通常采用多路输入，每路输入的最大电流等于额定输入电流，因此，各路电池方阵的输出电流应小于或等于控制器每路允许输入的最大电流值。

控制器的额定输入电流取决于太阳能电池方阵或组件的输入电流，选型时控制器的额定输入电流应大于或等于太阳能电池输入电流。

除上述主要技术数据要满足设计要求以外，使用环境温度、防护等级、海拔高度和外形尺寸等参数以及生产厂家和品牌也是控制器配置选型是要考虑的因素。

1.2.3 直流/交流逆变器

将直流电能变换成为交流电能的过程称为逆变，完成逆变功能的电路称为逆变电路，而实现逆变过程的装置称为逆变设备或逆变器。太阳能光伏系统中使用的逆变器是一种将太阳能电池所产生的直流电能转换为交流电能的转换装置。由于太阳能电池和蓄电池发出的是直流电，当负载是交流负载时，逆变器是不可缺少的。在太阳能光伏发电系统中，太阳电池方阵所发出的电力如果要供交流负载使用，实现此功能的主要器件是逆变器。逆变器按运行方式，可分为独立运行逆变器和并网逆变器。独立运行逆变器用于独立运行的太阳能电池发电系统，为独立负载供电。并网逆变器用于并网运行的太阳能电池发电系统，将发出的电能馈入电网。

逆变器按输出波形，可分为方波逆变器和正弦波逆变器。方波逆变器电路简单，造价低，但谐波分量大，一般用于几百瓦以下和对谐波要求不高的系统。正弦波逆变器，成本高，但可以适用于各种负载。从长远看，SPWM 脉宽调制正弦波逆变器将成为发展的主流。

它使转换后的交流电的频率、电压和电力系统交流电的频率、电压相一致，以满足为各种设备供电、交流用电装置及并网发电的需要，常见逆变器外形如图 1-13 所示。

1. 逆变器简介

逆变器的种类很多，可以按照不同方式进行分类。按照逆变器输出交流电的相数，可分为多相逆变器、三相逆变器和单相逆变器；按照逆变器输出交流电的频率，可分为中频逆变器、工频逆变器和高频逆变器；按照逆变器线路原理不同，可分为自激振荡型逆变器、谐振型逆变器、阶梯波叠加型和脉宽调制型等；按照逆变器的输出电压的波形，可分为正弦波、方波和阶梯波逆变器；按照逆变器输出功率大小不同，可以分大功率逆变器(＞10 kW)、功率逆变器(1～10 kW)、小功率逆变器(＜1 kW)；按照逆变器主电路结构不同，可分为推挽式逆变器、半桥式逆变器、单端式逆变器和全桥式逆变器；按照逆变器输出能量的去向不同，可分为有源逆变器和无源逆变器。

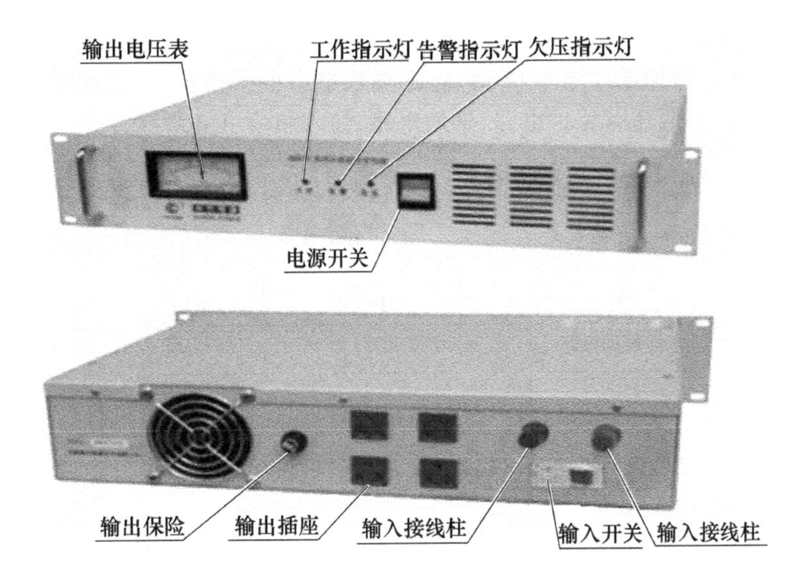

图 1-13　逆变器外形

对太阳能光伏发电系统来说，在并网型光伏发电系统中需要有源逆变器，而在离网独立型光伏发电系统中需要无源逆变器。

逆变器主要由半导体功率器件和逆变器驱动、控制电路两大部分组成。随着电力电子技术和微电子技术的迅速发展，驱动控制电路与新型大功率半导体开关器件的出现促进了逆变器的快速发展和技术完善。目前的逆变器多数采用功率场效应晶体管(VMOSFET)、静电感应晶体管(SIT)、可关断晶体管(GTO)、绝缘栅极晶体管(IGBT)、MOS 控制晶闸管(MCT)、MOS 控制晶体管(MGT)、静电感应晶闸管(SITH)以及智能型功率模块(IPM)等多种先进且易于控制的大功率器件，控制逆变驱动电路也从模拟集成电路发展到单片机控制，甚至采用数字信号处理器(DSP)控制，使逆变器向着高频化、全控化、节能化、集成化和多功能化方向发展。

表 1-1 是逆变器常用的半导体功率开关器件，主要有可控硅(晶闸管)、场效应管、大功率晶体管及功率模块等。

表 1-1　常用的逆变器半导体功率与开关器件

类型	器件名称	器件符号
单极型器件	功率场效应晶体管	VMOSFET
	静电感应晶体管	SIT
双极型器件	可关断晶体管	GTO
	静电感应晶闸管	SITH
	普通晶闸管	SCR
	双向晶闸管	TRIS
	大功率晶体管	GTR
复合型器件	MOS 控制晶体管	MGT
	MOS 控制晶闸管	MCT
	绝缘栅极晶体管	IGBT
	智能型功率模块	IPM

2. 逆变器的电路构成

逆变器的基本电路构成如图 1-14 所示，在现代电力电子技术中，逆变器一般除了逆变电路和控制电路以外，一般还有保护电路、辅助电路、输入和输出电路等。

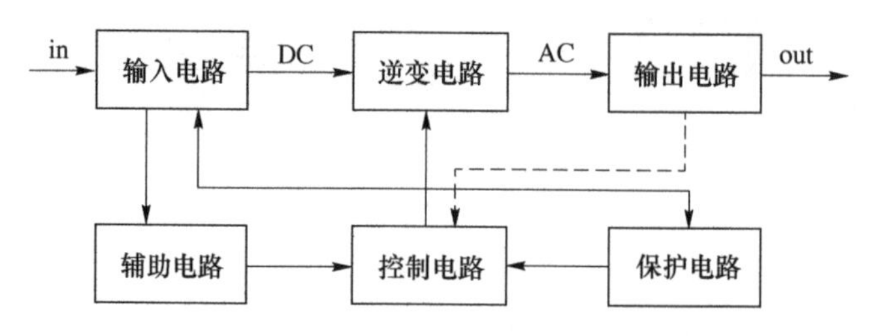

图 1-14　逆变器基本电路构成示意图

(1) 保护电路。保护电路主要包括输入欠压、过压保护，输出过压、欠压保护，过流和短路保护，过热保护，过载保护等。

(2) 控制电路。控制电路主要为主逆变电路提供一系列的控制脉冲来控制逆变开关器件的导通和关断，配合主逆变电路完成逆变功能。

(3) 主逆变开关电路。主逆变开关电路是逆变电路的核心，它的主要作用是通过半导体开关器件的导通和关断完成逆变的功能。逆变电路分为非隔离式和隔离式两大类。

(4) 输入电路。输入电路的主要作用为主逆变电路提供可确保其正常工作的直流工作电压。

(5) 输出电路。输出电路主要是对主逆变电路输出的交流点的波形、电压、电流频率的幅值相位等进行调理、补偿、修正，使之能满足使用需求。

(6) 辅助电路。辅助电路主要将输入电压变换成适合控制电路工作的直流电压，辅助电路还包含了多种检测电路。

3. 太阳能发电系统对逆变器的要求

光伏发电系统对逆变器的要求如下：

① 并网型逆变器的输出电压与电网电压同频、同幅值(功率因数为 1)、同相，而且其输出还应满足电网的电能质量要求。

② 逆变器要具有合理的电路结构，严格的元器件筛选，并要求逆变器具备各种保护功能，如交流输出短路保护、输入直流极性接反保护、过热保护、过载保护等。

③ 逆变器尽量减少电能变换的中间环节，以节约成本、提高效率。

④ 逆变器应具有较高的可靠性，目前光伏发电系统主要用于边远地区，许多光伏发电系统无人值守和维护。

⑤ 具有较宽的直流输入电压适应范围，由于太阳能光伏阵列的端电压随负载和日照强度而变化，蓄电池虽然对太阳能电池的电压具有钳位作用，但由于蓄电池的电压随蓄电池剩余容量和内阻的变化而波动，特别是当蓄电池老化时其端电压的变化范围很大(如 12 V 蓄电池的端电压可在 10～16 V 变化)，这就要求逆变器必须在较宽的直流输入电压范围内保证正常工作，并保证交流输出电压稳定在负载要求的电压范围内。

⑥ 逆变器应具有较高的效率，由于目前太阳能电池的价格偏高，为了最大限度地利用太阳能电池、提高系统效率，必须提高逆变器的效率。

⑦ 逆变器要具有一定的过载能力，一般能过载 125%～150%。当过载 150%时，应能持续 30 s；当过载 125%时，应能持续 60 s 以上。逆变器应在任何负载条件(过载情况除外)和瞬

态情况下，保证标准的额定正弦输出。

⑧ 在大、中容量系统中，逆变器的输出应为失真度较小的正弦波。这是由于在大、中容量系统中，若采用方波供电，输出将含有较多的谐波分量，高次谐波将产生附加损耗，许多光伏发电系统的负载为仪表或通讯设备，这些设备对电网品质有较高的要求，当中、大容量的光伏发电系统并网运行时，为避免污染公共电网，也要求逆变器输出正弦波电流。对于光伏发电系统的逆变器而言，高质量的输出波形有两方面的指标要求：一是动态性能好，即在外界扰动下调节快，输出波形变化小。二是稳态精度高，包括 THD 值小，基波分量相对参考波形在相位和幅度上无静差。

4. 逆变器的主要技术参数及使用要求

(1) 额定直流输入电压

额定直流输入电压是指光伏发电系统中输入逆变器的直流电压，中、大功率逆变器电压有 24 V、48 V、110 V、220 V、和 500 V，小功率逆变器输入电压有 12 V 和 24 V 等。

(2) 额定输出效率

额定输出效率是指在规定的工作条件下，输出与输入功率比，通常应在 70%以上。逆变器的效率会随着负载的大小而改变，当负载率低于 20%和高于 80%时，效率要低一些。标准规定逆变器的输出功率在大于或等于额定功率的 75%时，效率应大于或等于 80%。

(3) 额定输出电压

光伏逆变器在规定的输入直流电压允许的波动范围内，应能输出额定的电压值，一般在额定输出电压为单相 220 V 和三相 380 V 时，电压波动偏差如下：

① 在正常工作条件下，逆变器输出的三相电压不平衡度不应超过 8%。

② 在稳定状态运行时，一般要求电压波动差不超过额定值的±5%。

③ 逆变器输出交流电压的频率在正常工作条件下其偏差应在 1%以内。GB/T 19064—2003 规定的输出电压频率应为 49～51 Hz。

④ 在负载突变时，电压偏差不超过额定值的±10%。

⑤ 输出的电压波形(正弦波)失真度一般要求不超过 5%。

(4) 负载功率因数

负载功率因素大小是表示逆变器带感性负载能力，在正弦波条件下负载功率因素为 0.7～0.9。

(5) 额定直流输入电流

额定直流输入电流是指太阳能光伏发电系统为逆变器提供额定直流工作电流。

(6) 过载能力

过载能力是要求逆变器在特定的输出输出功率条件下能持续工作一定的时间，其标准规定如下：

① 输出功率和电压为额定值的 150%时，逆变器应连续可靠工作 10 s 以上；

② 输出电压和功率为额定值的 125%时，逆变器应连续可靠工作 1 min 以上；

③ 输出功率和电压为额定值时，逆变器应连续可靠工作 4 h 以上。

(7) 额定输出电流和额定输出容量

额定输出电流是表示在规定的负载功率因数范围内逆变器的额定输出电流，其单位 A；额定输出容量是指当输出功率因数是 1(即纯电阻性负载)时，逆变器额定输出电压和额定输出电流的乘积，其单位 kVA 或 kW。

(8) 保护功能

太阳能光伏发电系统应具有较高的安全性和可靠性，作为光伏发电系统重要组成部分的逆变器应具备如下保护功能：

① 短路保护。当逆变器输出短路时，应具有短路保护措施。短路排除后，设备应能正常工作。

② 欠压保护。当输入电压低于规定的欠压断开(LVD)值时，逆变器应能自动关机保护。

③ 极性接反保护。逆变器的正极输入端与负极性输入端接反时，逆变器应能自动保护。待极性正接后，设备应能正常工作。

④ 雷电保护。逆变器应具有雷电保护功能，其防雷器件的技术指标应能保证吸收预期的冲击能量。

⑤ 过电流保护。当工作电流超过额定值的150%时，逆变器应能自动保护。当电流恢复正常后，设备又能正常工作。

(9) 电磁干扰和噪声

逆变器中的开关电路极容易产生电磁干扰，容易在铁芯变压器上因震动而产生噪声。因而在设计和制造中都必须控制电磁干扰和噪声指标，使之满足有关标准和用户的要求。其噪声要求是：当输入电压为额定值时，在设备高度的1/2、正面距离为3m处用声级计分别测量50%额定负载和满载时的噪声应小于或等于65dB。

(10) 使用环境条件

对于高频高压型逆变器，其工作环境和工作特性、工作状态有关。在高海拔，空气稀薄，容易出现电路极间放电，影响工作。在高湿度地区则容易结露，造成局部短路。因此逆变器都规定了相应的工作范围。

逆变器功率器件的工作温度直接影响到逆变器的波形、输出电压、频率、相位等许多重要特性，而工作温度又与海拔高度、环境温度、工作状态及相对湿度有关。

光伏逆变器的正常使用条件为：环境温度－20～＋50 ℃，海拔≤5 500 m，相对湿度≤93%，且无凝露。当工作环境和工作温度超出上述范围时，要考虑降低容量使用或重新设计定制。

(11) 安全性能要求

① 绝缘强度。逆变器的直流输入与机壳间应能承受频率为50 Hz、正弦波交流电压为500 V、历时1 min的绝缘强度试验，无击穿或飞狐现象。逆变器交流输出与机壳间应能承受频率为50 Hz，正弦波交流电压为1 500 V，历时1 min的绝缘强度试验，无击穿或飞狐现象。

② 绝缘电阻。逆变器直流电输入与机壳间的绝缘电阻应大于或等于50 MΩ，逆变器交流输出与机壳间的绝缘电阻应大于或等于50 MΩ。

(12) 直流电压输入范围

光伏逆变器直流输入电压允许在额定直流输入电压的90%～120%范围变化，而不影响输出电压的变化。

1.2.4 蓄电池组

蓄电池组是光伏电站的贮能装置，由它将太阳能电池方阵从太阳辐射能转换来的直流电转换为化学能贮存起来，以供应用。其作用是储存太阳能电池方阵受光照时所发出的电能并可随时向负载供电。蓄电池放电时输出的电量与充电时输入的电量之比称为容量输出效率，蓄电池使用过程中，蓄电池放出的容量占其额定容量的百分比称为放电深度。当控制器对蓄电池进行充放电控制时，要求控制器具有输入充满断开和恢复接通的功能。如对 12 V 密封型铅酸蓄电池控制时，其恢复连接参考电压值为 13.2 V，如对 24 V 密封铅酸蓄电池控制时，其恢复连接参考电压值为 26.4 V。

根据计量条件的不同，电池的容量包括：理论容量、实际容量和额定容量。理论容量是蓄电池中活性物质的质量按法拉第定律计算得到的最高理论值。实际容量是指蓄电池在一定放电条件下实际所能输出的电量。数值上等于放电电流与放电时间的乘积，其数值小于理论容量。额定容量在国外也称为标称容量，是按照国家或有关部门颁布的标准，在电池设计时要求电池在一定的放电条件下(通信电池一般规定在 25 ℃环境下以 10 h 率电流放电至终止电压)应该放出的最低限度的电量值 。

太阳能电池发电系统对所用蓄电池组的基本要求是：

① 自放电率低；

② 使用寿命长；

③ 深放电能力强；

④ 充电效率高；

⑤ 少维护或免维护；

⑥ 工作温度范围宽；

⑦ 价格低廉。

目前我国与太阳能电池发电系统配套使用的蓄电池主要是铅酸蓄电池，固定式铅酸蓄电池性能优良、质量稳定、容量较大、价格较低，是我国光伏电站目前选用的主要贮能装置。根据光伏发电系统使用的要求，可将蓄电池串并联成蓄电池组，蓄电池组主要有三种运行方式，分别为循环充放电制、定期浮充制、连续浮充制。

1. 铅酸蓄电池的结构及工作原理

(1) 铅酸蓄电池的结构

铅酸蓄电池主要由正极板组、负极板组、隔板、容器、电解液及附件等部分组成。极板组是由单片极板组合而成，单片极板又由基极(又叫极栅)和活性物质构成。铅酸蓄电池的正负极板常用铅锑合金制成，正极的活性物是二氧化铅，负极的活性物质是海绵状纯铅。

极板按其构造和活性物质形成方法分为涂膏式和化成式。涂膏式极板在同容量时比化成式极板体积小、重量轻、制造简便、价格低廉，因而使用普遍；缺点是在充放电时活性物质容易脱落，因而寿命较短。化成式极板的优点是结构坚实，在放电过程中活性物质脱落较少，因此寿命长；缺点是笨重，制造时间长，成本高。隔板位于两极板之间，防止正负极板接触而造成短路。材料有木质、塑料、硬橡胶、玻璃丝等，现大多采用微孔聚氯乙烯塑料。

电解液是用蒸馏水稀释纯浓硫酸而成。其比重视电池的使用方式和极板种类而定，一般为 1.200～1.300(25 ℃)(充电后)。

容器通常为玻璃容器、衬铅木槽、硬橡胶槽或塑料槽等。

(2) 铅酸蓄电池的工作原理

蓄电池是通过充电将电能转换为化学能贮存起来，使用时再将化学能转换为电能释放出来的化学电源装置。它是用两个分离的电极浸在电解质中而成。由还原物质构成的电极为负极。由氧化态物质构成的电极为正极。当外电路接近两极时，氧化还原反应就在电极上进行，电极上的活性物质就分别被氧化还原了，从而释放出电能，这一过程称为放电过程。放电之后，若有反方向电流流入电池时，就可以使两极活性物质回复到原来的化学状态。这种可重复使用的电池，称为二次电池或蓄电池。如果电池反应的可逆变性差，那么放电之后就不能再用充电方法使其恢复初始状态，这种电池称为原电池。

电池中的电解质，通常是电离度大的物质，一般是酸和碱的水溶液，但也有用氨盐、熔融盐或离子导电性好的固体物质作为有效的电池电解液的。以酸性溶液（常用硫酸溶液）作为电解质的蓄电池，称为酸性蓄电池。根据铅酸蓄电池使用场地，又可分为固定式和移动式两大类。铅酸蓄电池单体的标称电压为 2 V。实际上，电池的端电压随充电和放电的过程而变化。

铅酸蓄电池在充电终止后，端电压很快下降至 2.3 V 左右，放电终止电压为 1.7～1.8 V。若再继续放电，电压急剧下降，将影响电池的寿命。铅酸蓄电池使用的温度范围为－40～＋40 ℃。铅酸蓄电池的安时效率为 85％～90％，瓦时效率为 70％，它们随放电率和温度而改变。

凡需要较大功率并有充电设备可以使电池长期循环使用的地方，均可采用蓄电池。铅酸蓄电池价格较低，原材料易得，但维护手续多，而且能量低。碱性蓄电池维护容易，寿命较长，结构坚固，不易损坏，但价格昂贵，制造工艺复杂。从技术经济性综合考虑，目前光伏电站应以主要采用铅酸蓄电池作为贮能装置为宜。

2. 蓄电池的电压、容量和型号

(1) 蓄电池的电压

蓄电池每单格的标称电压为 2 V，实际电压随充放电的情况而变化。充电结束时，电压为 2.5～2.7 V，以后慢慢地降至 2.05 V 左右的稳定状态。

如果用蓄电池做电源，开始放电时电压很快降至 2 V 左右，以后缓慢下降，保持在 1.9～2.0 V。当放电接近结束时，电压很快降到 1.7 V；当电压低于 1.7 V 时，便不应再放电，否则要损坏极板。停止使用后，蓄电池电压自己能回升到 1.98 V。

(2) 蓄电池的容量

铅酸蓄电池的容量是指电池蓄电的能力，通常以充足电后的蓄电池放电至端电压到达规定放电终了电压时电池所放出的总电量来表示。在放电电流为定值时，电池的容量用放电电流和时间的乘积来表示，单位是安培小时，简称安时。

蓄电池的“标称容量”是在蓄电池出厂时规定的该蓄电池在一定的放电电流及一定的电解液温度下单格电池的电压降到规定值时所能提供的电量。

蓄电池的放电电流常用放电时间的长短来表示（即放电速度），称为“放电率”，如 30 h、20 h、10 h 率等。其中以 20 h 率为正常放电率。所谓 20 h 放电率，表示用一定的电流放电，20 h可以放出的额定容量。通常额定容量用字母“C”表示。因而 C_{20} 表示20 h放电率，C_{30} 表示 30 h 放电率。

(3) 蓄电池的型号

铅酸蓄电池的型号由三个部分组成：第一部分表示串联的单体电池个数；第二部分用汉语拼音字母表示的电池类型和特征；第三部分表示额定容量。例如，“6-A-60”型蓄电池，表示 6 个单格（即 12 V）的干荷电式铅酸蓄电池，标称容量为 60 安时。

3. 电解液的配制

电解液的主要成分是蒸馏水和化学纯硫酸。硫酸是一种剧烈的脱水剂，若不小心，溅到身上会严重腐蚀人的衣服和皮肤，因此配制电解液时必须严格按照操作规程进行。

(1) 配制电解液的容器及常用工具

配制电解液的容器必须用耐酸耐高温的瓷、陶或玻璃容器,也可用衬铅的木桶或塑料槽。除此之外,任何金属容器都不能使用。搅拌电解液时只能用塑料棒或玻璃棒,不可用金属棒搅拌。为了准确地测试出电解液的各项数据,还需几种专用工具。

① 电液比重计

电液比重计是测量电解液浓度的一种仪器。它由橡皮球、玻璃管、密度计和橡皮插头构成,如图 1-15 所示。

使用电液比重计时,先把橡皮球压扁排出空气,将橡皮管头插入电解液中,慢慢放松橡皮球将电解液吸入玻璃管内。吸入的电解液以能使管内的密度计浮起为准。测量电解液的浓度时,温度计应与电解液面相互垂直,观察者的眼睛与液面平齐,并注意不要使密度计贴在玻璃管壁上;观察读数时,应当略去由于液面张力使表面扭曲而产生的读数误差。

常用带胶球密度计的测量范围为 1.100～1.300,准确度可达 1‰。

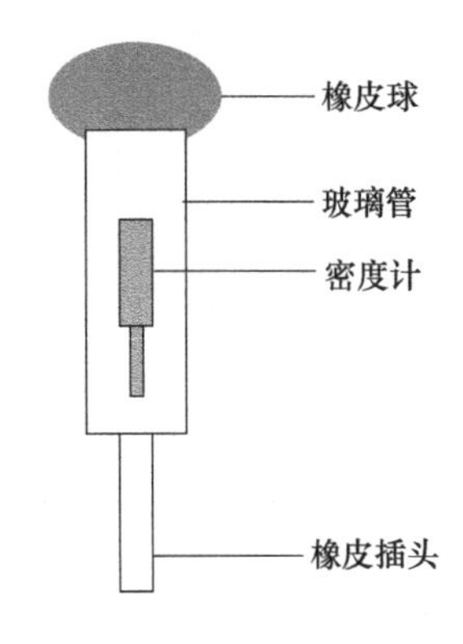

图 1-15 电液比重计示意图

② 温度计

一般有水银温度计和酒精温度计两种。区分这两种温度计的方法,是观察温度计底部球状容器内液体的颜色,酒精温度计的颜色是红色,水银温度计的颜色是银白色。由于在使用酒精温度计时,一旦温度计破损,酒精溶液将对蓄电池板栅有强烈的腐蚀作用,所以一般常用水银温度计来测电解液的温度。

③ 电瓶电压表(高率放电叉)

电瓶电压表也叫高率放电叉,是用来测量蓄电池单格电压的仪表。当接上高率放电电阻丝时,电瓶电压表可用来测量蓄电池的闭路电压(即工作电压)。卸下高率放电电阻丝,可作为普通电压表使用,用来测量蓄电池的开路电压。

(2) 配制电解液的注意事项

配制电解液必须注意安全,严格按操作规程进行,应注意以下事项:

① 要用无色透明的化学纯硫酸,严禁使用含杂质较多的工业用硫酸。

② 应用纯净的蒸馏水,严禁使用含有有害杂质的河水、井水和自来水。

③ 应在清洁耐酸的陶瓷或耐酸的塑料容器中配制,避免使用不耐温的玻璃容器,以免被硫酸和水混合时产生的高温炸裂。

④ 配制人员一定要做好安全防护工作。要戴胶皮手套,穿胶靴及耐酸工作服,并戴防护镜。若不小心,将电解液溅到身上,要及时用碱水或自来水冲洗。

⑤ 配制前按所需电解液的比重先粗略算出蒸馏水与硫酸的比例。配制时必须将硫酸缓慢倒入水中,并用玻璃棒搅动,千万不能用铁棒和任何金属棒搅拌,千万不要将水倒入硫酸中,以免强烈的化学反应飞溅伤人。

⑥ 新配制的电解液温度高,不能马上灌注电池,必须待稳定降至 30 ℃时倒入蓄电池中。

⑦ 灌注蓄电池的电解液,其比重调在 1.27±0.01。

⑧ 由于电解液的比重会随温度的变化而变化(温度每上升 1 ℃,电解液比重减小 0.000 7),所以测量比重时应根据实际温度进行修正(见表 1-2、表 1-3)。

表 1-2 电解液与蒸馏水的配比表

电解液密度	体积之比		重量之比	
	浓硫酸	蒸馏水	浓硫酸	蒸馏水
1.180	1	5.6	1	3.0
1.200	1	4.5	1	2.6
1.210	1	4.3	1	2.5
1.220	1	4.1	1	2.3
1.240	1	3.7	1	2.1
1.250	1	3.4	1	2.0
1.260	1	3.2	1	1.9
1.270	1	3.1	1	1.8
1.280	1	2.8	1	1.7
1.290	1	2.7	1	1.6
1.400	1	1.9	1	1.0

表 1-3 电解液在不同温度下对比重计读数的修正数值

电解液温度/℃	比重修正数值	电解液温度/℃	比重修正数值	电解液温度/℃	比重修正数值
+45	+0.017 5	+10	−0.007 0	−25	−0.031 5
+40	+0.014 0	+5	−0.010 5	−30	−0.035 0
+35	+0.010 5	+0	−0.014 0	−35	−0.038 5
+30	+0.007 0	−5	−0.017 5	−40	−0.042 0
+25	+0.003 5	−10	−0.021 0	−45	−0.045 5
+20	0	−15	−0.024 5	−50	−0.049 5
+15	−0.003 5	−20	−0.028 0		

4. 电池的安装

(1) 蓄电池与控制器的连接

连接蓄电池,一定要注意按照控制器的使用说明书的要求连接,而且电压一定要符合要求。若蓄电池的电压低于要求值时,应将多块蓄电池串联起来,使它们的电压达到要求。

(2) 安装蓄电池的注意事项

① 加完电解液的蓄电池应将加液孔盖拧紧,防止有杂质掉入电池内部。胶塞上的通气孔必须保持畅通。

② 各接线夹头和蓄电池极柱必须保持紧密接触。联接导线接好后,需在各联接点涂上一层薄凡士林油膜,以防接点锈蚀。

③ 蓄电池应放在室内通风良好、不受阳光直射的地方。距离热源不得少于 2 m。室内温度应经常保持在 10~25 ℃。

④ 蓄电池与地面之间应采取绝缘措施,如垫置木板或其他绝缘物,以免因电池与地面短路而放电。

⑤ 放置蓄电池的位置应选择在离太阳能电池方阵较近的地方。连接导线应尽量缩短;导线线径不可太细。这样可以减少不必要的线路损耗。

⑥ 酸性蓄电池和碱性蓄电池不允许安置在同一房间内。

⑦ 对安置蓄电池较多的蓄电池室,冬天不允许采用明火保温,应用火墙来提高室内温度。

5. 蓄电池的充电

蓄电池在太阳能电池系统中的充电方式主要采用“半浮充方式”进行。这种充电方法是指太阳能电池方阵全部时间都同蓄电池组并联浮充供电，白天浮充电运行，晚上只放电不充电。

(1) 半浮充电特点

白天，当太阳能电池方阵的电势高于蓄电池的电势时，负载由太阳能电池方阵供电，多余的电能充入蓄电池，蓄电池处于浮充电状态。

当太阳能电池方阵不发电或电动势小于蓄电池电势时，全部输出功率都由蓄电池组供电，由于阻断二极管的作用，蓄电池不会通过太阳能电池方阵放电。

(2) 充电注意事项

① 干荷式蓄电池加电解液后静置20～30 min即可使用。若有充电设备，应先进行4～5 h的补充充电，这样可充分发挥出蓄电池的工作效率。

② 无充电设备进行补充充电时，在开始工作后4～5天不要启动用电设备，用太阳能电池方阵对蓄电池进行初充电，待蓄电池冒出剧烈气泡时方可起用用电设备。

③ 充电时误把蓄电池的正、负极接反，如蓄电池尚未受到严重损坏，应立即将电极调换，并采用小电流对蓄电池充电，直至测得电液比重和电压均恢复正常后方可启用。

④ 当发现蓄电池亏电情况严重时应及时补充充电。

(3) 蓄电池电池亏电原因

① 在太阳能资源较差的地方，由于太阳能电池方阵不能保证设备供电的要求而使蓄电池充电不足。

② 每年的冬季或连续几天无日照的情况下，用电设备照常使用而造成蓄电池亏电。

③ 用电器的耗能匹配超过太阳能电池方阵的有效输出能量。

④ 几块电池串联使用时，其中一块电池由于过载而导致整个电池组亏电。

⑤ 长时间使用一块电池中的几个单格而导致整块电池亏电。

(4) 蓄电池亏电的判断方法

① 观察到照明灯泡发红、电视图像缩小、控制器上电压表指示低于额定电压。

② 用电液比重计量得电液比重减小。蓄电池每放电25%，比重降低0.04(见表1-4)。

③ 用放电叉测量电流放电时的电压值，在5 s内保持的电压值即为该单格电池在大负荷放电时的端电压。端电压值与充、放电程度之间的关系见表1-4。使用放电叉时，每次不得超过20 s。

表1-4 蓄电池不同贮(充)放电程度与电解液比重、负荷放电叉电压之间的关系

容量放出程度	充足电时	放出25% 贮存75% (电解液比重降低0.04)	放出50% 贮存50% (电解液比重降低0.08)	放出75% 贮存25% (电解液比重降低0.12)	放出100% 贮存0% (电解液比重降低0.16)
电解液的相应比重(20 ℃时)	1.30 1.29 1.28 1.27 1.26 1.25	1.26 1.25 1.24 1.23 1.22 1.21	1.22 1.21 1.20 1.19 1.18 1.17	1.18 1.17 1.16 1.15 1.14 1.13	1.14 1.13 1.12 1.11 1.10 1.09
负荷放电叉指示	1.7～1.8 V	1.6～1.7 V	1.5～1.6 V	1.4～1.5 V	1.3～1.4 V

(5) 蓄电池补充充电方法

当发现蓄电池处于亏电状态时,应立即采取措施对蓄电池进行补充充电。有条件的地方,补充充电可用充电机充电,不能用充电机充电时,也可用太阳能电池方阵进行补充充电。

使用太阳能电池方阵进行补充充电的具体做法是:在有太阳的情况下关闭所有电器,用太阳能电池方阵对蓄电池充电。根据功率的大小,一般连续充电 3～7 天基本可将电池充满。蓄电池充满电的标志,是电解液的比重和电池电压均恢复正常;电池注液口有剧烈气泡产生。待电池恢复正常后,方可启用用电设备。

6. 固定型铅酸蓄电池的管理和维护

(1) 日常检查和维护

① 值班人员或蓄电池工要定期进行外部检查,一般每班或每天检查一次。检查内容:

- 室内温度、通风和照明;
- 玻璃缸和玻璃盖的完整性;
- 电解液液面的高度,有无漏出缸外;
- 典型电池的比重和电压,温度是否正常;
- 母线与极板等的连接是否完好,有无腐蚀,有无凡士林油;
- 室内的清洁情况,门窗是否严密,墙壁有无剥落;
- 浮充电流值是否适当;
- 各种工具仪表及保安工具是否完整。

② 蓄电池专责技术人员或电站负责人会同蓄电池工每月进行一次详细检查。检查内容:

- 每个电池的电压、比重和温度;
- 每个电池的液面高度;
- 极板有无弯曲、硫化和短路;
- 沉淀物的厚度;
- 隔板、隔棒是否完整;
- 蓄电池绝缘是否良好;
- 进行充、放电过程情况,有无过充电、过放电或充电不足等情况;
- 蓄电池运行记录簿是否完整,记录是否及时正确。

③ 日常维护工作的主要项目:

- 清扫灰尘,保持室内清洁;
- 及时检修不合格的落后电池;
- 清除漏出的电解液;
- 定期给连接端子涂凡士林;
- 定期进行充电放电;
- 调整电解液液面高度和比重。

(2) 检查蓄电池是否完好的标准

① 运行正常,供电可靠:

- 蓄电池组能满足正常供电的需要。

• 室温不得低于 0 ℃，不得超过 30 ℃；电解液温度不得超过 35 ℃。
• 各蓄电池电压、比重应基本相同，无明显落后的电池。

② 构件无损，质量符合要求：
• 外壳完整，盖板齐全，无裂纹缺损。
• 台架牢固，绝缘支柱良好。
• 导线连接可靠，无明显腐蚀。
• 建筑符合要求，通风系统良好，室内整洁无尘。

③ 主体完整，附件齐全：
• 极板无弯曲、断裂、短路。
• 电解液质量符合要求，液面高度超出极板 10～15 mm。
• 沉淀物无异状、无脱落，沉淀物和极板之间距离在 10 mm 以上。
• 具有温度计、比重计、电压表和劳保用品等。

④ 技术资料齐全准确，应具有：
• 制造厂说明书；
• 每个蓄电池的充、放电记录；
• 蓄电池维修记录。

(3) 管理维护工作的注意事项

① 蓄电池室的门窗应严密，防止尘土入内；要保持室内清洁，清扫时要严禁将水洒入蓄电池；应保护室内干燥，通风良好，光线充足，但不应使日光直射蓄电池上。

② 室内要严禁烟火，尤其在蓄电池处于充电状态时，不得将任何火焰或有火花发生的器械带入室内。

③ 蓄电池盖，除工作需要外，不应挪开，以免杂物落于电解液内，尤其不要使金属物落入蓄电池内。

④ 在调配电解液时，应将硫酸徐徐注入蒸馏水内，用玻璃棒搅拌均匀，严禁将水注入硫酸内，以免发生剧烈爆炸。

⑤ 维护蓄电池时，要防止触电，防止蓄电池短路或断路，清扫时应用绝缘工具。

⑥ 维护人员应戴防护眼睛和护身的防护用具。当有溶液落到身上时，应立即用50%苏打水擦洗，再用清水清洗。

(4) 蓄电池正常巡视的检查项目

① 电解液的高度应高于极板 10～20 mm。

② 蓄电池外壳应完整、不倾斜，表面应清洁，电解液应不漏出壳外。木隔板、铅卡子应完整、不脱落。

③ 测定蓄电池电解液的比重、液温及电池的电压。

④ 电流、电压正常，无过充、过放电现象。

⑤ 极板颜色正常，无断裂、弯曲、短路及有机物脱落等情况。

⑥ 各接头连接应紧固、无腐蚀，并涂有凡士林。

⑦ 室内无强烈气味，通风及附属设备完好。

⑧ 测量工具、备品备件及防护用具完整良好。

1.3 太阳电池及其组件

1.3.1 太阳电池的历史

1839年，当时的法国物理学家Alexander-Edmond Becquerel观察到把光线照到导电溶液内，会产生电流和光伏特效应。但直到1883年，第一个太阳能电池才由美国科学家Charles Fritts制造出来，他在半导体材料硒上涂上一层微薄的金，形成了一个简单的电池。这个太阳电池仅有1%的能量转换效率。1927年科学家利用金属铜及半导体氧化铜制造出太阳电池。到1930年，硒电池及氧化铜已经应用到一些对光线敏感的仪器上，如光度计。

1946年第一块硅太阳电池由美国Russell Ohl开发出来。1954年贝尔实验室开发出转换效率达到6%的硅太阳电池，并应用到第一颗人造卫星上。

1. 太阳电池

太阳电池实质就是在阳光照射下的“二极管”，其能量转换的基础是半导体PN结的光生伏特效应。当阳光照射到“二极管”PN结上时，在半导体内产生了光生电子-空穴对。这些光生电子和空穴迁移到PN结的两端并在边界上累积起来，由此形成光生电场及电动势(光生伏特效应)，这就是太阳电池的原理。

2. 太阳电池的分类

(1) 按照基体材料分类

① 晶体硅太阳电池

指一硅为基体材料的太阳电池，有简单硅太阳电池、多晶硅太阳电池等。多晶硅太阳电池又可分为片状多晶硅太阳电池、筒状多晶硅太阳电池、球状多晶硅太阳电池和铸造多晶硅太阳电池等多种。

② 非晶硅太阳电池

非晶硅太阳电池指以α-Si为基体材料的电池，有PIN单结非晶体硅薄膜太阳电池、双结非晶体硅薄膜太阳电池和三结非晶体硅薄膜太阳电池等。

③ 薄膜太阳电池

薄膜太阳电池指用单质元素、无机化合物和有机材料等制作的薄膜为基体材料的太阳电池，其厚度约为1～2 μm，主要有多晶硅薄膜太阳电化合物半导体薄膜太阳电池、纳米晶薄膜太阳电池、非晶硅薄膜太阳电池、微晶硅薄膜太阳电池等。

④ 化合物太阳电池

化合物太阳电池指用两种或两种以上元素组成的具有半导体特性的化合物半导体材料制成的太阳电池。常见的化合物太阳电池有硫化镉太阳电池、铜铟硒太阳电池、磷化铟太阳电池、碲化镉太阳电池、砷化镓太阳电池等。

⑤ 有机半导体太阳电池

有机半导体太阳电池指用含有一定数量的碳碳键且导电能力介于金属盒绝缘体之间的半导体材料制成的太阳能电池。

(2) 按照结构分类

① 同质结太阳电池

由同一种半导体材料形成的PN结称为同质结，用同质结构成的太阳电池称为同质结太阳电池，如硅太阳电池、砷化镓太阳电池等。

② 异质结太阳电池

由两种禁带宽度不同的半导体材料形成的结构为异质结，用异质结构成的太阳电池称为异质结太阳电池，如氧化锡、砷化镓、硫化亚铜、硫化镉太阳电池等。

③ 复合结太阳电池

复合结太阳电池指由多个PN结形成的太阳电池，又称为多结太阳电池。复合结太阳电池可分为垂直多结太阳电池、水平多结太阳电池等。

④ 肖特基太阳电池

肖特基太阳电池指利用金属—半导体界面的肖特基势垒构成的太阳电池，如铂/硅肖特基太阳电池、铝/硅肖特基太阳电池等。目前已经发展成为导体-绝缘体-半导体CIS太阳电池。

⑤ 液结太阳电池

液结太阳电池指用浸入电解质中的半导体构成的太阳电池，又称为光化学太阳电池。

(3) 按照用途分类

① 空间用太阳电池

空间用太阳电池常见的有高效率的硅太阳电池和砷化镓太阳电池。

② 地面用太阳电池

地面用太阳电池可分为电源用太阳电池和消费用太阳电池。

通常太阳电池按制造电池所使用的材料进行分类，见表1-5。本书所论及的太阳能组件均为晶体硅太阳电池。

表1-5 太阳电池的种类及其材料

太阳电池的种类		材料
硅太阳电池	结晶态	单晶硅、多晶硅
	非晶态	α-Si α-SiC α-SiN α-SiGe α-SiSn
化合物半导体太阳电池	Ⅲ-Ⅴ族	GaAs AlGaAs InP
	Ⅱ-Ⅵ族	CdS CsTe Cu_2S
	其他	$CuLnSe_2$ $CuInS_2$
湿式太阳电池		TiO_2 GaAs InP Si
有机半导体太阳电池		酞菁 羟基角鲨烯 聚乙炔

3. 太阳电池组件

有单片单晶硅或多晶硅制成的太阳电池称为单体。若由多个单体串联和并联组成一个大电池，并用铝合金框架将其固定，表面再覆盖高强度、高透光度的玻璃，就构成了太阳电池模块，也叫太阳电池组件。若干个组件(模块)构成的方阵称为太阳电池阵列。

通常每个模块的功率由几瓦到几百瓦不等。这些模块因为规格可以按同一标准生产，有益于大规模的批量化制造，同时也有益于安装。

4. 电池片的常见规格

工业上大批量生产的单晶硅和多晶硅太阳电池片规格基本上都是5 in和6 in(1 in≈2.54 cm)，仅是对角线会有所不同，见表1-6。

表 1-6 常见晶体硅太阳电池片的尺寸规格

形态	边长/mm	代号	形态	边长/mm	代号
单晶硅	125	TDB125	多晶硅	125	TPB125
	156	TDB156		156	TPB156

在太阳电池行业初级阶段，制作电池片的原料硅片价格昂贵，因此早期的电池片都是圆形，尽可能节约原料是早期生产电池节约成本的基础。近 20 年来，由于技术的成本的不断降低，原材料价格下降，硅片的价格不再占有决定性地位，其他辅助材料价格不断上升，有的已经接近硅片价格的 1/5。于是，可以大为节约辅助材料的准方形电池片应运而生。

近年来，采用常规工艺生产的电池片效率已经提升到接近理论极限，降低成本只能向着综合成本降低方向发展，开始出现了方形的单晶硅电池片。同时因为多晶硅的生产工艺特点，多晶硅电池片一直以方形在市场上应用。除此之外，因为多晶硅电池生产工艺不断改进，用多晶硅生产的硅片各方面性能指标接近于单晶硅生产的硅片而大量应用，未来将会更多地看到方形电池。

5. 太阳电池组件常见规格

组件的规格定型主要受功率和电压两个方面约束。

要求主要开路电压控制在 45 V 以上的，常见的有 5 in 单晶硅 72 片串联方式，尺寸为1 580 mm×808 mm，厚度有 35 mm、42 mm、50 mm，功率范围在 175～215 W；6 in 单晶硅 72 片串联方式，尺寸为 1 956 mm×992 mm，厚度有 42 mm、50 mm，功率范围在 265～320 W；6 in 多晶硅 72 片串联方式，尺寸为 1 956 mm×992 mm，厚度有 42 mm、50 mm，功率范围在 250～300 W。

要求主要开路电压控制在 36 V 以上的，常见的有 6 in 单晶硅 60 片串联方式，尺寸为 1 652 mm×992 mm，厚度有 42 mm、50 mm，最大功率在 250 W 以上的；6 in 多晶硅 60 片串联方式，尺寸为 1 652 mm×992 mm，厚度有 42 mm、50 mm，最大功率在 230 W 以上。

要求主开路电压控制在 33 V 以上的，常见的有 6 in 多晶硅 54 片串联方式，尺寸为 1 494 mm×992 mm，厚度有 42 mm、50 mm，最大功率在 210 W 以上。

近年来，大型的建筑一体化太阳电池(Building Integrated Photo Voltaics，BIPV)组件得到了非常广泛的应用，相应的规格尺寸根据结构的不同而不同，往往根据建筑的外形进行设计，本节不再详述。

1.3.2 太阳电池的参数及介绍

1. 光的参数

(1) 发光强度

发光强度简称光强，国际单位是 candela(坎德拉)，简写为 cd 。1cd (即 1 000 mcd) 是指单色光源(频率为 540×10^{12} Hz，波长为 0.550 μm)在给定方向上单位立体角内的发光强度。发光强度单位最初是使用蜡烛定义的，单位为烛光。1948 年第九届国际计量大会上决定采用处于铂凝固点温度的黑体作为发光体，同时发光强度的单位定名为坎德拉，曾一度称为新烛光。1967 年第十三届国际计量大会对坎德拉做了更加严密的定义，1979 年第十六届国际计量大会决定采用现行的新定义。

(2) 光通量

光通量单位是流明(lm),通常用 Φ 来表示。它用来计量所发的光总量,发光强度为 1 cd 的光源,向周围空间均匀发出 4 π 流明的光能量。

(3) 照度

照度即光照强度,其物理意义是照射在某一面积上的光通量。照度的单位是每平方米的流明(lm)数,也称勒克斯(lux),简写为 lx。当 1 lm 光通量的光照强度照射到 1 m^2 的面积上时,该面积所受的照度就是 1 lx。

2. 太阳电池及组件的电气参数

太阳电池及组件电气的性能参数有:开路电压 U_{oc}、短路电流 I_{sc}、最佳工作电压 U_m、最佳工作电流 I_m、最大功率 P_m、填充因子 FF、转换效率 η、串联电阻 R_s、并联电阻 R_{sh}。

这 9 个参数直接或间接地反映出电池片、电池组件电性的优劣,测试得出的数据可直接检验电池片、电池组件是否合格。

(1) 开路电压

在标准条件下,光伏发电器件在空载(开路)情况下的端电压,称为太阳电池的开路电压,通常用 U_{oc} 表示。

(2) 短路电流

在标准情况下,光伏发电器在端电压为零时的输出电流, 通常用 I_{sc} 表示。

(3) 最佳工作电压

太阳电池伏安特性曲线上最大功率点所对应的电压,通常用 U_m 表示。

(4) 最佳工作电流

太阳电池伏安特性曲线上最大功率点所对应的电流,通常用 I_m 表示。

(5) 最大功率

在太阳电池的伏安特性曲线上,电流和电压乘积的最大值。

(6) 填充因子

填充因子又称曲线因子,是指太阳电池的最大功率与开路电压和短路电流乘积之比,通常用 FF 表示,即

$$\mathrm{FF}\ \frac{P_m}{U_{oc}I_{sc}}$$

(7) 转换效率

太阳电池是一种可将太阳能直接转换成电能的半导体光电器件,可将太阳能能量按比例转换成电能。太阳电池的转换效率即为输入太阳能能量与输出功率之比。即

$$\begin{aligned}\text{转换效率}\ \eta(\%) &= \frac{\text{最大输出功率}}{\text{日照强度}\times\text{太阳电池受光面积}}\times 100\% \\ &= \frac{P_m}{\mathrm{ES}}\times 100\%\end{aligned}$$

为正确定义太阳电池的效率,需要附加一些必要的条件,国际电工标准化委员会(IEC)规定如下:地面用太阳电池的额定效率需要在温度 25 ℃、光照强度 1 000 W/m^2 及符合 IEC 规定的空气质量标准的基准光下进行测定,这些条件统称为测试的基本状态。因此,生产厂家对生产的太阳能光伏组件,出厂检验时均按上述规定进行,并必须明确标志在铭牌上。

(8) 串联电阻

串联电阻指太阳电池内部的与 PN 结或 MIS 结等串联的电阻, 主要包括半导体材料电

阻、薄层电阻、电极接触电阻等部分。除此之外，电池组件串联电阻还应包括互联条、汇流条电阻及导线电阻。实际测量中，不可能准确测量串联电阻，这是由于采样电阻、测量仪表的准确度不同会造成测量误差，因此各种测试设备测试值显示差异较大。

(9) 并联电阻

并联电阻指太阳电池内部与跨接在电池两端电阻的等效电阻 。该值在实际测量中，也很难准确测得，原因与测量串联电阻相同，通常并联电阻的准确度比串联电阻准确度更低。

(10) 暗电流

在光照情况下，产生于太阳电池内部与光生电流方向相反的正方向结电流称为暗电流。

(11) 暗特性曲线

在无光照条件下给太阳电池施加外部偏压所得到的伏安特性曲线，称为太阳电池的暗特性曲线。

(12) 光谱响应

光谱响应又叫光谱灵敏度，是指各个波长上，单位辐照度所产生的短路电流密度与波长的函数关系。

(13) 组件效率

组件效率指按组件外形(尺寸)面积计算的转换效率(注意：含铝边框)。

例如，组件效率计算如下(以本书实例)。

组件面积：$1\,956\ mm \times 992\ mm = 1\,940\,352\ mm^2 = 1.940\,352\ m^2$

标准光强下应产生的功率：$1.940\,352\ m^2 \times 1\,000\ W/m^2 = 1\,940.352\ W$

实际功率假设为 300 W，则电池组件效率 $\eta = 300\ W / 1\,940.352\ W \approx 15.46\%$

(14) 相对光谱响应

相对光谱响应又叫相对光谱灵敏度，它是以某一特定的波长(通常是光谱响应的最大值)进行归一化的光谱响应。

3. 影响太阳电池转换效率的因素

(1) 日照强度的影响

日照强度 E 对伏安特性的影响可用图 1-13 所示的几组曲线说明：只要太阳光谱组件温度不变，转换效率受日照强度影响并不非常显著；只有当 $E < 0.2\ kW/m^2$ 时，效率开始明显下降。

(2) 工作温度的影响

工作温度对太阳电池组件伏安特性的影响较大，一般条件下，温度升高，电流、电压的额定值均会有变化，但在 25 ℃标准温度左右各项指标与参数变化不大，这也是电池测试条件均要求温度在 25 ℃的原因。在光伏系统工程设计时应对组件温度升高或降低增加温度修正系数，使系统工作在最佳状态。

4. 标准太阳电池

标准太阳电池用来校准测试光源的辐射照度。实际检测时的标准太阳电池一般为 AM1.5 工作标准太阳电池。

(1) 种类

标准太阳电池通常分成三级，分别为一级标准太阳电池、二级标准太阳电池、工作标准太阳电池。

一级标准太阳电池通常指的是国家级的标准电池，由国家指定的法律测量单位使用并维护；二级标准太阳电池是以以及标准电池为基准，在规定精度的太阳模拟器下进行标定、复制而成的标准太阳电池，通常公司级的标准太阳电池指的就是二级标准太阳电池；工作标准太阳电池是以二级标准太阳电池为基准，在规定太阳模拟器下标定、复制后用于日常测试的标准太阳电池。该电池通常指生产中由巡检员进行设备校准的电池。

除此之外，还有用来校准单色光辐照度的光谱标准太阳电池以及带滤光片的标准太阳电池，这种电池用单晶硅太阳电池加适当滤光片将其光谱响应修正到与非晶硅太阳电池基本一致，可作为非晶硅太阳电池测试时的标准太阳电池。

(2) 标准测试条件

太阳电池的标准测试条件为：① 温度为(25±2) ℃；② 光源辐照度为1 000 W/m^2，并具有标准太阳光谱辐照度分布。

(3) 标准工作条件

标准工作条件是用标准太阳电池测量的辐照度为1 000 W/m^2，具有标准太阳光谱辐照度分布，并且太阳电池温度为组件的电池额定工作温度(NOCT)。

(4) 组建的电池额定温度

在辐照度为800 W/m^2、环境温度为20 ℃、风速为1 m/s、电池处于开路状态且在中午时太阳光垂直射到敞开安装于框架中的组件上时，测得的组件内太阳电池的平均平衡温度称为组件的电池额定工作温度(No minal Operating Cell Temperature ，NOCT)。

1.3.3 光伏组件相关知识

1. 热斑效应

太阳电池组件通常安装在地域开阔、阳光充足的地带。在长期使用中难免落上飞鸟、尘土、落叶等遮挡物，这些遮挡物在太阳电池组件上就形成了阴影，在大型太阳电池组件方阵中，行间距不适合也能互相形成阴影。由于局部阴影的存在，太阳电池组件中某些电池单片的电流、电压发生了变化。其结果使太阳电池组件局部电流与电压之积增大，从而在这些电池组件上产生了局部升温。太阳电池中某些电池单片本身的缺陷也可能使组件在工作时局部发热，这种现象称为“热斑效应”。

2. 焊接工艺

在光伏组件生产和加工过程中，焊接是主要的连接方法，它利用加热或其他方法，使两种材料产生有效、牢固、永久的物理连接。焊接方式通常分为熔焊、钎焊和接触焊三大类。在焊件不熔化的状态下，将熔点较低的焊料金属加热至熔化状态，并使之填充到焊件的间隙中，并与被焊金属互相扩散达到金属间结合的焊接方法称为钎焊。

在光伏组件加工中主要采用的是钎焊连接，钎焊又分为硬焊和软焊，两者的区别在于焊料的熔点不同，软焊的熔点不高于450 ℃。采用锡焊料进行的焊接又称为锡焊，它是软焊的一种。锡焊的优点是方法简便，修整焊点拆换元件、重新焊接都比较容易实施，使用简单的电烙铁即可完成任务。

3. 条形码

条形码(barcode)是将宽度不等的黑条和空白，按照一定的编码规则排列，用以表达一组信息的图形标识符。常见的条形码是由反射率相差很大的黑条(简称条)和白条(简称空)排成的平行线图案。条形码可以标出产品的生产国、制造厂家、商品名称、生产日期、图书分类号、邮件起止地点、类别、日期等许多信息，因而在商品流通、图书管理、邮政管理、银行系统等多领域都得到了广泛的应用。在电池组件生产中主要用条形码标志批号、规格、生产日期等。

组件的生产过程和出货离不开条形码，条形码在生产中的应用有益于快速查找商品，在售后服务中，便于快速找到问题原因，并准确找出同一类型问题组件的去向。

4. 电池片切割

电池片切割的主要目的是制作符合电器要求的组件。单个电池片无论单晶还是多晶，其电流均较大(通常在 4 A 以上)，而电压均在 0.4～0.45 V(开路电压 U_{oc} 为 0.6～0.65 V)，无法提供足够的电压。切割后的电池片，无论多小，其电压保持不变，太阳电池的功率与电池板的面积成正比。根据光伏组件所需要电压、功率，可以计算出所需要电池片的面积及电池片的片数。最后通过电池片切割，将电池片切割成目标尺寸，并达到工艺要求的相关电性能。

5. 激光切片

激光具有高亮度、高方向性、高单色性和高相干性的特点，激光束通过聚焦后，在焦点上产生数千摄氏度甚至上万摄氏度的高温，从而使材料熔化或发生化学变化。激光切片是把激光束聚焦在电池片表面，形成很高的功率密度，使电池片形成沟槽，在沟槽处形成应力集中区，最终使材料沿着该沟槽断开。激光切片为非接触加工，用激光对太阳电池片进行切片，能较好的防止物理损伤和电池片污染，可以提高切片的成品率。

与传统的机械切片技术比较，激光切片有如下优点：① 激光切片由计算机控制，速度快，精度高，可大幅提高加工效率。② 激光切片为非接触式加工，减少了电池片的表面损伤，提高了产品成品率。③ 激光切片光强控制方便，激光聚焦后功率密度高，能很好地控制切割深度。④ 激光束较细，材料损耗极小，加工受热区小。⑤ 激光切片沟槽整齐，无裂纹，深度一致。⑥ 激光切割操作方便简捷，使用安全，可 24 h 不断工作，人工及各种成本低。

6. 肖特基二极管

肖特基二极管是以其发明人 Walter Hermann Schottky 命名的。常用的肖特基势垒二极管(Schottky Barrier Diode, SBD)是利用金属与半导体接触形成的金属-半导体结原理制作的。因此，SBD 也称为金属-半导体(接触)二极管或表面势垒二极管，它是一种热载流子二极管。

肖特基二极管是低功率、大电流、超高速的半导体器件，其反向恢复时间极短(可以小到几纳秒)，正向导通压降仅 0.4 V 左右，而整流电流却可达到几千毫安。因其具有这些特性，它被应用在晶体硅电池组件中，作为旁路二极管。

习题一

一、单项选择题

1. 太阳每年投射到地面上的辐射能高达________ kW·h，按目前太阳的质量消耗速率计，可维持 6×10^{10} 年。

A. 2.1×10^{18}　　B. 5×10^{18}　　C. 1.05×10^{18}　　D. 4.5×10^{18}

2. 在地球大气层之外，地球与太阳平均距离处，垂直于太阳光方向的单位面积上的辐射能基本上为一个常数。这个辐射强度称为________。

A. 大气质量　　B. 太阳常数　　C. 辐射强度　　D. 太阳光谱

3. 太阳电池是利用________的半导体器件。

A. 光热效应　　B. 热电效应　　C. 光生伏打效应　　D. 热斑效应

4. 太阳电池单体是用于光电转换的最小单元，其工作电压为________ mV，工作电流为 20～25 mA/cm^2。

A. 400～500　　B. 100～200　　C. 200～300　　D. 800～900

5. 目前单晶硅太阳电池的实验室最高效率为________，由澳大利亚新南威尔士大学创造并保持。

A. 17.8%　　B. 30.5%　　C. 20.1%　　D. 24.7%

6. 在太阳电池外电路接上负载后，负载中便有电流过，该电流称为太阳电池的________。

A. 短路电流　　B. 开路电流　　C. 工作电流　　D. 最大电流

7. 下列表征太阳电池的参数中，哪个不属于太阳电池电学性能的主要参数________。

A. 开路电压　　B. 短路电流　　C. 填充因子　　D. 掺杂浓度

8. 地面用太阳电池标准测试条件为在温度为 25 ℃下，大气质量为 AM1.5 的阳光光谱，辐射能量密度为________ W/m^2。

A. 1 000　　B. 1 367　　C. 1 353　　D. 1 130

9. 太阳能光伏发电系统中，________指在电网失电情况下，发电设备仍作为孤立电源对负载供电这一现象。

A. 孤岛效应　　B. 光伏效应　　C. 充电效应　　D. 霍尔效应

10. 在太阳能光伏发电系统中，太阳电池方阵所发出的电力如果要供交流负载使用，实现此功能的主要器件是________。

A. 稳压器　　B. 逆变器　　C. 二极管　　D. 蓄电池

11. 当日照条件达到一定程度时，由于日照的变化而引起较明显变化的是________。

A. 开路电压　　B. 工作电压　　C. 短路电流　　D. 最佳倾角

12. 太阳能光伏发电系统中，太阳电池组件表面被污物遮盖，会影响整个太阳电池方阵所发出的电力，从而产生________。

A. 霍尔效应　　B. 孤岛效应　　C. 充电效应　　D. 热斑效应

13. 太阳电池方阵安装时要进行太阳电池方阵测试，其测试条件是太阳总辐照度不低于________mW/cm^2。

A. 400　　B. 500　　C. 600　　D. 700

14. 当控制器对蓄电池进行充放电控制时，要求控制器具有输入充满断开和恢复接通的功能。如对 12 V 密封型铅酸蓄电池控制时，其恢复连接参考电压值为________。

A. 13.2 V　　B. 14.1 V　　C. 14.5 V　　D. 15.2 V

15. 太阳电池最大输出功率与太阳光入射功率的比值称为________。

A. 填充因子　　B. 转换效率　　C. 光谱响应　　D. 串联电阻

16. 太阳是距离地球最近的恒星，由炽热气体构成的一个巨大球体，中心温度约为 1×10^7 K，表面温度接近 5 800 K，主要由________(约占 80%)和________(约占 19%)组成。

A. 氢；氧　　B. 氢；氦　　C. 氮；氢　　D. 氮；氦

17. 太阳能光伏发电系统的最核心的器件是________。

A. 控制器　　B. 逆变器　　C. 太阳能电池　　D. 蓄电池

18. 在衡量太阳电池输出特性参数中，表征最大输出功率与太阳电池短路电流和开路电压乘积比值的是________。

A. 转换效率　　B. 填充因子　　C. 光谱响应　　D. 方块电阻

19. 蓄电池的容量就是蓄电池的蓄电能力，标志符号为C，通常人们用以下哪个单位来表征蓄电池容量________。

A. 安培　　B. 伏特　　C. 瓦特　　D. 安时

20. 蓄电池放电时输出的电量与充电时输入的电量之比称为容量________。

A. 输入效率　　B. 填充因子　　C. 工作电压　　D. 输出效率

21. 蓄电池使用过程中，蓄电池放出的容量占其额定容量的百分比称为________。

A. 自放电率　　B. 使用寿命　　C. 放电速率　　D. 放电深度

22. 下列光伏系统器件中，能实现DC-AC（直流-交流）转换的器件是________。

A. 太阳电池　　B. 蓄电池　　C. 逆变器　　D. 控制器

23. 太阳能光伏发电系统的装机容量通常以太阳电池组件的输出功率为单位，如果装机容量1 GW，其相当于________ W。

A. 10^3　　B. 10^6　　C. 10^9　　D. 10^5

24. 一个独立光伏系统，已知系统电压为48 V，蓄电池的标称电压为12 V，那么需串联的蓄电池数量为________。

A. 1　　B. 2　　C. 3　　D. 4

二、简述题

1. 请阐述太阳电池的工作原理。

2. 太阳能光伏发电系统的运行方式有哪两种，选取其中一种运行方式列出其主要组成部件。

3. 充放电控制器在光伏系统中的作用是什么？

4. 太阳能光伏发电系统对蓄电池的基本要求有哪些？

5. 太阳能光伏发电系统要求光伏控制器有哪些基本功能？

6. 请简述太阳能光伏系统设计过程中接地包括哪几方面？

7. 请简述太阳能光伏发电系统对蓄电池的基本要求。

8. 请简述蓄电池理论容量、实际容量及额定容量的含义。

第 2 章　太阳能光伏组件原材料相关知识

太阳能电池组件是太阳能发电系统必须具备的部件之一，它完成太阳能能量的收集与转换功能，其性能优劣直接影响太阳能发电系统的发电量、系统可靠性及寿命。因此，根据用户需求设计并制作符合用户需要的、质量可靠的太阳能电池组件是从事太阳能应用专业技能人才必须具备的技能之一。

2.1　太阳能电池组件基础知识

2.1.1　太阳能电池组件的概念

太阳能电池片不能直接做电源使用，作电源必须将若干单体电池串、并联连接和严密封装成太阳能电池组件。

太阳能电池组件是一种具有封装及内部连接的、能单独提供直流电输出的、不可分割的最小太阳能电池组合装置，也称太阳能电池板、光伏组件。太阳能电池组件组成结构如图 2-1 所示，其组成材料按从上到下的顺序为钢化玻璃、EVA 胶膜、太阳能电池片、EVA 胶膜、背板，在这些材料的四周用铝合金边框固定。太阳能电池组件是太阳能发电系统中的核心部分，也是太阳能发电系统中最重要的部分，其作用是将太阳能转化为电能。

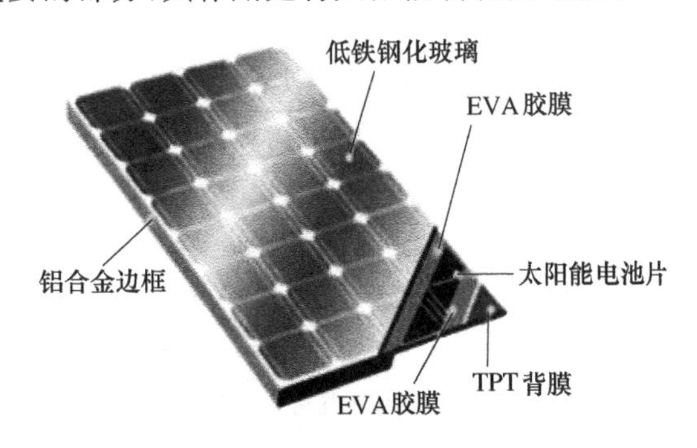

图 2-1　太阳能电池组件

2.1.2　太阳能电池组件技术参数

太阳能电池组件铭牌或说明书上常标有一些常用的技术参数，不同厂家的参数表除型号外基本相同,技术参数可分为电气参数和机械参数两部分。

电气参数指太阳能电池组件在标准条件下(25 ℃,AM1.5,1 000 W/m²)的各项测量参数,具体包括组件的最大输出功率,即在标准条件下测量组件可以输出的最大功率;公差是指该型号组件输出的最大输出功率的公差;最佳工作电压与最佳工作电流表示太阳能电池组件工作在标准条件下最大功率点处的输出电压与输出电流。开路电压表示太阳能电池组件在标准条件下开路输出电压,短路电流表示在标准条件下将组件短接流过的电流大小。电池片转换效率表示该型号太阳能电池组件采用的电池片将光能转换成电能的效率。工作温度表示该组件可以正常工作的环境温度范围。峰值功率温度系数、开路电压的温度系数和短路电流的温度系数表示在温度每上升 1K 时,对应的峰值功率、开路电压和短路电流所上升与下降的百分比。

机械参数包括电池片采用的是单晶硅还是多晶硅,电池片的尺寸大小,电池片的数量,组件外框的尺寸,组件整体重量,采用钢化玻璃厚度及铝合金边框类型。接线盒后面参数表示防护等级。IP 是 Ingress Protection 的缩写,IP 等级是针对电气设备外壳对异物侵入的防护等级,如防爆电器、防水防尘电器,来源是国际电工委员会的标准 IEC 60529,这个标准在 2004 年也被采用为美国国家标准。在这个标准中,针对外壳对异物的防护,IP 等级的格式为IP××,其中××为两个阿拉伯数字,第一标记数字表示接触保护和外来物保护等级,第二标记数字表示防水保护等级,数字越大表示其防护等级越佳。具体的防护等级见表 2-1 和表 2-2。

表 2-1 IP 防尘等级

号码	防尘等级(第一个×表示)
0	没有保护
1	防止大的固体侵入
2	防止中等大小的固体侵入
3	防止小固体进入侵入
4	防止物体大于 1 mm 的固体进入
5	防止有害的粉尘堆积
6	完全防止粉尘进入

表 2-2 IP 防水等级

号码	防水等级(第二个×表示)
0	没有保护
1	水滴滴入外壳无影响
2	当外壳倾斜到 15°时,水滴滴入到外壳无影响
3	水或雨水从 60°角落到外壳上无影响
4	液体由任何方向泼到外壳没有伤害影响
5	用水冲洗无任何伤害
6	可用于船舱内的环境
7	浸在水中一定时间或水压在一定的标准以下,可确保不因浸水而造成损坏
8	于一定压力下长时间浸水

此处以欧贝黎新能源科技股份有限公司的 EP125M/72－185 为例进行介绍，组件型号不同厂商表示不同，这里不作介绍。

（1）电气参数

表 2-3 EP125M/72－185 电气参数表

型号		EP125M/72－185W
电气参数	最大输出功率 P_m/W	185
	公差(%)	0/＋3
	最佳工作电压 V_{mp}/V	35.59
	最佳工作电流 I_{mp}/A	5.262
	开路电压 U_{oc}/V	44.29
	短路电流 I_{sc}/A	5.696
	电池片转换效率 η_c(%)	14.49
	最大系统电压/V	1 000
	工作温度/℃	－40～85
	峰值功率的温度系数 Tk(P_m)	－0.46%/K
	开路电压的温度系数 Tk(V_{oc})	－0.39%/K
	短路电流的温度系数 Tk(I_{sc})	＋0.031%/K

EP125M/72－185 电气参数见表 2-3。其中，功率单位为瓦(W)，电压与电流单位分别为伏特(V)与安培(A)，温度单位为摄氏度(℃)。该型号组件最大输出功率为 185 W。该型号组件最大输出功率的允许范围为 185～190.55 W。在最大功率点处的工作电压为35.59 V，工作电流为 5.262 A，该组件的开路电压为 44.29 V，短路电流为 5.696 A，电池片将光能的 14.49%转换为电能，组成光伏发电系统的最大电压为 1 000 V，可在－40～85 ℃正常工作。温度每升高1 K，组件最大功率下降 0.46%，开路电压下降 0.39%，短路电流上升 0.031%。

（2）机械参数

EP125M/72－185 机械参数见表 2-4。机械参数中尺寸以毫米(mm)为单位。该型号组件采用每列 12 片 125 mm×125 mm 的单晶硅太阳能电池片串接，再用 6 列串联，制作而成。组件长 1 580 mm，宽 808 mm，厚 35 mm，重 15 kg。制作组件的玻璃采用 3.2 mm 厚低铁超白钢化玻璃，边框选用阳极铝边框，接线盒防护等级在 IP67 级以上，即完全防止粉尘进入，可以浸在水中一定时间或水压在一定的标准以下，可确保不因浸水而造成损坏。

表 2-4 EP125M/72－185 机械参数表

型号		EP125M/72－185 W
机械参数	太阳能电池片	单晶太阳能电池片 125 mm×125 mm
	电池片数量	72(6×12)
	组件尺寸	1 580 mm×808 mm×35 mm
	重量	15 kg
	玻璃	3.2 mm 厚度低铁超白钢化玻璃
	边框	阳极铝边框
	接线盒	IP67 以上

2.2 太阳能电池组件封装相关材料

2.2.1 电池片

1. 电池片规格尺寸

太阳晶体硅电池的外形尺寸规格不多，主要是厚度和对角线略有差异。市场上常见的外形规格详见表 2-5。近年来，在硅片厚度上各厂家为降低成本，有 160 μm 附近的规格。同时单晶硅电池片也向正方向发展，对角线尺寸越来越大。同时多晶硅 125 mm 的电池片基本上已经被 156 mm 电池片取代，前者目前市场上较少见。单晶硅的 125 mm×Ø150 mm 的电池片也已被 125×Ø165 mm 的电池片逐步取代。

表 2-5 太阳晶体硅电池片外形规格

电池类型	边长 a/mm	对角线 Ø/mm	厚度 d/μm
单晶硅电池片 125 mm×Ø150 mm（TDB125 Ø150）	125.0±0.5	150.0±0.5	200±20
单晶硅电池片 125 mm×Ø165 mm（TDB125 Ø165）	125.0±0.5	165.0±0.5	200±20
单晶硅电池片 156 mm×Ø200 mm（TDB156 Ø200）	156.0±0.5	200.0±0.5	200±20
单晶硅电池片 156 mm×Ø210 mm（TDB156 Ø200）	156.0±0.5	210.0±0.5	200±20
多晶硅电池片 125 mm（TPB125）	125.0±0.5	175.4±0.5	200±20
多晶硅电池片 156 mm（TPB156）	156.0±0.5	219.2±0.5	200±20

2. 电池片电极规格

太阳电池片的正面电极为负极，电极材料通常为丝网印刷用的银浆；背面电极为正极，电极材料为丝网印刷用的银浆和铝浆。各厂家的电极规格尺寸会略有差异，具体应用时需要原材料供应商提供相关信息，以便于技术人员出具工艺图样。通常 125 mm 的单晶硅电池片和多晶硅电池片均为 2 条栅线设计，156 mm 的单晶硅电池片和多晶硅电池片的正负电极，有 3 条和 2 条的区分。理论上讲，3 条电极设计，电池片收集电子的能力更强，因此 3 条比 2 条的 FF（填充因子）要高些，但电池片制造成本相对更高。对于电池组件来讲，3 条主栅线的设计更有益于电池组件整体填充因子的提升。表 2-6 罗列了常见太阳晶体硅电池片电极规格及参数供参考。

表 2-6 常见太阳晶体硅电池片电极规格及参数

电池类型	正面主栅线间距/mm	主栅线中心到电池边沿的距离/mm	正面主栅线宽度/mm	背面主栅线宽度/mm	正面印刷边线至电池片边沿距离/mm	背面印刷边线至电池片边沿距离/mm	背面电极端点至电池片边沿距离/mm
TDB125（Ø150）	62.50	31.25	1.80	2.50	1.80	1.00	5.50
TDB125（Ø165）	61.00	32.00	1.80	2.50	1.80	1.00	5.50

续 表

电池类型	正面主栅线间距/mm	主栅线中心到电池边沿的距离/mm	正面主栅线宽度/mm	背面主栅线宽度/mm	正面印刷边线至电池片边沿距离/mm	背面印刷边线至电池片边沿距离/mm	背面电极端点至电池片边沿距离/mm
TDB156(Ø200) 2栅线	75.00	40.50	1.90	3.00	1.80	1.00	5.50
TDB156(Ø200) 3栅线	52.00	26.00	1.90	2.00	1.80	1.00	5.50
TDB125	62.50	31.25	1.80	3.00	1.80	1.00	5.50
TDB156(Ø219.2) 2栅线	75.00	40.50	1.90	2.00	1.80	1.00	5.50
TDB156(Ø219.2) 3栅线	52.00	26.00	1.90	2.00	1.80	1.00	5.50
允许误差	±0.20	±0.20	±0.20	±0.20	±0.25	±0.25	±0.25

注：此数据仅供参考，各厂家数据会有不同；多晶硅电池片四个顶角生产工艺已经不是纯圆，所以这里使用"Ø"来标志多晶硅电池片的对角线，严格上说是不准确的，这里是沿用老方法标注。

3. 单晶硅与多晶硅电池片性能参数

不同规格的单晶硅与多晶硅太阳电池片性能参数详见表2-7，表2-8。

表2-7 TDB156(Ø200) 单晶硅太阳电池片性能参数

TDB156	转换效率 η(%)	最大功率 P_m/W	最佳工作电压 U_M/V	最佳工作电流 I_M/A	开路电压 U_{oc}/V	短路电流 I_{sc}/A	填充因子 FF(%)
TDB1561725	17.25	4.122	0.511	8.182	0.620	8.874	76.64
TDB1561750	17.50	4.181	0.515	8.267	0.621	8.765	76.81
TDB1561775	17.75	4.241	0.518	8.303	0.623	8.817	77.2
TDB1561800	18.00	4.301	0.522	8.354	0.624	8.903	77.42
TDB1561825	18.25	4.361	0.523	8.421	0.627	8.949	77.72
TDB1561850	18.50	4.421	0.525	8.484	0.632	8.987	77.83
TDB1561875	18.75	4.480	0.526	8.576	0.634	9.019	78.35

表2-8 TPB156(Ø219.2)多晶硅太阳电池片性能参数

TPB156	转换效率 η(%)	最大功率 P_m/W	最佳工作电压 U_M/V	最佳工作电流 I_M/A	开路电压 U_{oc}/V	短路电流 I_{sc}/A	填充因子 FF(%)
TPB1561520	15.20	3.70	0.499	7.49	0.606	8.01	76.27
TPB1561540	15.40	3.75	0.500	7.59	0.608	8.14	75.79
TPB1561560	15.60	3.80	0.501	7.66	0.609	8.19	76.16
TPB1561580	15.80	3.85	0.503	7.71	0.610	8.22	77.02

续 表

TPB156	转换效率 $\eta(\%)$	最大功率 P_m/ W	最佳工作电压 U_M/ V	最佳工作电流 I_M/A	开路电压 U_{oc}/V	短路电流 I_{sc}/A	填充因子 FF(%)
TPB1561600	16.00	3.89	0.505	7.76	0.611	8.27	77.04
TPB1561620	16.20	3.94	0.508	7.81	0.615	8.32	77.11
TPB1561640	16.40	3.99	0.510	7.86	0.617	8.37	77.33
TPB1561660	16.60	4.04	0.513	7.92	0.620	8.43	77.34
TPB1561680	16.80	4.09	0.516	7.97	0.623	8.47	77.58
TPB1561700	17.00	4.14	0.518	8.01	0.625	8.51	77.93
TPB1561720	17.20	4.19	0.518	8.11	0.627	8.61	77.71

注：此数据仅供参考，各厂家数据会有不同。

2.2.2 EVA 太阳电池胶膜

EVA 太阳电池胶膜是以 EVA（乙烯与醋酸乙烯脂共聚物的树脂产品，化学式结构 $(CH_2—CH_2)—(CH—CH_2)$，英文名称为：Ethylene Vinyl Acetate，EVA）为主要原料，添加各种改性助剂，充分混拌后，经生产设备热加工成型的薄膜状产品。

EVA 胶膜是一种热固性的膜状热熔胶，常温下不发粘，便于裁切等操作。但加热到所需要的温度，经一定条件热压便发生熔融黏结与交联固化。在太阳电池的封装材料中，EVA 太阳电池胶膜是最重要的材料。EVA 太阳电池胶膜的使用不当，将对太阳电池组件产生致命的影响，其性能直接影响组件的功率和寿命。EVA 太阳电池胶膜在较宽的温度范围内具有良好的柔软性、耐冲击强度和良好的光学性能、耐低温及无毒的特性。

1. EVA 的原理

EVA 是一种热融胶黏剂，常温下无黏性而具抗黏性，可以便于操作，经过一定条件热压便发生熔融黏结与交联固化，并且变得完全透明。长期的实践证明，它在太阳电池封装与户外使用均获得相当满意的效果。

图 2-2 EVA 太阳电池胶膜

固化后的 EVA 能承受大气变化且具有弹性，它将太阳能电池片组“上盖下垫”，将太阳能电池片组密封，并和上层保护材料玻璃、下层保护材料 TPT（聚氟乙烯复合膜），利用真空层压技术黏合为一体。EVA 和玻璃黏合后能提高玻璃的透光率，起着增透的作用，并对太阳电池组件的输出有增强作用。EVA 厚度在 0.4～0.6 mm，表面平整，厚度均匀，内含交联剂，能在 150 ℃左右温度下固化交联。

EVA 主要有两种，一种是快速固化型，另一种是常规固化型，不同的 EVA 层压过程有所不同。采用加有抗紫外剂、抗氧化剂和固化剂，厚度为 0.4 mm 的 EVA 膜层作为太阳电池的密封剂，使它和玻璃、TPT 之间密封黏结。制作太阳能电池组件的 EVA 太阳电池胶膜，主要根据透光性能和对环境的适应性能进行选择。

2. EVA的性能

EVA具有优良的柔韧性、耐冲击性、弹性、光学透明性、低温绕曲性、黏着性、耐环境应力开裂性、对环境的适应性、耐化学药品性、热密封性。EVA和玻璃黏合后能提高玻璃的透光率，起着增透的作用，并对太阳电池组件的输出有增强作用。

EVA的性能主要取决于分子量(用熔融指数MI表示)和醋酸乙烯脂(以VA表示)的含量。当MI一定时，VA的弹性、柔软性、黏结性、相溶性和透明性提高，VA的含量降低，则接近聚乙烯的性能。当VA含量一定时，MI降低则软化点下降，而加工性和表面光泽改善，但是强度降低，分子量增大，可提高耐冲击性和应力开裂性。

不同的温度对EVA的交联度有比较大的影响，EVA的交联度直接影响到组件的性能以及使用寿命。在熔融状态下，EVA与晶体硅太阳电池片、玻璃、TPT产生黏合，在这过程中既有物理也有化学的反应。未经改性的EVA透明，柔软，有热熔黏合性，熔融温度低，熔融流动性好，但是其耐热性较差，易延伸而低弹性，内聚强度低而抗蠕变性差，易产生热胀冷缩导致晶片碎裂，使黏结脱层。

通过采取化学胶联的方式对EVA进行改性，其方法就是在EVA中添加有机过氧化物交联剂，当EVA加热到一定温度时，交联剂分解产生自由基，引发EVA分子之间的结合，形成三维网状结构，导致EVA胶层交联固化，当胶联度达到60%以上时能承受大气的变化，不再发生热胀冷缩。

3. EVA的性能指标

① 固化温度。用于太阳电池封装的EVA是专门设计的热固性热熔胶，即在加热熔融的同时会发生固化反应。当温度较低时，交联反应发生的速度很缓慢，完成固化所需要的时间较长，反之需要的时间就比较短。因此要选择一适宜的层压温度，使EVA在熔融中获得流动性，同时发生固化反应。随着反应的进行，交联度增加，EVA失去流动性，起到封装的作用。

② 交联度。用于太阳电池封装的EVA在层压过程中发生了交联反应，形成了三维网状结构。EVA胶膜有交联固化作用，EVA胶膜加热到一定温度，在熔融状态下，其中的交联剂分解产生自由基，引发EVA分子间的结合，使它和晶体硅电池、玻璃、TPT产生黏结和固化，三层材料组成为一体，固化后的组件在阳光下EVA不再流动，电池片不再移动。因为太阳电池长期工作于露天之中，EVA胶膜必须能经受得住不同地域环境和不同气候的侵蚀。因此EVA的交联度指标对太阳电池组件的质量与长寿命起着至关重要的作用。

③ 黏结强度。EVA的黏结强度决定了太阳电池组件的近期质量。EVA常温下不发黏，便于操作，但加热到所需温度，在层压机的作用下，发生物理和化学的变化，将电池片、玻璃和TPT黏结。如果黏结不牢，短期内即可出现脱胶。

④ 其他指标。EVA的耐热性、耐低温性、抗紫外线老化等指标对太阳电池组件的功率衰减起着决定性的作用。

用作太阳能电池组件封装的EVA，主要对以下几点性能提出要求：

① 熔融指数。影响EVA的融化速度。

② 软化点。影响EVA开始软化的温度点。

③ 透光率。对于不同的光谱分布有不同的透过率，这里主要指的是在AM1.5的光谱分布条件下的透过率。

④ 密度。交联后的密度。

⑤ 比热。交联后的比热，反映交联后的EVA吸收相同热量的情况下温度升高数值的大小。

⑥ 热导率。交联后的热导率，反映交联后的 EVA 的热导性能。

⑦ 玻璃化温度。反映 EVA 的抗低温性能。

⑧ 断裂张力强度。交联后的 EVA 断裂张力强度，反映了 EVA 胶联后的抗断裂机械强度。

⑨ 断裂延长率。交联后的 EVA 断裂延长率，反映了 EVA 胶联后的延伸性能。

⑩ 张力系数。交联后的 EVA 张力系数，反映了 EVA 交联后的张力大小。

⑪ 吸水性。直接影响其对电池片的密封性能。

⑫ 交联率。EVA 的交联度，直接影响到它的抗渗水性及耐候性。

⑬ 剥离强度。反映了 EVA 与玻璃、EVA 与背板之间的黏结强度。

⑭ 耐紫外光老化。影响到组件的户外使用寿命。

⑮ 耐热老化。影响到组件的户外使用寿命。

EVA 固化前后的主要性能参数见表 2-9。

4. EVA 的使用要求

产品在收卷时有轻微拉紧，在放卷裁切时不应用力拉，建议留 2%左右的纵向余量，裁切后放置半小时，让胶膜自然回缩后再层叠更好。初次使用新产品或设备时，应先采用模拟板层压试验，确认工艺条件合适后，再投入正式生产。不要用手直接接触 EVA 胶膜表面，以免影响黏结性能。不要让产品受潮，以免影响黏结性能或导致气泡的产生。打开包装或裁切后，建议在 48 小时内用完。不要用力拉胶膜，以免产生变形，影响使用性能。未用完的 EVA，要重新包装好。

在裁切、铺设过程中，最好设置除静电工序，以消除组件内各部件中的静电，从而确保封装组件的质量。批序号标签贴在每卷产品的纸芯内和包装箱外。建议使用时记录下批序号，以便发现质量问题时，可以追查原因。EVA 太阳电池胶膜是太阳能电池组件封装的主要材料之一，其性能直接影响组件的功率和寿命。为了保证组件能在室外使用 20 年以上，必须正确地使用和加工，充分发挥 EVA 胶膜的性能，以达到理想的效果。

表 2-9 EVA 固化前后主要性能参数

序号	性 能 名 称	单 位	参 考 数 据
1	熔融指数(固化前)	g/min	30
2	软化点(固化前)	℃	58
3	密度	g/cm^2	0.96
4	比热	J/(kg·℃)	2.30
5	绝缘电阻	MΩ	1.45×10^6
6	击穿电压	kV/mm	19
7	抗拉强度	MPa	26
8	延伸率	%	420
9	透光率(固化后)	%	>91.0
10	折射率		1.491
11	水吸收率(20 ℃、24 h)	%	<0.01
12	收缩率(固化前测试，120 ℃，3 min)	%	<5.0

续表

序号	性能名称	单位	参考数据
13	完全交联度(150 ℃,15 min 与 160 ℃,30 min)	%	>93.00
14	胶膜与玻璃的剥离强度(140 ℃、20 min 固化后)	N/cm	>30
15	胶膜与 TPT 的剥离强度(140 ℃、20 min 固化后)	N/cm	>20
16	耐紫外光老化(UV,1 000 hr)	%	90 以上
17	耐湿热老化(+85 ℃,85%湿度,1 000 hr)	%	85 以上

5. EVA 材料的区别

外观区别体现在以下几点:

① 厚度。根据不同的需要,可以分别采用 0.35、0.45、0.60 和 0.80 厚度的 EVA。

② 表面。绒面或平面。

③ 软硬。较软的 EVA 其溶点较低,反之则溶点较高。

内在区别体现在以下几点:

① 交联剂添加多,交联度高,但容易老化,易发黄;反之,则交联度低,不易发黄。

② 醋酸乙烯酯(熔体流动速率一定)含量高,EVA 的弹性、柔软性、耐冲击性、耐应力开裂性、耐气候性、黏结性、相溶性和透明性、光泽度提高;反之则强度、硬度、融熔点、屈伸应力、热变形性降低。

③ 熔体流动速率(醋酸乙烯酯一定)高,融熔体的流动性、融熔体的黏度、韧性、抗拉强度、耐应力、开裂性增加;反之,断裂伸长率、强度、硬度降低(但屈伸应力不受影响)。

6. EVA 运输与贮存

EVA 胶膜应避光、避热、避潮运输,平整准放,堆放高度不得多于四层,不得使产品弯曲和包装破损。EVA 胶膜的最佳贮存条件:放在恒温、恒湿的仓库内,其温度为 0~30 ℃,相对湿度小于 60%。避免阳光直照,不得靠近有加热设备或有灰尘等污染的地方,并应注意防火。贮存期不超出六个月,建议在三个月内使用完。(贮存期以合格证上注明的生产日期为起始日。)

7. EVA 裁切

将卷状 EVA 小心地从包装箱中取出〔如图 2-3(a) 所示〕,两人搬抬,将 EVA 固定在下料架上〔如图 2-3(a) 所示〕;将成卷的 EVA 上的胶带、包装纸等包装物去除干净。注意:EVA 卷上的透明胶带必须在裁切之前彻底清理干净,否则下一工序易出层压后返修组件。

将操作台上的标记线和图纸进行确认,操作人员互检工装佩戴情况,负责裁切的人员的需要佩戴防划伤手套,以防刀片跑刀划伤手〔如图 2-3(b) 所示〕。裁切过程中,将壁纸刀沿标尺匀速切割,手指不得放在标尺内,避免壁纸刀伤到手背与手指〔如图 2-3(c) 所示〕。

将切割后的原材料按规格尺寸和任务要求整齐地摆放到转运车上。裁切好的 EVA 要整齐地摆放在干净的转运车上,记录数据,摆放整齐〔如图 2-3(d) 所示〕。

2.2.3 背板材料

白色背板对阳光起反射作用,对组件的效率略有提高,并因具有较高的红外发射率,还可降低组件的工作温度,有利于提高组件的效率。背板还可增强组件抗氧化性和抗渗水性。对于白色背板 TPT(如图 2-4 所示),对入射到组件内部的光进行散射,提高组件吸收光的效率。背板延长了组件的使用寿命,提高了组件的绝缘性能,使用背板可以防止组件与空气接触,并且防止组件被曝光。

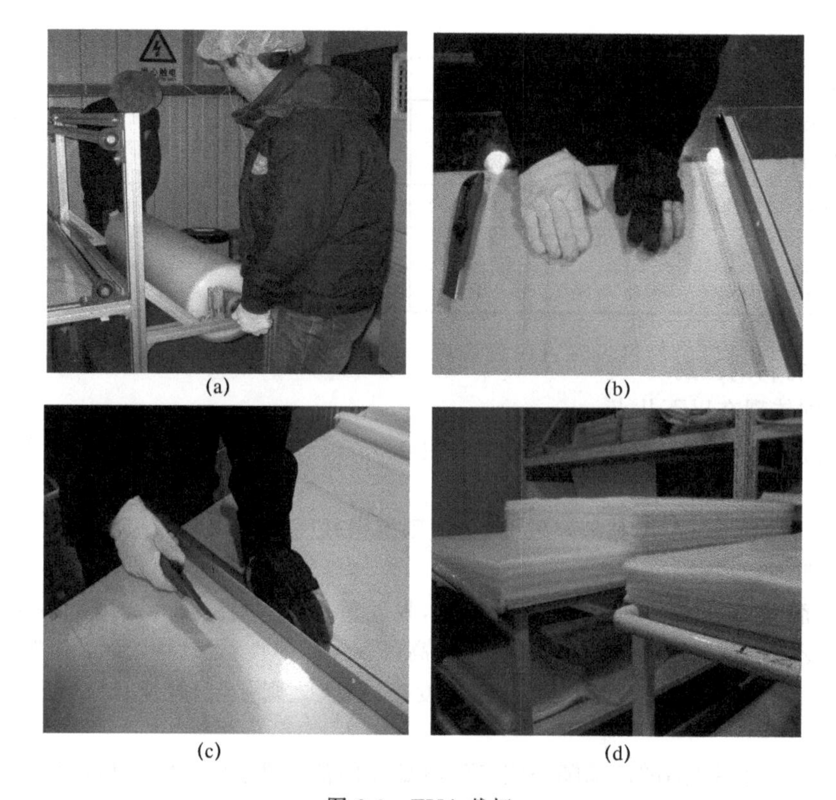
(a) (b) (c) (d)

图 2-3 EVA 裁切

图 2-4 TPT 背板材料

1. 常用背板材料

常用背板材料有 TPT、TPE、PET、BBF 和其他含氟材料。市面常用品牌有德国 KREMPEL、韩国 SFC、奥地利 ISOVOLTA、日本 KEIWA250/300、日本 DNP、日本东洋铝业、3MBBF、杭州帆度和杭州哈氟龙等。一般使用中以选择 TPT 材料的背板为主。下面对几种常用材料进行简单介绍。

(1) TPT(聚氟乙烯复合膜)背板

TPT 用在组件背面,作为背面保护封装材料。用于封装的 TPT 有三层结构:外层保护层 PVF 具有良好的抗环境侵蚀能力,中间层为 PET 聚脂薄膜具有良好的绝缘性能,内层 PVF 需经表面处理和 EVA 具有良好的黏结性能(PVF-PET-PVF——三层薄膜构成的背膜,简称 TPT)。

(2) PET背板

聚苯二甲酸乙二醇酯是热塑性聚酯中最主要的品种,英文名为Polythylene Terephthalate,简称PET或PETP,俗称涤纶树脂,它是对苯二甲酸与乙二醇的缩聚物,与PBT一起统称为热塑性聚酯或饱和聚酯。

1946年英国发表了第一个制备PET的专利,1949年英国ICI公司完成测试,但美国杜邦公司购买专利后,1953年建立了生产装置,在世界最先实现工业化生产。初期PET几乎都用于合成纤维(我国俗称涤纶、的确良)。20世纪80年代以来,PET作为工程塑料有了突破性的进展,相继研制出成核剂和结晶促进剂。目前PET与PBT一起作为热塑性聚酯,成为五大工程塑料之一。PET是乳白色或浅黄色高度结晶性的聚合物,表面平滑而有光泽。PET耐蠕变性、抗疲劳性、耐摩擦性和尺寸稳定性好,磨耗小而硬度高,具有热塑性塑料中最大的韧性。电绝缘性能好,受温度影响小,但耐电晕性较差。PET无毒性、耐气候性、抗化学药品稳定性好,吸水率低,耐弱酸和有机溶剂,但不耐热水浸泡,不耐碱。PET树脂的玻璃化温度较高,结晶速度慢,模塑周期长,成型周期长,成型收缩率大,尺寸稳定性差,结晶化的成型呈脆性,耐热性低。通过成核剂以及结晶剂和玻璃纤维增强的改进,PET除了具有PBT的性质外,还有以下的特点:

① 热变形温度和长期使用温度是热塑性通用工程塑料中最高的。

② 因为耐热高,增强PET在250 ℃的焊锡浴中浸渍10 s,几乎不变形也不变色,特别适合制备锡焊的电子、电器零件。

③ 弯曲强度200 MPa,弹性模量达4 000 MPa,耐蠕变及疲劳性也很好,表面硬度高,机械性能与热固性塑料相近。

(3) TPE背板

TPE又称热塑性弹性体,是通过对苯二甲酸1,4-丁二醇及聚丁醇共聚而成,其硬段比例增大可增强物理刚性和化学稳定性,软段比例增大可提高柔韧性和低温性能。TPE是一种既具有橡胶的高弹性、高强度、高回弹性特征,又具有可注塑加工的特征,具有环保无毒安全,硬度范围广,有优良的着色性、耐候性、抗疲劳性和耐温性,触感柔软,加工性能优越,无须硫化,可以循环使用从而降低成本,既可以二次注塑成型与PP、PE、PC、PS、ABS等基体材料包覆黏合,也可以单独成型。

热塑性弹性体既具有热塑性塑料的加工性能,又具有硫化橡胶的物理性能,可谓是塑料和橡胶的优势组合。热塑性弹性体正在大肆占领原本只属于硫化橡胶的领地。近十余年来,电子电器、通信与汽车行业的快速发展带动了热塑性弹性体的高速发展。TPE具有硫化橡胶的物理机械性能和热塑性塑料的工艺加工性能。由于无须经过热硫化,使用通用的塑料加工设备即可完成产品生产。这一特点使橡胶工业生产流程缩短了1/4,节约能耗25%~40%,堪称橡胶工业又一次材料和工艺技术革命。

2. 太阳能电池组件对背板材料的基本要求

选择背板材料,要求选用的材料具有合适的黏结强度,良好的层间黏合性及和EVA的完美结合,适应外界能力较强,并具有很好的光学性能和耐候性、耐老化、耐腐蚀、不透气等基本要求,还应具有极好的抗氧化和抗潮湿性,良好的抗蠕变、抗冲击和抗疲劳性能,高冲击强度和良好的低温柔韧性和良好的对化学物质、油品、溶剂和气候的抵抗能力。此外,背板材料还应具有高抗撕裂强度及高耐摩擦性能和尺寸稳定性,以及绝缘耐压强度高。

几种常用背板材料的主要技术参数见表2-10。

封装用背板必须保持清洁，不得沾污或受潮，特别是内层不得用手指直接接触，以免影响EVA的黏结强度。背板不得有打折、破损、穿孔、脱层、鼓泡等外观缺陷。

背板材料应避光、避热、避潮运输，平整堆放，不得使产品弯曲和包装破损。背板的最佳贮存条件是放在恒温、恒湿的仓库内，其温度为0～40 ℃，相对湿度小于60%。避免阳光直照，不得靠近有加热设备或有灰尘等污染的地方，并应注意防火。背板材料保质期为12月。

表 2-10　背板材料技术参数

性质	标准	单位	数值	数值	数值
厚度		mm	0.17±0.02	0.29±0.03	0.35±0.03
PVF 薄膜		μm	37	37	37
PET 薄膜		μm	75	190	250
抗拉强度 长度方向 抗拉强度 横向方向	DIN EN ISO527-3	N/10 mm N/10 mm	≥170 ≥170	≥380 ≥300	≥550 ≥500
伸长率 长度方向 伸长率 横向方向	IPV　NO. 38	% %	≥125 ≥95	≥150 ≥120	≥165 ≥140
PVF 与 PET 之间 剥离强度	IPV EN 60674	N/5 cm	≥20	≥20	≥20
与 EVA 间剥离强度	DINEN 60674	N/cm	≥40	≥40	≥40
失重(24 h、150 ℃)	ISO 15106-3	%	约 0.25	约 0.25	约 0.25
尺寸稳定性长度方向 (0.5 h、150 ℃)横向	IEC 60243-1	% %	约 1.5 约 1.0	约 1.5 约 1.0	约 1.5 约 1.0
水蒸气渗透率	IEC 60664-1	g/(m² · d)	约 1.6	约 1.0	约 1.0
击穿电压		kV	约 18	约 22	约 28
最大系统电压		V/DC	715	930	1 145

3. 背板裁切

多人合力，将背板从包装箱内取出，如图2-5(a)所示。小心搬运，防止受伤，如图2-5(a)所示。操作人员互检工装佩戴情况，须穿戴干净的工作服和佩戴细纱手套，两人合作平抬将成卷的背板固定到背板裁切机的上料架上，如图2-5(b)所示。将背板卷定好位置，将背板按照图示位置从相应位置穿过，如图2-5(c) 所示。再用板手锁紧的时候注意锁母的方向，否则在裁切的过程中背板卷可能会松动，造成裁切的材料不合格。手动试切三张后，对背板进行测量，与图纸要求进行比对，如图2-5(d)所示。

2.2.4　涂锡带

涂锡带(也称焊带，如图2-6所示)用于太阳能组件生产时将太阳能电池片焊接连接并将组件电极引出，要求涂锡带具有较高的焊接操作性，良好的延伸性和力学性能，并具有良好的导电性能和抗腐蚀性，且要求寿命高，要求封装后使用寿命在25年以上。涂锡带基底材料为铜基材，它是在紫铜的基础上进行镀锡工艺的产物，选用GB/T11091—2005标准TU1无氧铜带：纯度≥99.99%，作为其核心基本材料的紫铜在合金带生产中占据十分重要的地位。涂锡带由无氧铜剪切拉制而成，所有外表面都有热镀涂层。

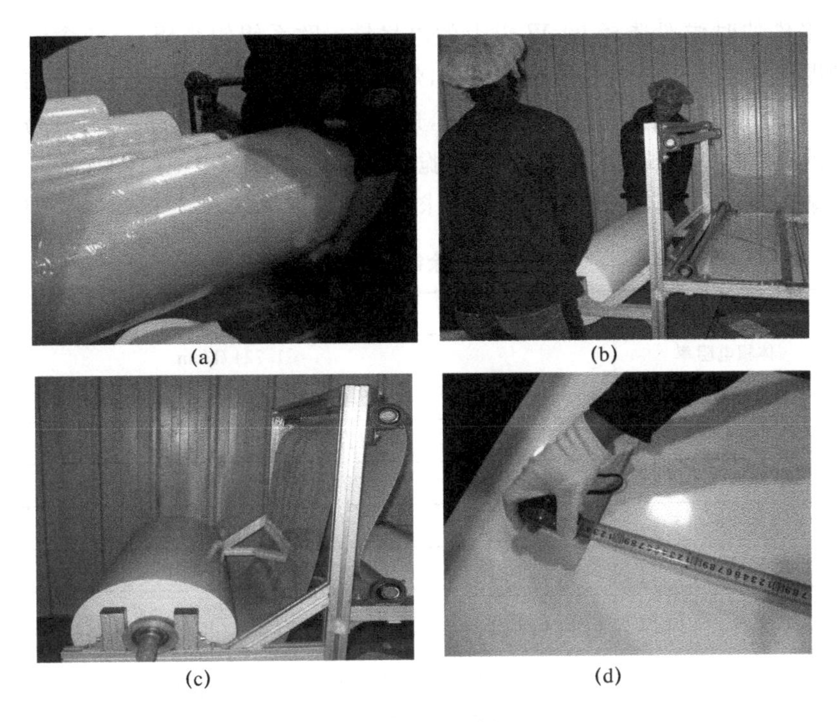

(a) (b)

(c) (d)

图 2-5 背板裁切

图 2-6 涂锡带

涂锡带按用途可分为互连带和汇流带两种:互连带用于将单片的光伏电池串接;汇流带是把几列电池片组输出的电流汇集到一起后输出。涂锡带按涂层可分为锡铅系和无铅系两种:锡铅系涂层材料为 SnPb40,表示锡铅比例为 60∶40,其中还包含其他元素,如抗脱焊剂,抗腐蚀剂、抗氧化剂等;无铅系是因环境污染问题,提倡使用无铅涂锡带,其涂层材料分为 Sn-Ag、Sn-Au 和 Sn-Cu 几种。常见的有 Sn95Ag5 和 Sn97Ag3,选择银元素的主要好处是考虑其导电能力强,焊接后表面光亮,焊接容易。目前国内市面上主要的几个涂锡带品牌有:昆明三利特、无锡斯威克和上海胜佰等。随着欧盟 ROHS 指令的实施,光伏厂家选择使用无铅焊带成为一种必然,如何尽快完善无铅工艺是众多企业急需解决的问题。无铅涂锡带选用的焊锡有多种,简要介绍一下各种焊锡的优缺点。日系锡银铜焊锡(305),成分是 3%银、0.5%铜、96.5%锡,这种焊锡熔点为 218 ℃,强度较高,流动性较差,在组件焊接过程中要保证较高的焊接温度,要求用户在选用电烙铁的时候要选择 90 W 以上的电烙铁。欧系锡银焊锡，一般含锡 95.5%，含银 4.5%，这种焊锡熔点 221 ℃，焊接流畅性较好，焊锡强度足以满足太阳能电池组件的要求，缺点是价格昂贵。锡银铜铋或者锡银铜铟系焊锡，这类焊锡熔点较低，焊接相对容易（对照无铅而言），但是过低熔点的焊锡强度很差，焊锡硬而脆，不太适合太阳能电池组件的焊接。如果对各种组分的配比掌握得好，可以达到焊锡的强度要求和塑性要求，熔点一般比 305 焊锡低 5～10 ℃。

表 2-11 涂锡带技术指标

序号	性能名称	要求
1	体积电阻率	≤1.724 Ω/cm
2	抗拉强度/MPa	（一般）≥200；（软）≥196；（半硬）≥245
3	延伸率	矫直带≥5%；未矫直带≥23%
4	软硬状态	保证基材维氏硬度 HV(M)：50～60
5	成品体积电阻系数	(2.20±0.10)Ω/cm
6	涂锡厚度/mm	0.01≤单面≤0.045
7	涂层熔化温度	锡铅系列 ≤ 189 ℃；无铅系列≤231 ℃
8	厚度公差	±0.005 mm
9	宽度公差	±0.01 mm
10	侧边弯曲度（镰刀弯度）	对于盘状包装产品，每 1 000 mm 长合金带自中心处测量不超过 6 mm；对于轴状包装产品，每 1 000 mm 长合金带自中心处测量不超过 4 mm
11	固液相线温度	180～185 ℃（含铅），221～231 ℃（无铅）
12	蛇行带	≤4/1 000 mm
13	折断率	行标 7 次（180°弯折为一次）以上
14	镰刀弯曲度	每米长度自中心处测量不超过 1.5mm
15	外观质量	表面光滑、色泽发亮、边部不能有毛刺等

涂锡带的选用一般是根据电池片的厚度和短路电流的多少来确定涂锡带的厚度，涂锡带的宽度要和电池的主栅线宽度一致，涂锡带的软硬程度一般取决于电池片的厚度和焊接工具。手工焊接要求涂锡带的状态越软越好，软态的涂锡带在烙铁走过之后会很好地和电池片接触在一起，焊接过程中产生的应力很小，可以降低碎片率。但是太软的涂锡带抗拉力会降低，很容易拉断。对于自动焊接工艺，涂锡带可以稍硬一些，这样有利于焊接机器对涂锡带的调直和压焊，太软的涂锡带用机器焊接容易变形，从而降低产品的成品率。此外选择涂锡带时还应考虑以下几点：

① 较低的焊接温度。较低的焊接温度可以降低组件生产工艺的实现难度，有效地降低不良率。同一材料封装时焊接温度提高的同时，焊接基材（涂锡合金带与硅片）之间的热应力差（SI=2～3PPM/ ℃，CU=16.5PPM/ ℃，Sn63Pb37=23.3PPM/℃等，铜基材的热膨胀系数是硅材料的 6.5 倍左右）也相应提高，因此会间接导致各种不良现象（碎片，虚焊，焊接不牢）的上升。因此在焊接过程中，选用其涂敷层钎焊合金较低的熔点在作业过程中可以降低其焊接温度。

② 涂层良好的可焊性（涂锡合金带与电池片快速地结合及形成牢固的金属化合物的时间）。一般而言，在保证焊接质量的前提下，涂层可焊性越强，其焊接时间可以相应越短，这可以有效控制焊接质量。

③ 良好的导电性能。涂敷成分良好的导电性能可以有效地降低电流传输过程中的损耗和热积累负面影响。

④ 良好的抗疲劳性。良好的抗疲劳性可以提高组件的机械强度及组件的使用寿命。

⑤ 涂层有害物质控制要求。一般而言组件生产厂家选用的无铅涂锡合金带必须完全符合欧盟 RoHS 环保指令规范。因全球范围内国家和地域情况的不同,有些地区尚未充分推进无铅化政策及组件生产工艺,传统的锡铅系列涂锡合金带仍是主导。

涂锡带在使用过程中应注意以下事项:

① 在焊接过程中,要注意调整工人的焊接习惯。涂锡带是太阳能电池组件焊接过程中的重要原材料,涂锡带质量的好坏将直接影响到太阳能电池组件电流的收集效率,对太阳能电池组件的功率影响很大。

② 涂锡带在串联电池片的过程中一定要做到焊接牢固,避免虚焊、假焊现象的发生。生产厂家在选择涂锡带时一定要根据所选用的电池片特性来决定用什么状态的涂锡带。

③ 焊接涂锡带使用的电烙铁根据不同的组件有不同的选择,焊接小太阳能电池组件对烙铁的要求较低,无铅调温交流电烙铁(热磁铁控制)不适合焊接大面积的电池片。因为电池片的硅导热性能很好,烙铁头的热量会迅速传递到硅片上,瞬间使烙铁头的温度降低到 300 ℃以下,烙铁的温度补偿不足以保证烙铁的温度升高到 400 ℃,是不能保证无铅焊接的牢固性的,产生的现象是电池片在焊接过程中发生噼啪的响声,严重的立即使电池片出现裂纹,这是焊锡温度低引起的收缩应力造成的。

④ 烙铁头和涂锡带的接触端要尽量修理成和涂锡带的宽度一致,接触面要平整。焊接的助焊剂要选用无铅无残留助焊剂。在焊接无铅涂锡带的过程中,要注意调整工人的焊接习惯,无铅焊锡的流动性不好,焊接速度要慢很多,焊接时一定要等到焊锡完全熔化后再走烙铁,烙铁要慢走,如果发现走烙铁过程中焊锡凝固,说明烙铁头的温度偏低,要调节烙铁头的温度升高到烙铁头流畅移动、焊锡光滑流动为止。

涂锡带储存时应避光、避热、避潮,不得使产品弯曲和包装破损。其最佳贮存条件是放在恒温、恒湿的仓库内,其温度为 0～25 ℃,相对湿度小于 60%,并用棉布或软泡沫密封。

2.2.5 钢化玻璃

1. 钢化玻璃基本介绍

钢化玻璃又称强化玻璃,是用物理的或化学的方法,在玻璃表面上形成一个压应力层,玻璃本身具有较高的抗压强度,不会造成破坏。当玻璃受到外力作用时,这个压力层可将部分拉应力抵消,避免玻璃的碎裂,虽然钢化玻璃内部处于较大的拉应力状态,但玻璃的内部无缺陷存在,不会造成破坏,从而达到提高玻璃强度的目的。众所周知,材料表面的微裂纹是导致材料破裂的主要原因。因为微裂纹在张力的作用下会逐渐扩展,最后沿裂纹开裂。而玻璃经钢化后,由于表面存在较大的压应力,可使玻璃表面的微裂纹在挤压作用下变得更加细微,甚至"愈合"。

钢化玻璃是平板玻璃的二次加工产品,钢化玻璃的加工可分为物理钢化法和化学钢化法。物理钢化玻璃又称为淬火钢化玻璃。它是将普通平板玻璃在加热炉中加热到接近玻璃的软化温度(600 ℃)时,通过自身的形变消除内部应力,然后将玻璃移出加热炉,再用多头喷嘴将高压冷空气吹向玻璃的两面,使其迅速且均匀地冷却至室温,即可制得钢化玻璃。这种玻璃处于内部受拉而外部受压的应力状态,一旦局部发生破损,便会发生应力释放,玻璃被破碎成无数小块，这些小的碎片没有尖锐棱角，不易伤人。在钢化玻璃的生产过程中，对产品质量影响最大的是如何使玻璃形成较大而均匀的内应力。而对产量影响最大的则是如何防止炸裂和变形。化学钢化玻璃是通过改变玻璃表面的化学组成来提高玻璃的强度，一般是应用离子交换法进行钢化。其方法是将含有碱金属离子的硅酸盐玻璃，浸入到熔融状态的锂(Li^+)盐中，使玻璃表层的 Na^+ 或 K^+ 与 Li^+ 发生交换，表面形成 Li^+ 交换层，由于 Li^+ 的膨胀系数小于 Na^+、K^+，从而在冷却过程中造成外层收缩较小而内层收缩较大，当冷却到常温后，玻璃便同样处于内层受拉，外层受压的状态，其效果类似于物理钢化玻璃。

应力特征成为鉴别真假钢化玻璃的重要标志。目前，在业内鉴别钢化玻璃与普通玻璃主要靠听，也就是说用手敲击玻璃，如果玻璃发出清脆响声，则说明玻璃是钢化玻璃，反之则为普通玻璃。

当玻璃均匀加热到钢化温度后骤然冷却时，由于内外层降温速度不同，表层急剧冷却收缩，而内层降温收缩迟缓。结果内层因被压缩受压应力，表层受张应力。随着玻璃的继续冷却，表层已经硬化停止收缩，而内层仍在降温收缩，直至到达室温。这样，表层因受内层的压缩形成压应力，内层则形成张应力，并被永久地保留在钢化玻璃中。由于玻璃是抗压强而抗拉弱的脆性材料，当超过抗张强度时玻璃即行破碎，所以内应力的大小及其分布形式是影响玻璃强度及炸裂的主要原因。另一种情况是玻璃在可塑状态下冷却时，不论是加热不均，还是冷却不均，只要在同一块玻璃上有温差，就会有不同的收缩量。在降至室温时，温度越高的地方降温越多，收缩量越大，玻璃也就越短。相反温度越低的地方降温少，收缩量也小，玻璃也就长。

由于钢化玻璃内部的应力分布已处于均衡的状态，当进行切割、钻孔等再加工时，容易因应力平衡被破坏而引起破碎，所以一般不允许进行再加工。但是轻微的加工，例如对划伤、彩虹等缺陷进行抛光时，对产品性能并没有多大影响。钢化玻璃在热处理完成以后及使用过程中有无直接外力作用发生自行爆裂的现象。

钢化玻璃是普通平板玻璃经过再加工处理而成的一种预应力玻璃。钢化玻璃相对于普通平板玻璃来说，具有两大特征，使用时应注意的是钢化玻璃不能切割、磨削，边角不能碰击挤压，需按现成的尺寸规格选用或提出具体设计图纸进行加工定制。钢化玻璃强度是普通玻璃的数倍，抗拉度是后者的 3 倍以上，抗冲击力是后者的 5 倍以上。钢化玻璃不容易破碎，即使破碎也会以无尖锐棱角的颗粒形式碎裂，对人体伤害大大降低。钢化玻璃热稳定性好，急冷急热时，不易发生炸裂。这是因为钢化玻璃的压应力可抵销一部分因急冷急热产生的拉应力之故。钢化玻璃耐热冲击，最大安全工作温度为 288 ℃，能承受 204 ℃的温差变化。

钢化玻璃按生产工艺分类，可分为垂直法钢化玻璃和水平法钢化玻璃：垂直法钢化玻璃是在钢化过程中采取夹钳吊挂的方式生产出来的钢化玻璃；水平法钢化玻璃是在钢化过程中采取水平辊支撑的方式生产出来的钢化玻璃。钢化玻璃按形状分类可分为平面钢化玻璃和曲面钢化玻璃两种。

组件生产过程中使用钢化玻璃封装并保护组件，其绒面便于与 EVA 之间进行有效黏结，增强组件对阳光的吸收，提高组件的转换效率。

太阳能电池组件生产用到的钢化玻璃要求钢化玻璃强度高，其抗压强度可达 125 MPa 以上，比普通玻璃大 4～5 倍；抗冲击强度也很高。用钢球法测定时，1 040 g 的钢球从 1～1.2 m 高度落下，砸中钢化玻璃，钢化玻璃可保持完好。太阳能电池组件生产使用的钢化玻璃的弹性比普通玻璃大得多，一块 1 200 mm×350 mm×6 mm 的钢化玻璃，受力后可发生达 100 mm 的弯曲挠度，当外力撤除后，仍能恢复原状，而普通玻璃弯曲变形只能有几毫米。

太阳能电池组件生产使用的钢化玻璃的钢化性能符合 GB9963—1998 要求，封装后的组件抗冲击力性能达到 GB9535—1998（地面用硅太阳电池组件环境试验方法）中规定的性能指标。一般情况下，在太阳光谱响应的波长范围内（320～1 100 nm）透光率要大于 91.6%。对大于 1 200 nm 的红外光有较高的反射率，能耐太阳紫外线的辐射，透光率不下降。具体指标见表 2-12 和表 2-13。

在钢化玻璃的选择与使用过程中，技术人员常使用的专业术语如下：

• 图案不清——局部花纹图案不清或者变形。

• 线条——压花玻璃表面呈现的线状条纹缺陷。

• 气泡——压花玻璃中的夹杂气体物。

• 划伤——在生产和储运、装卸过程中，玻璃表面被划伤的痕迹。

• 压痕（包括辊伤）——因压辊表面的原因造成玻璃板面的缺陷或表面花纹被破坏。

• 皱纹——压花玻璃表面呈现波纹状缺陷。

• 裂纹——玻璃表面的开裂缺陷。

• 夹杂物——嵌入玻璃表面或裹在玻璃板中的未熔化的混合料颗粒及其他杂质。

• 整体弯曲度——玻璃经高温强化和淬冷之后，整个玻璃表面因承受不均匀的温度或风压，导致出现弧形弯曲。

• 局部弯曲度（即波形度）——玻璃经高温强化和淬冷后，局部出现不同程度的 S 形或波浪形的变形。

表 2-12　太阳能电池组件钢化玻璃的性能要求

序号	性能名称	要求
1	太阳光透过比（3.2 mm 厚）	≥91.6%
2	玻璃含铁量	≤150 PPM Fe_2O_3
3	泊松比	0.2
4	密度	2.5 g/cm^3
5	杨氏弹性模量	73 GPa
6	拉伸强度	42 MPa
7	半球辐射率	0.84
8	膨胀系数	9.03×10^{-6}/℃

表 2-13　太阳能电池组件钢化玻璃的技术要求

序号	技术要求名称	要求
1	厚度	(3.2±0.1) mm
2	钢化粒度	国产玻璃：40/5×5 cm　进口玻璃：70～80/5×5 cm
3	机械强度	重 227 克的钢球，高度 1 m，自由落体正面砸下，玻璃完好无损
4	表面质量	平整、透明、光亮；无杂质、气泡、气线；无划痕、裂纹；四边垂直度；倒角
5	长度×宽度	符合图纸或协议要求，公差为±1 mm
6	软化点	720 ℃
7	退火点	550 ℃
8	应变点	500 ℃

在钢化玻璃贮存或使用过程中有时会出现自爆现象。钢化玻璃自爆往往是由于生产钢化玻璃原片内部存在一些结石而导致钢化玻璃破碎，在钢化玻璃自爆起始点处，会存在硫化镍结石，这些硫化镍结石在钢化玻璃生产过程中会把高温晶态“冻结”。

据国外研究统计，钢化玻璃自爆率一般为0.1%～0.3%。引起钢化玻璃自爆的主要原因是玻璃中硫化镍(NiS)相变而引起的体积膨胀。解决自爆的对策主要有：控制钢化应力，均质处理等。其中对玻璃进行均质处理是最有效且根本的办法。均质处理的有效性取决于均质炉的性能及均质工艺，必须重视炉内玻璃放置方式、均质温度制度、炉内气流走向以及对均质自爆机理及影响因素等。均质处理是公认的彻底解决自爆问题的有效方法。将钢化玻璃再次加热到290 ℃左右并保温一定时间，使硫化镍在玻璃出厂前完成晶相转变，让今后可能自爆的玻璃在工厂内提前破碎。这种钢化后再次热处理的方法，国外称作“Heat Soak Test”，简称HST。我国通常将其译成“均质处理”，俗称“引爆处理”。

太阳能电池组件生产用的钢化玻璃应用木箱或集装箱(架)包装，箱(架)应便于装卸、运输。每箱(架)的包装数量应与箱(架)的强度相适应。一箱(架)应装同一厚度、尺寸、级别的玻璃，玻璃之间应采取防护措施。包装箱(架)应附有合作证，标明生产厂名或商标、玻璃级别、尺寸、厚度、数量、生产日期、本标准号和轻搬正放、易碎、防雨怕湿的标志或字样。玻璃应避光、避潮，平整堆放，用防尘布覆盖玻璃运输时应防止箱(架)倾倒滑动。在运输和装卸时需有防雨措施。太阳能电池组件生产用的钢化玻璃最佳贮存条件是恒温、干燥的仓库内，其温度在25 ℃，相对湿度小于45%，玻璃要清洁无水汽、不得裸手接触玻璃两表面。

2. 玻璃准备

用液压车将玻璃摆好，用壁纸刀打开包装箱。拆玻璃箱时注意避免壁纸刀片划伤玻璃，如图2-7(a)所示。两人戴手套将钢化玻璃从包装箱中取出，略微倾斜放在玻璃架上，如图2-7(b)所示。第一块玻璃要上下贴紧玻璃架靠背，接下来每块玻璃都要逐一贴紧，另外一人将每片玻璃下面的隔纸平放在地上，摆放整齐。

(a)

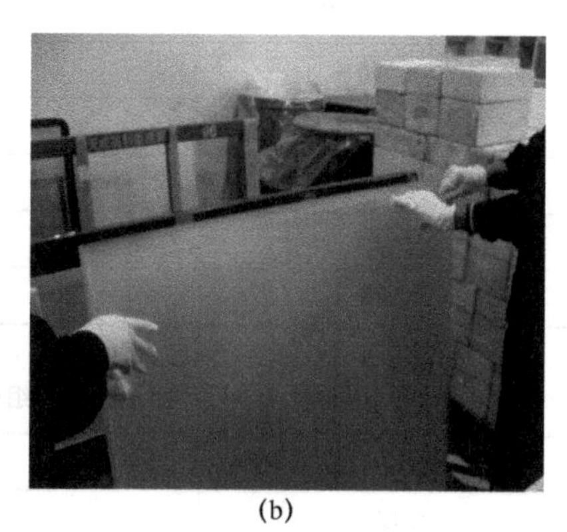
(b)

图 2-7 玻璃准备

2.2.6 铝型材

铝型材对太阳能电池组件的作用是保护玻璃边缘，提高组件的整体机械强度，结合硅胶打边增强了组件的密封度，便于组件的安装和运输。放置时应按照规格型号放在指定地点，铝材中间要用纸张隔开，防止铝材划伤，如图2-8所示。

铝型材应采用6063-T5铝合金材质。其中第一位数表示主要添加合金元素，第一位数为6

时表示主要添加的合金元素为矽与镁。第二位数表示原合金中主要添加的合金元素含量或杂质成分含量经修改的合金，第二位数为0时表示原合金。第三及第四位数为纯铝时表示原合金，第三及第四位数为合金时表示个别合金的代号。T5由高温成型过程冷却，然后进行人工时效的状态。适用于由高温成型过程冷却后，不经过冷加工（可进行矫直、矫平，但不影响力学性能极限），予以人工时效的产品。

图2-8 铝型材的放置

6063－T5铝材，钢度达到14度，参考GB/T 5237.1～5237.5—2004《铝合金建筑型材》以及GB/T 3190—1996《变形铝及铝合金化学成分》、GB/T 9535—1998《地面用晶体硅太阳能电池组件设计鉴定和定型》等标准，确定组件外边框型材的选定以及来料的检验组件用金属边框为铝合金材料，为达到太阳能电池组件要求的机械强度及其他要求，参照GB/T 3190—1996《变形铝及铝合金化学成分》，采用国际通用牌号为6063-T5的铝合金材料，成分见表2-14。

表2-14 6063-T5的铝合金材料成分

硅 (Si)	铁 (Fe)	铜 (Cu)	锰 (Mn)	镁 (Mg)	铬 (Cr)	镍 (Ni)	锌 (Zn)
0.2%～0.6%	0.35%	0.1%	0.1%	0.45%～0.9%	0.1%		0.1%
钛 (Ti)	钙 (Ga)	钒 (Va)	Others Each	Others Total	铝 (Al)		
0.1%			0.05%	0.15%	Remainder		

太阳能组件要保证长达25年左右的使用寿命，铝合金表面必须经过钝化处理，表面氧化层的处理厚度参照太阳能组件进行标注。

铝型材的种类分为阳极氧化、喷砂氧化和电泳氧化三种，规格有25 mm、28 mm、35 mm、45 mm、48 mm、50 mm等。

阳极氧化也即金属或合金的电化学氧化，是将金属或合金的制件作为阳极，采用电解的方法使其表面形成氧化物薄膜。金属氧化物薄膜改变了表面状态和性能，如表面着色、提高耐腐蚀性、增强耐磨性及硬度、保护金属表面等。

喷砂氧化，一般经喷砂处理后，表面的氧化物全被处理，并经过撞击后表面层金属被压迫成致密排列，另金属晶体变小，硬度提高比较牢固致密。

电泳氧化就是利用电解原理在某些金属表面上镀上一薄层其他金属或合金的过程。电镀时，镀层金属做阳极，被氧化成阳离子进入电镀液；待镀的金属制品做阴极，镀层金属的阳离子在金属表面被还原形成镀层。为排除其他阳离子的干扰，且使镀层均匀、牢固，需用含镀层金属阳离子的溶液做电镀液，以保持镀层金属阳离子的浓度不变。电镀的目的是在基材上镀上金属镀层(deposit)，改变基材表面性质或尺寸。电镀能增强金属的抗腐蚀性（镀层金属多采用耐腐蚀的金属）、增加硬度、防止磨耗、润滑性、耐热性和表面美观。

铝型材硬度高，韦氏硬度要大于12；具有耐热性、抗腐蚀性（抗酸雨、海风、紫外线）；与组件安装后增强组件抗冲击性能（大风冲击及抗雪压）、扭曲性能（安装使用时间20年以上不变形）等优点。

2.2.7 硅胶

光伏组件专用密封胶是中性单组分有机硅密封胶，具有不腐蚀金属和环保的特点。由含氟硅氧烷、交联剂、催化剂、填料等组成。光伏组件用硅胶具有以下功能：① 密封性好，对铝材、玻璃、TPT/TPE 背材、接线盒塑料 PPO/PA 有良好的黏附性；② 胶体超级耐黄变，经 85 ℃老化测试，胶体表面未见明显黄变；③ 独特的固化体系，经高温高湿环测，与各类 EVA 有良好的兼容性；④ 独特的流变体系，胶体的工艺性优良，具有良好的耐形变能力；⑤ 抗老化、防腐蚀和良好的耐候性(25 年以上)；⑥ 良好的绝缘性能。除以上功能外，硅胶还具有密封绝缘玻璃和太阳电池板、防水防潮、黏结组件和铝边框、保护组件减少外力冲击的作用。

光伏组件专用硅胶利用空气中的水份在室温下固化，固化速度取决于使用的厚度、固化温度和湿度。在温度为 25 ℃，相对湿度为 50%条件下，其通常固化速度为每 24 h 固化不低于 3 mm。

硅胶可分为三类，分别是脱酸型硅胶、脱醇型硅胶和脱胴肟型硅胶。脱酸型硅胶透明性好、固化快、黏结强度高、酸味、对金属略有腐蚀。脱醇型硅胶中型、气味芳香、固化中等、对金属无腐蚀。脱胴肟型硅胶中型、低气味、无腐蚀。

太阳能电池组件的封装一般会有三个地方用到硅胶材料：铝合金边框密封用硅胶，接线盒固定在电池板背后用硅胶黏结和有些接线盒里面灌封导热硅胶材料密封。

用于太阳能电池组件的硅胶应该符合欧盟 ROHS 环保认证；符合 UL 防火认证；耐老化，85 ℃，85%湿度，1 000 h 抗老化实验，胶体耐黄变，经 85 ℃老化测试，胶体表面未见明显黄变；−40～85 ℃高低温实验，具有良好的耐候性；经高温高湿环测，与各类 EVA 有良好的兼容性；胶体的工艺性优良，有良好的耐形变能力；室温固化；有优异的黏结、密封强度，可以安全有效保护硅晶片不被污染、氧化。

国内代表性的产品有 Dowcorning 的 7091、北京可赛新的 1527(天山)、上海回天的 906、信越的 KE45 和深圳天永诚等。硅胶常用包装有 310 mL 塑料胶管式、300 mL、600 mL 胶囊式、235 kg 桶装，如图 2-9 所示。

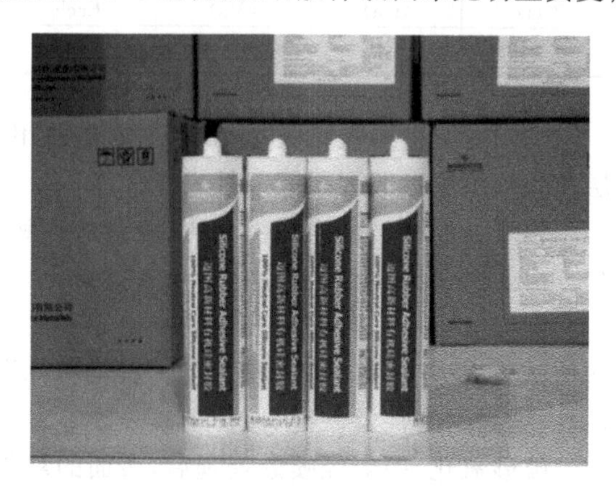

图 2-9 硅胶常用包装

硅胶固化前后的主要技术参数见表 2-15 和表 2-16。

表 2-15 硅胶固化前的技术参数

序号	参数名称	参数要求
1	外观颜色	外观白色或乳白色
2	相对密度(g/cm^3)	1.2～1.5
3	表干时间(min)	5～10
4	完全固化时间	5～7 天
5	固化类型	脱醇、脱酸、脱酮肟

表 2-16 硅胶固化后的技术参数

序号	参数名称	参数要求
1	硬度	50±2
2	抗拉强度(MPa)	2.0±0.2
3	扯断伸长率	200～300
4	剥离强度(N/mm)	>5
5	使用温度范围(℃)	−60～260
6	体积电阻率(Ω·cm)	≥2.0×10^{16}
7	介电常数(1.2 MHz)	2.9
8	阻燃等级	94-V0
9	介电强度(kV/mm)	≥18

注：以上性能数据均在 25 ℃，相对湿度≥55%，固化 7 天后测试。仅供参考，具体请向供应商索取。

硅胶产品应贮存在干燥、通风、阴凉的仓库内，应避光、避热(温度 8～28 ℃)、避潮，无腐蚀性气体。在 25 ℃以下储存期约为一年。

胶料应密封贮存，通常保质期为 12 个月，实际建议在 6 个月内用完，最好胶料一次用完，避免造成浪费；若操作完成后，硅胶没有用完，应立即拧紧盖帽，密封保存。再次使用时，若封口处有少许结皮，将其去除即可，不影响正常使用。

产品属非危险品，但勿入口和眼，可按一般化学品运输。

2.2.8 助焊剂

助焊剂通常是以松香为主要成分的混合物，是保证焊接过程顺利进行的辅助材料。溶于甲、乙醇、异丙醇、醚、酮类，不溶于苯、四氯化碳。助焊剂主要作用有：

(1) 去除氧化物，去除被焊接材质表面油污。破坏金属氧化膜使焊锡表面清洁，有利于焊锡的浸润和焊点合金的生成。

(2) 防止再氧化。能覆盖在焊料表面，防止焊料或金属继续氧化。

(3) 降低被焊接材质表面张力。增强焊料和被焊金属表面的活性，降低焊料的表面张力。

(4) 焊料和焊剂是相熔的。可增加焊料的流动性，进一步提高浸润能力。

(5) 辅助热传导。能加快热量从烙铁头向焊料和被焊物表面传递。

(6) 增大焊接面积。合适的助焊剂还能使焊点美观。

比较关键的作用有两个："去除氧化物"与"降低被焊接材质表面张力"。

在整个焊接过程中，助焊剂通过自身的活性物质作用，去除焊接材质表面的氧化层，同时使锡液及被焊材质之间的表面张力减小，增强锡液流动、浸润的性能，帮助焊接完成，所以它的名字叫"助焊剂"。对助焊剂工作原理进行一个全分析，就是通过助焊剂中活化物质对焊接材质表面的氧化物进行清理，使焊料合金能够很好地与被焊接材质结合并形成焊点。在这个过程中，起到主要作用的是助焊剂中的活化剂等物质，这些物质能够迅速地去除焊盘及元件管脚的氧化物，并且有时还能保护被焊材质在焊接完成之前不再氧化。在去除氧化膜的同时，助焊剂中的表面活性剂也开始工作，它能够显著降低液态焊料在被焊材质表面所体现出来的表面张力，使液态焊料的流动性及铺展能力加强，并保证锡焊料能渗透至每一个细微的钎焊缝隙；在锡炉焊接工艺中，当被焊接体离开锡液表面的一瞬间，因为助焊剂的润湿作用，多余的锡焊料会顺着管脚流下，从而避免了拉尖、连焊等不良现象。

助焊剂的作用过程其实就是溶剂受热蒸发，焊剂覆盖在基材和焊料表面，使传热均匀，放出活化剂与基材表面的离子状态的氧化物反应，去除氧化膜，使熔融焊料表面张力小，润湿良好，覆盖在高温焊料表面控制氧化，改善焊点质量。

助焊剂的主要原料为有机溶剂、松香树脂及其衍生物、合成树脂表面活性剂、有机酸活化剂、防腐蚀剂、助溶剂、成膜剂。简单地说是各种固体成分溶解在各种液体中形成均匀透明的混合溶液，其中各种成分所占比例各不相同，所起作用不同。

有机溶剂主要为酮类、醇类、酯类中的一种或几种混合物，常用的有乙醇、丙醇、丁醇；丙酮、甲苯异丁基甲酮；醋酸乙酯，醋酸丁酯等。作为液体成分，其主要作用是溶解助焊剂中的固体成分，使之形成均匀的溶液，便于待焊元件均匀涂布适量的助焊剂成分，同时它还可以清洗脏物和金属表面的油污、天然树脂及其衍生物或合成树脂。

含卤素的表面活性剂活性强，助焊能力高，但因卤素离子很难清洗干净，离子残留度高，卤素元素(主要是氯化物)有强腐蚀性，故不适合用作免洗助焊剂的原料。不含卤素的表面活性剂活性稍弱，但离子残留少。表面活性剂主要是脂肪酸族或芳香族的非离子型表面活性剂，其主要功能是减小焊料与引线脚金属两者接触时产生的表面张力，增强表面润湿力，增强有机酸活化剂的渗透力，也可起发泡剂的作用。

有机酸活化剂是由有机酸二元酸或芳香酸中的一种或几种组成，如丁二酸、戊二酸、衣康酸、邻羟基苯甲酸、葵二酸、庚二酸、苹果酸、琥珀酸等，其主要功能是除去引线脚上的氧化物和熔融焊料表面的氧化物，是助焊剂的关键成分之一。

防腐蚀剂是为了减少树脂、活化剂等固体成分在高温分解后残留的物质。助溶剂是为了阻止活化剂等固体成分从溶液中脱溶的趋势，避免活化剂不良的非均匀分布。成膜剂的作用是引线脚焊锡过程中，所涂复的助焊剂沉淀、结晶，形成一层均匀的膜，其高温分解后的残余物因有成膜剂的存在，可快速固化、硬化、减小黏性。

助焊剂具有以下特性：

(1) 化学活性(Chemical Activity)。要达到一个好的焊点，被焊物必须要有一个完全无氧化层的表面，但金属一旦曝露于空气中会生成氧化层，这种氧化层无法用传统溶剂清洗，此时必须依赖助焊剂与氧化层起化学作用，当助焊剂清除氧化层之后，干净的被焊物表面，才可与焊锡结合。

(2) 热稳定性(Thermal Stability)。当助焊剂在去除氧化物反应的同时，必须还要形成一个保护膜，防止被焊物表面再度氧化，直到接触焊锡为止。所以助焊剂必须能承受高温，在焊锡作业的温度下不会分解或蒸发，如果分解则会形成溶剂不溶物，难以用溶剂清洗，W/W 级的纯松香在 280 ℃左右会分解，此时应特别注意。

(3) 助焊剂在不同温度下的活性：

① 好的助焊剂不只是要求热稳定性，在不同温度下的活性亦应考虑。

② 助焊剂的功能即是去除氧化物，通常在某一温度下效果较佳。例如，RA 的助焊剂，除非温度达到某一程度，氯离子不会解析出来清理氧化物，当然此温度必须在焊锡作业的温度范围内。另一个例子，如使用氢气作为助焊剂，若温度是一定的，反应时间则依氧化物的厚度而定。

③ 当温度过高时，也可能降低其活性。例如。松香在超过 315 ℃时，几乎无任何反应。如果无法避免高温，可将预热时间延长，使其充分发挥活性后再进入锡炉。也可以利用此特

性，将助焊剂活性纯化以防止腐蚀现象，但在应用上要特别注意受热时间与温度，以确保活性纯化。

(4) 润湿能力(Wetting Power)。为了能清理材料表面的氧化层，助焊剂要能对基层金属有很好的润湿能力，同时亦应对焊锡有很好的润湿能力以取代空气，降低焊锡表面张力，增加其扩散性。

(5) 扩散率(Spreading Activity)。助焊剂在焊接过程中有帮助焊锡扩散的能力，扩散与润湿都是帮助焊点的角度改变，通常"扩散率"可用来作助焊剂强弱的指标。

如想让助焊剂具有良好的助焊效果，应选择熔点低于焊料，表面的张力、黏度、密度小于焊料，不腐蚀母材的助焊剂。在焊接温度下，应能增加焊料的流动性，去除金属表面氧化膜，焊剂残渣容易去除。在焊接过程中电池片表面滞留的残留物尽可能少，且其残留物具有稳定的化学性质，对电池片无后续腐蚀性，安全可靠，不会产生有毒气体和臭味，以防对人体的危害和污染环境，满足欧盟 RoHS 环保指令规范的助焊剂。

买来的助焊剂可以通过简单的检测判断是否可以使用。首先可以进行目测，检验是否透明，是否有沉淀、分层和异物。然后可采用 pH 试纸进行检测对比。因为助焊剂的成分是没有办法做出测试的，如果要想了解助焊剂溶剂是否挥发，可以简单地从比重上测量，如果比重增大很多，就可以断定溶剂有所挥发。

助焊剂在敞开的环境中溶剂挥发较快，易导致助焊剂内 pH 值的变化，由此对涂锡合金带的腐蚀作用会有所加强(涂锡合金带发黄，发黑)，因此涂锡合金带在用助焊剂浸泡过程中，需定期对助焊剂 pH 值进行监控，可通过添加稀释剂来控制其 pH 值，以期减少助焊剂的不良影响。

涂锡合金带浸泡助焊剂时应注意浸泡时间一般在 2～3 min 较适宜，涂锡合金带浸泡既充分，又不会因浸泡时间过长对涂锡合金带有较大腐蚀作用。涂锡合金带烘干时应注意助焊剂在活化温度时(预热温度一般为 90～120 ℃)，助焊效达到最佳。在封装过程中焊接时，尽量控制好涂锡合金带的预热温度，可以有效地提高其焊接质量。

涂锡合金带表面的助焊剂烘干或风干时过于干燥，因助焊剂内扩散剂扩散润湿性变差，助焊反而有所降低。涂锡合金带表面的助焊剂烘干或风干后，表面若有明显的助焊剂溶液覆盖时，焊接后涂锡合金带两侧缝隙或焊锡毛细孔内残留的助焊剂溶液，会导致层压后组件焊带边缘出现气泡现象。因此在涂锡合金带烘干或风干时应尽量做到表面不能有明显溶液颗粒，又不能把助焊剂溶液完全烘干。

助焊剂在贮存时应注意：

(1) 由于助焊剂易燃，因此必须远离火源或相关禁止之氧化物。

(2) 必须采用密闭容器封装，单独储存于无阳光直射及良好通风之处。存放于儿童不可触及之范围。

(3) 只可在通风良好处使用，并随时保持容器密封。

(4) 小心操作和注意个人清洁，以避免皮肤和眼睛接触，避免吸入助焊剂烟雾。

(5) 戴橡胶手套以防止皮肤接触，用后洗手。

助焊剂残渣会对基板有一定的腐蚀性，降低电导性，产生迁移或短路；非导电性的固形物如侵入元件接触部分，会引起接合不良；树脂残留过多，会黏连灰尘及杂物，影响产品的使用可靠性。

2.2.9 接线盒

太阳能电池组件接线盒主要由接线盒与连接器两部分组成，主要功能是连接并保护太阳能太阳能电池组件，同时将太阳能电池组件产生的电流传导出来供用户使用，如图 2-10 所示。接线盒应和接线系统组成一个封闭的空间，接线盒为导线及其连接提供抗环境影响的保护，为未绝缘带电部件提供可接触性的保护，为与之相连的接线系统减缓拉力。太阳能电池组件接线盒应为用户提供安全、快捷、可靠的连接解决方案。产品必须通过 TUV、IEC 认证和国家认证。接线盒组成部分及作用见表 2-17。

图 2-10　接线盒

表 2-17　接线盒组成部分

编号	名称	作用
1	盒盖	密封盒体
2	盒体	支撑接线端子
3	接线端子	连接导线，安装二极管
4	二极管	单向导通
5	连接线	传导电流
6	连接器	连接电缆

接线盒要求外壳有强烈的抗老化、耐紫外线能力，符合室外恶劣环境条件下的使用要求。其自锁功能使连接方式更加便捷、牢固。此外，由于太阳能电池组件均为室外放置，因此接线盒必须有防水密封设计。为保证产品安全性，接线盒还应具有科学的防触电保护功能，具有良好的安全性能。

接线盒防护等级要求满足 IP65 以上，其余参数要求见表 2-18。

表 2-18　太阳能电池组件接线盒性能参数要求

序号	项目	说明
1	工作电压	1 000 V DC
2	工作电流	16 A
3	防护等级	IP65
4	连接电阻	<5 MΩ
5	主要材料	户外工程塑料；磷青铜镀银
6	温度范围	−40～85 ℃

续表

序号	项目	说明
7	焊带宽度	2～5 mm
8	电缆尺寸	4 mm^2
9	连接器抗拉力	100N
10	安全等级	ClassⅡ

接线盒盒体原材料多采用美国GE或其他的PPO(聚苯醚)材料，其具有抗紫外线的能力。接线盒连接线采用4 mm^2 电缆。太阳能电池组件线缆连接器要求有强烈的抗老化、耐紫外线能力，线缆的连接采用铆接与紧箍方式连接，公母头的固定带有稳定的自锁机构，开合自如。因此，太阳能电池组件接线盒线缆连接器采用内鼓形簧片接插，公母头插拨带有自锁机构，使电气接触与连接更加可靠。

一个太阳能电池组件包括多个电池片，这些单个的电池片并联、串联或串并联等形式连接在一起，经光生伏打效应产生所需要的输出电压或输出电流。当太阳能电池组件中所有的电池片都工作良好的时候，太阳能电池组件的输出电流是各个电池片输出电流的集合。然而，若一个或多个电池片的输出下降，不管是暂时的还是永久的，整个组件输出就肯定会受到影响。例如，若有一个电池片开路或输出电流减小了，那么与这个电池片相联的其他电池片的输出就会因此而受到阻碍；同样，若有一个电池片不能正常工作，例如东西遮住了光线，则该电池片变成反向偏置而阻碍所有与之相串联的其他电池片正常输出；此外，若某一电池片仅仅是暂时被遮住，例如被树叶或是其他碎片暂时遮住，而其余的电池仍然正常工作，这样就会在该电池两端形成电位差，该电池又处于反向偏置状态，其结果就可能是该电池片永久性损坏。

为了解决这个问题，旁路二极管被用于太阳能电池组件中。这些旁路二极管一般连在几列相互串联的电池片两端，与之相并联。当所有的电池片都被充分照射并正常地产生能量时，旁路二极管反偏，电流经各电池片流过。当流过某个电池片的电流减少而该电池片变为反偏时，与之并联的旁路二极管变为正偏而导通，电流则经旁路二极管流过，绕过了不能正常工作的电池片，从而防止该电池损坏。

从最理想的角度来说，每一个光电池都应连上一个旁路二极管，但这样就很不经济了。此外，太阳能电池组件各电池片的位置比较集中，接上相应的二极管之后，还得为这些二极管提供充分的散热条件。实际运用时一般比较合理的方法是使用一个旁路二极管为多个相互连接的电池分组提供保护。这样可以降低太阳能电池组件的生产成本，但也会使其性能受到不利的影响。其实，若某串电池片中某一电池片的输出功率下降，那么这串电池片，其中包括那些工作正常的电池片，便会因旁路二极管的作用而与整个太阳能电池组件系统隔离，结果就会使整个太阳能电池组件的输出功率因某一个电池片的失效而出现过多的下降。

除上述问题之外，旁路二极管与其相邻的旁路二极管之间的连接必须考虑周全。实际上，这些连接要受到一些应力的影响，这些应力是机械负荷和温度周期性变化的产物。因此，在太阳能电池组件的长期使用过程中，上述连接就可能因疲劳而失效，使太阳能电池组件产生异常。

接线盒二极管相关电性能参数如下所述：

(1) 额定正向工作电流。二极管长期连续工作时允许通过的最大正向电流值。因为电流通过管子时会使管芯发热，温度上升，温度超过容许限度(硅管为140 ℃左右，锗管为90 ℃左右)时,就会使管芯过热而损坏。所以,二极管使用中不要超过二极管额定正向工作电流值。

(2) 最高反向工作电压。加在二极管两端的反向电压高到一定值时,会将管子击穿,失去单向导电能力。为了保证使用安全,规定了最高反向工作电压值。

(3) 反向电流。二极管在规定的温度和最高反向电压作用下,流过二极管的反向电流。反向电流越小,管子的单方向导电性能越好。值得注意的是反向电流与温度有着密切的关系,大约温度每升高 10 ℃,反向电流增大一倍。

当不存在外加电压时,由于 PN 结两边载流子浓度差引起的扩散电流和自建电场引起的漂移电流相等而处于电平衡状态。当外界有正向电压偏置时,外界电场和自建电场的互相抑消作用使载流子的扩散电流增加引起了正向电流。外界有反向电压偏置时,外界电场和自建电场进一步加强,形成在一定反向电压范围内与反向偏置电压值无关的反向饱和电流。当外加的反向电压高到一定程度时,PN 结空间电荷层中的电场强度达到临界值产生载流子的倍增过程,从而产生大量电子空穴对及数值很大的反向击穿电流,称为二极管的击穿现象。

太阳能电池组件接线盒中旁路二极管工作电流应大于单体电池的短路电流。最大结温应大于二极管工作时自身的温度,它反应了二极管的耐热能力,如果二极管的工作温度长期超过该温度,则会导致该二极管的过热失效,结温要求大于 150 ℃。旁路二极管热阻反应了二极管的散热能力,热阻小能使二极管及时散热,不致于热失效。因此热阻越小,则散热越好,二极管因为过热失效的可能性就越小。二极管的自身压降越小越好,因为电流一定,若压降大,则发热大,有可能使二极管失效,压降小能减少自身的发热。反向击穿电压应大于与其并联电池开路电压的叠加值。例如,常见的 72 片单体电池串联组件的接线盒中用 10SQ050 型肖特基二极管,其反向工作电压为 50 V,最大平均电流 10 A,最大结温度 200 ℃。此外,还应按 IEC61215 测试太阳能电池组件接线盒内旁路二极管发散热量是否满足要求。

温度升高时,二极管的正向压降将减小,每增加 1 ℃,正向压降 V_D 大约减小 2 mV,即具有负的温度系数。二极管负温度系数,随着温度升高,晶体管的正向导通压降(饱和压降)变小,允许通过的正向平均电流变小,而实际电流变大,烧坏管子。二极管在高温下会软击穿,如果电流还没有限制住,就会进入不可恢复的击穿。温度越高,压降越小。二极管是不容许直接并联的,否则非烧不可。若二极管直接并联,其中一只二极管 VD_1 温度升高,因此载流子数目增加,导致电阻值降低,从而正向导通压降变小,而加在整个并联二极管阵列两端的电压不变,由于二极管 VD_1 的电阻值降低,正向导通压降变小,导致流过二极管 VD_1 的电流增大,以增大正向导通压降,维持并联二极管阵列两端的电压不变,电流增大了,温度继续升高,电流继续增大,而随着温度升高(>150 ℃),二极管允许通过的正向平均电流变小,烧坏管子。如果是正温度系数的二极管,随着温度升高,电阻值变大,正向导通压降变大,导致流过二极管 VD_1 的电流减小,温度变小,电流又增大,自动均流。

这两年来因为二极管的问题造成退货事件已有多起。主要还是因为二极管的结温太低,而接线盒的散热不好,造成二极管的热击穿,并带有接线烧毁等。在 IEC61215 二版中增加二极管发热测试,其方法如下:

把组件放在 75 ℃烘箱中至热稳定,在二极管中通组件的实际短路电流,热稳定后(例如,1 h后),测量二极管的表面温度,根据以下公式计算实际结温:

$$T_j = T_{case} + RUI$$

其中,R 为热阻系数,由二极管厂家给出,T_{case} 是二极管表面温度(用热电偶测出),U 是二极管两端压降(实测值),I 为组件短路电流。计算出的 T_j 不能超过二极管使用说明书上的结温范围。

以扬杰的10SQ050型二极管为例。如果实测外壳温度是150 ℃，用在72片125电池片180 W的组件上，其结温为

$$T_j = 150 + 3 \times 0.5 \times 5.4 = 158.1$$

因为低于使用说明书中的最大结温175，所以没有问题。

如果是156的片子，通的电流大，发热大，外壳温度假设测得165 ℃，那么实际结温为

$$T_j = 165 + 3 \times 0.5 \times 8 = 177$$

因为高于规格书中的最大结温175，测试失败。

所以，对于这个测试，选择二极管时可以考虑以下几个因素：额定正向工作电流越大越好，最大结温越大越好，热阻越小越好，压降越小越好，反向击穿电压一般40 V就足够了。

2.2.10 旁路二极管

晶体硅太阳电池组件使用的旁路二极管，通常为肖特基势垒二极管（如图2-11所示），常用的型号有15SQ045、12SQO30、10SQ050、SR540等。二极管数据见表2-19。

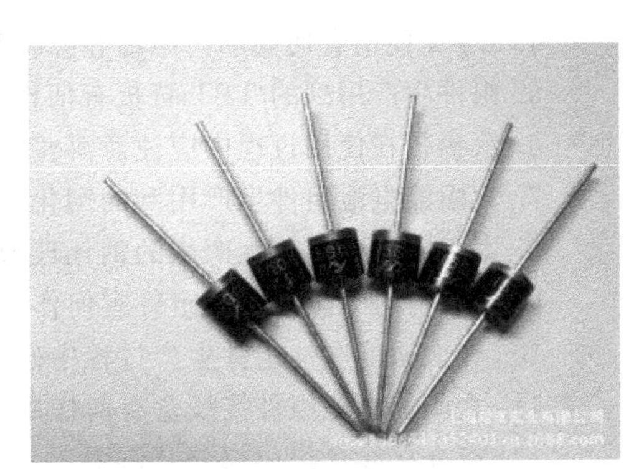

图2-11 肖特基势垒二极管

表2-19 二极管数据表

参数	符号	单位	型号			
			15SQ045	12SQ030	10SQO50	SR540
反向峰值电压	U_{RWM}	V	45	30	50	40
最高RMS电压	U_{RMS}	V	31.5	21	35	28
正向压降	U_F	V	0.55	0.55	0.70	0.55
额定正向电流	I_F	A	15	12	10	5
工作温度	T_j	℃	−65～200	−55～200	−55～150	−55～125
反向漏电流(25 ℃)	I_R	mA	0.5	0.5	0.5	0.5

2.2.11 四氟布

四氟布即聚四氟乙烯，因具有一系列独有的特点而被美称为“塑料王”（如图2-12所示）。该材料有以下的特点：① 耐温范围广（−170～260 ℃）；② 防黏性能优异，易于清洁，低摩擦系数；③ 耐化学品腐蚀；④ 尺寸稳定性好，无毒；⑤ 抗紫外线、微波、高频、远红外线；⑥ 电气绝缘性优异。

四氟布应用范围广，常用于抗黏的内衬、垫板、蒙布和输送带以及塑料制品的焊接、焊封用的焊布，可实现电气高压绝缘等。

图2-12 四氟布

习题二

1. 什么是太阳能电池组件？太阳能电池组件与太阳能电池片有何不同？

2. 什么是组件的做大输出功率？什么是组件的最佳工作电压？什么是组件的最佳工作电流？

3. 电池盒防护等级为IP68，具体要求如何？

4. EVA使用有何要求？运输和贮存有何注意事项？

5. 组件生产用到的TPT背板有何作用？有何要求？

6. 涂锡带在使用过程中应注意哪些事项？

7. 太阳能电池组件生产用到的钢化玻璃有何要求？

8. 太阳能电池组件生产用的钢化玻璃运输和贮存有何注意事项？

9. 铝型材对太阳能电池组件有何作用？

10. 在太阳能电池组件生产过程中硅胶有何作用？

11. 太阳能电池组件接线盒有何作用？

12. 简介接线盒组成部分及作用。

13. 接线盒上的旁路二极管有何作用？

14. 助焊剂主要作用有哪些？贮存时应注意哪些问题？

第3章 光伏组件相关设备的使用与维护

现在市场上电池组件生产设备较多,而且每个厂家的设备特点又不尽相同,本章的目的是让读者了解生产电池组件所需要的常见的设备,并为读者提供尽可能有用的参数指南,在这章中,每样设备大致分设备介绍、技术参数、操作规程、保养及维护几部分讲解。

3.1 电池片测试仪

3.1.1 电池片测试仪设备介绍

单片测试仪又称太阳能电池分选机,它是专门用于检测太阳能电池片电性能参数和结果记录的一种设备,如图3-1所示。通过模拟太阳光谱光源,对电池片的相关电参数进行测量,可测量 *I-V* 曲线,*P-V* 曲线,短路电流 I_{sc},开路电压 V_{oc},峰值功率 P_m,最大功率点电压 V_m,最大功率点电流 I_m,填充因子FF,电池效率 η,测试温度 T,同时还可以通过鼠标显示曲线上任意点对应的电流、电压和功率等参数,根据测量结果将电池片进行电气分类。一般设备具有校正装置,输入补偿参数,进行自动/手动温度补偿和光强度补偿,且具备自动测温与温度修正功能。

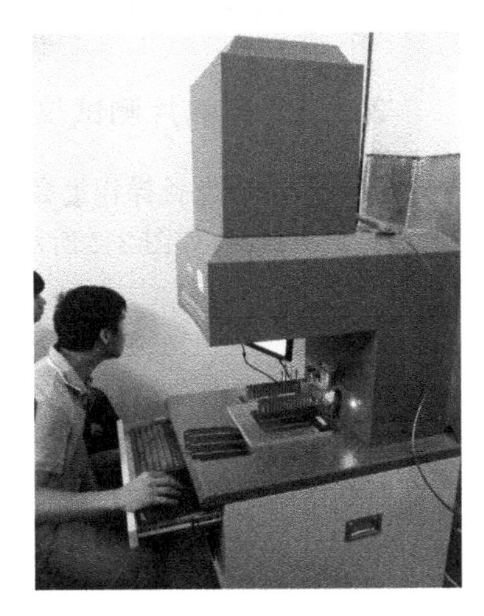

图3-1 电池片测试仪

测试仪通常由操作面板、分选部分、标准电池、电池测试软件、电池检测部分、温度检测系统、氙灯发生器、光源模拟8个部分组成。其中分选部分对于晶体硅电池组件生产商来讲通常不用单独选购,该部分功能需要人为处理。集成了该部分的设备通常是由两组对准器(前、后)、机械手1和机械手2、四套红外传感器以及至少24个仓位组成。

测试仪的光源是设备中最重要的器件,光源的等级、光谱去配度、均匀度、稳定度是评定设备好坏的主要依据。偏差越小,设备越昂贵,但即使再好的设备,检测的结果也会有误差。

为保证设备精密性,该设备需要特别的安装环境。为了保证测量的准确性,设备所在的房间必须保证没有灰尘(建议100万级以上)、温度稳定(25 ℃)。任何的强电磁场以及电源的断续都可以影响测量甚至导致设备失灵。最后需要注意保证良好的设备接地。

3.1.2 电池片测试仪技术参数

电池片测试仪常见技术参数见表 3-1。

表 3-1 电池片测试仪常见技术参数

序号	项目	参数
1	光源等级	AAA
2	光源匹配度	≤±25%
3	均匀度	≤±2%
4	稳定度	≤±2%
5	脉冲类型	2 级脉冲/单脉冲
6	脉冲特点	(5+5)ms
7	光强范围	400～550 W/m², 800～1 100 W/m²
8	脉冲稳定性	±20 W/m² 之间
9	电压、电流分辨率	≤0.03%
10	测量精准度	≤0.50%
11	测量重复性	≤1%
12	灯管寿命	≥30 万次
13	生产速度	≥1 400 片/h(带自动分选机构)

注:表中所列数据为通用参数,各厂家实际设备会略有差异。

3.1.3 电池片测试仪操作规程

不同厂家的设备操作上会有明显的不同,主要体现在外围设备上,但操作流程的主体思路基本上是一致的,如图 3-2 所示。

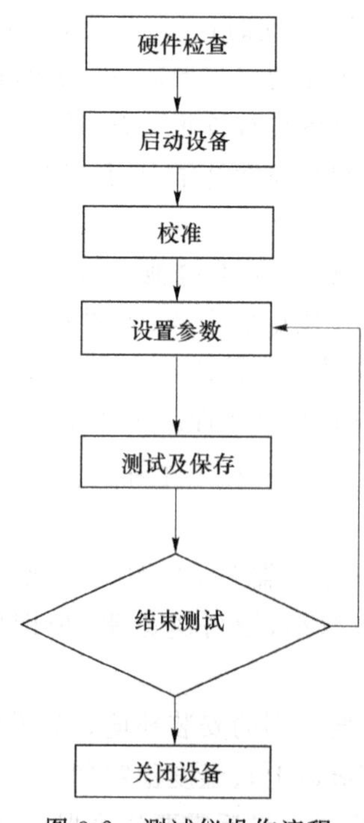

图 3-2 测试仪操作流程

1. 单体太阳能电池测试仪操作与调整

(1) 单体太阳能电池测试仪的环境要求

单体太阳能电池测试仪场地要求大于 3 m×5 m；高大于 2.5 m 的专用测试室；房间照度小于 100 lux；房间内应安装冷暖空调，使室内气温稳定在 25 ℃左右；电源配备 220 V/2 kW，且连接方便，特别注意须有保证设备能可靠接地的接地装置；须有足够面积的与测试室相通的待测电池暂存间，以保证待测电池测试时与测试室温基本相同。

测试室内须配备压缩空气气源接口，气源的气压须稳定在 5～8 kg/ cm^2。

(2) 单体太阳能电池测试仪的光强调整

① 打开测试主机电源，按下“READY”按钮，使电源处于充电状态。

② 将计算机电源打开，运行单体太阳能电池分选测试程序，单击“数据采集及测量”下拉莱单上的“数据卡校验”按钮，进行采集卡校验，该操作用来自动设置数据采集通道的“零电压”点。

③ 关闭上述校验窗口，打开设备设置/硬件设置，在硬件设置对话框中点击光强通道，将实际使用的标准电池的 I_{sc}值填入 I_{sc}数值框，在电流温度系数数值框填入该标准电池的温度系数，单击“确定”按钮退出光强通道的设置窗口。

④ 单击工具栏上的电池板测量按钮，踩下脚踏开关，注意光强数据，反复调整测试主机的氙灯电源电压，测试光强直至光强显示为(100±1) mW/cm^2，记录好氙灯电源电压值。

(3) 单体太阳能电池测试仪的校标

① 按待测电池的尺寸调整好测试电极板的位置和间距；调整并锁定定位尺；在测片台上固定好标准电池。

② 在温度通道各数值栏填入标准组件的电流、电压温度系数、串联电阻和曲线修正系数的数值，然后单击“确认”按钮并退出设置。

③ 在 100 mW/cm^2 的光强条件下测试标准组件，并根据所检测的数据与标准电池的额定数据的误差，分别对开路电压和短路电流进行校正。具体就使分别在硬件设置通道对电流、电压修正系数进行反复修改，直至测试结果与额定数据之间的误差小于±2%。

(4) 单体太阳能电池测试

经过上述调整和标定，就可以直接进行单体太阳能电池测试，注意测试时须对电池的温度通道参数进行修改，使温度补偿系数等参数与待测电池的温度补偿系数相符。

2. 单体太阳能电池操作步骤

(1) 打开气动系统和外围设备，启动设备电源。

(2) 启动计算机，等待系统自检完成，并检验是否有报警项，确认这些报警是非致命错误后，清除报警，进入检测界面。

(3) 检查探针是否有异常，力度是否适当。

(4) 确认设备检测温度与周围环境温度是否相同，若有较大差距需要通知设备人员进行检修，若差距在 1 ℃内调整设备参数，校准检测温度到环境温度。

(5) 利用标准电池片对设备进行校准，并详细记录标准电池的使用次数及校准参数。校准后，需要重复测试 3～5 次，确认偏差符合工艺要求。

(6) 对分检数据进行分类，若有自动接收盒，需要根据工艺要求设置相关参数。

(7) 指令设定后，使用一组电池片进行功能测试。

(8) 检查或进行必要的修订文件存储路径。

(9) 设备使用后，应先关闭计算机系统，再关闭周围设备电源。

(10) 若长期不用，需要关闭气动系统。

3. 单体太阳能电池操作注意事项

(1) 测试过程中，操作人员不可从氙灯罩下部向上直视，以免刺伤眼睛。

(2) 校准电池，使用与生产相同型号的电池(对于电池片生产厂家，通常要求更为严格，即工艺一致的产品)。

(3) 环境温度需要在(25±2)℃内，设备方可正常工作。

(4) 操作人员拿取电池片应带 PVC 手套，以免弄脏电池，并按工艺要求进行更换。

(5) 操作人员应将特定分选仓内的电池准确地放到指定的存放盒内。

(6) 机器中设定的工艺参数及其他正常运行参数未经授权不得修改。

(7) 分档文件若有修改部分，一定要先试运行少量电池检查设置的参数是否正确，以避免分档有误。

(8) 严禁使用非指定 U 盘和其他电子设备与检测主机相连。

3.1.4 电池片测试仪保养及维护

(1) 日常维护及保养

① 操作人员应经常检查探针的损耗情况，根据探针的使用寿命进行定期更换。

② 每天必须用酒精清洁设备台面，特别是参考电池表面进行清洁。

③ 操作人员若发现测试有偏差，需要对测试仪进行校准。

④ 外围的光线会对测试造成严重偏差，每日检查周围环境的变化。

⑤ 有些设备使用传送带，因此需要每日检测和维护传送带。

⑥ 定期备份检测数据。

(2) 整机保养

① 每季度应对光源系统进行清洁，特别是反光罩、发散玻璃等重要光学器件。

② 对光源的强度和周围温度进行定期检查。

③ 每年或设备大修后，特别是更换灯管后，需要对设备的光源不均度、模拟光的重复度、功率的重复度进行检测和分析。

④ 如果软件需要升级，需要对系统做完整备份。

(3) 注意事项

① 设备内的所有电子设备，均是高压器件，需要避免触电伤害。

② 操作人员不允许打开除主控设备外的其他设备。

③ 灯管是设备中最昂贵的部件，任何相关操作均需要倍加小心。

3.2 激光划片机

3.2.1 激光划片机设备介绍

太阳能电池组件生产使用的划片机是半导体激光划片机，它是一种将太阳能电池片切割成需要大小、合适的输出功率的一种设备，在实际应用中，激光划片机通常分为光纤激光划片机和聚光腔激光划片机，如图 3-3 所示。相对于聚光腔激光划片机而言，光纤划片机切割效果更好，速度更快，最具特点的是光纤划片机可以切割圆角，这是聚光腔激光划片机无法比拟的。因激光是经专用光学系统聚焦后成为一个非常小的光点，能量密度高，其加工是非接触式的，对电池片本身无机械冲压力，不会造成电池片变形。且其热影响极小，划线精度高，广泛应用于太阳能电池片的划片。

激光划片机一般由激光器、电源系统、冷却系统、光学系统、聚焦系统、真空泵、控制系统、工作台、计算机等组成。控制台上有电源控制系统、真空泵控制系统、冷却水开关以及激光源电流和频率控制系统。工作台上有吸气孔。这些气孔用于在切割电池片时将待切的电池片固定吸附在控制台上，以确保切割过程足够精确度。

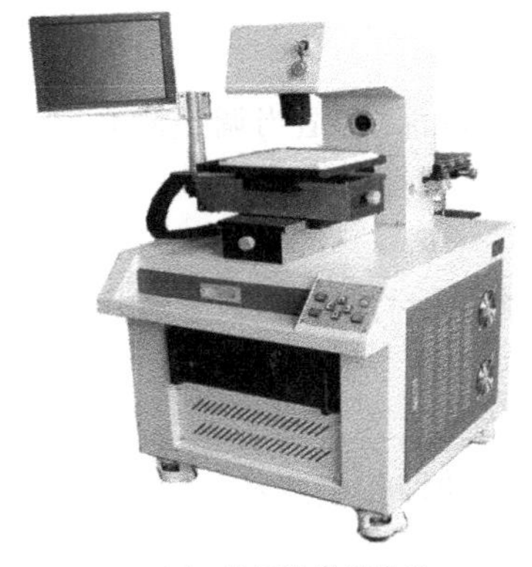

(a) 光纤激光划片机

(b) 聚光腔激光划片机

图 3-3 激光划片机

3.2.2 激光划片机技术参数

激光划片机的技术参数见表 3-2。

表 3-2 激光划片机的技术参数

名称	光纤激光划片机	聚光腔激光划片机
激光波长/μm	1.064	
激光功率/W	10/20	50
激光重复频率/kHz	20～100	0.2～50
划片线宽/μm	≤30	≤50
最大划片速度/(mm・s^{-1})	160/200	120
工作台幅面	350 mm×350 mm	
工作电源	220 V\50 Hz，容量 1 kV・A	380(220 V)\50 Hz，容量 5 kV・A
工作台	双气仓负压吸附，T 形台双工作位交替工作	
重复定位准确度/μm	±10	±10

注：表中所列数据为通用参数，各厂家实际设备会有差异。

3.2.3 激光划片机操作规程

1. 操作步骤

(1) 设备启动

① 在使用时应注意首先要确定紧急开关处于正常状态，打开电源开关，打开水循环，确认

循环水工作正常后,在开启激光器,否者会造成设备损坏。

② 启动制冷系统按扭,打开氪灯开关,打开计算机开关,启动计算机,调出划片程序。

③ 在激光关闭的情况下,试走一个循环,确认电气、机械系统正常后,再启动激光器。

④ 置白纸于工作台上,开启激光器,调聚光腔激光划片机焦距(光纤激光划片机不需要此步操作),注意必须调起始点。

⑤ 调整完毕后,置白纸于工作台上,让白纸边缘紧贴 X 轴、Y 轴基准线,试走一个循环。

(2) 激光划片

① 将需要划片的电池片蓝色面朝下,灰色背面向上,轻轻放置于工作台面上,电池片边沿紧靠定位尺(注意原点位置),电池片背面栅线与 X 轴平行。

② 启动真空控制器(风机),固定电池片。

③ 单击"运行"按钮,开始划片,划第一张时,确认切割深度,适当调整激光发生器电流,或调整焦距,使切割宽度和深度均达到标准。

④ 关闭真空控制器(风机)放开电池片。

⑤ 用右手将切割完的电池片轻轻移到工作台边缘,然后用左手拿电池片,放于操作台上或执行掰片工艺。

⑥ 继续操作第二片直至生产完毕。

(3) 操作数据记录。应按生产要求,详细记录开关机时间、生产数量、操作人员等。

2. 注意事项

(1) 现场无人员时,必须关闭设备电源。

(2) 激光器电源属于大功率高频开关电源,对外或多或少存在电磁污染,因而对电磁兼容性有要求的仪器应采用屏蔽、电源隔离等抗干扰措施。

(3) 激光器通常为氪灯泵浦,需要瞬间高压来触发氪灯,因此严禁在氪灯启辉前启动其他设备部件以防高压击穿。氪灯属于以损耗件,当发生老化时,需要更新新灯。

(4) 激光划片机工作环境需要保持清洁无尘,相对湿度小于 80%,温度 15~20 ℃。

3.2.4 激光划片机保养及维护

1. 日常维护及保养

(1) 冷却水每月更换(按每天平均使用 8 h,每月使用 22 天)。

(2) 真空泵油每 2 个月更换(按每天平均使用 8 h,每月使用 22 天)。

(3) 工作台的 X 轴和 Y 轴丝杆 1 个月注 1 次润滑油。

(4) 聚焦镜每 15 天擦一次。

(5) 工作台面上禁止放超过 0.5 kg 的物品。

(6) 抽风管道定期清理。

(7) 划片机及工作环境保持洁净。

(8) 计算机禁止非法关机。

2. 整机保养

(1) 工作台每 3 个月上油 1 次。

(2) 循环水在天冷时,每半月换 1 次,天热时每 1 周 1 次,更换水时,注意清洗水箱。

(3) 检查聚焦镜片是否有灰。

(4) 腔体(每年清洗 1~2 次)

(5) 氪灯每半年更换1次,以免氪灯老化造成其他配件爱你损坏。

3. 注意事项

(1) 循环水应使用去离子水,换水之前一定要用布将水箱清洁,将室外空调水管的水一同换掉。

(2) 日常保养应由操作员工进行,整机保养应由设备维修人员进行。

3.3 EVA/背板裁剪台

3.3.1 EVA/背板裁剪台设备介绍

裁剪台是一种能根据工艺要求对EVA/背板进行裁剪的设备,分为半自动式和全自动式。半自动裁剪台至少需要两人操作完成,能有效降低操作人员的劳动强度,但通常不会降低劳动成本。全自动裁剪台如图3-4所示,可以自动定义裁切,自动冲孔,不仅可以有效地降低劳动强度,提高操作者劳动效率,降低出错率,还可以降低生产成本。全自动裁剪机由磁放卷机构、变频恒张力送料机构、自动冲孔机构(可选)、伺服定长切料系统、收料系统、触摸屏微处理器控制系统等组成。通过微处理器控制系统定义切料长度,根据背板和EVA的不同延伸率调整张力控制模式,以确保裁剪准确度。

图3-4　全自动裁剪台

3.3.2 EVA/背板裁剪台技术参数

全自动裁剪机的技术参数见表3-3。

表3-3　全自动裁剪机的技术参数

裁剪速度、产量	定长:1 800 mm,8次/ min,400张/h
主机变频调整功率/kW	1.5
伺服电机控制系统功率/kW	2.5
总功率/kW	5.5
计算机定长范围	0～9 999 m,定长误差小于1 mm/10 000 mm(背板)或2 mm/1 000 mm(EVA)
其他功能	自动计数、张力控制等
设备尺寸	4 500 mm×1 750 mm×1 200 mm

3.3.3 EVA/背板裁剪台操作规程

1. 操作步骤

(1) 工作前,必须检查刀片刃口有无崩刃、脱落。刀片本身有无裂痕、变形和异常磨损等导致的伤痕。若有以上情况,应更换后再使用。

(2) 根据设备的实际情况开机后,检查所有设备机械动作是否正常。

(3) 将上料后的轴輥穿入待裁剪的物料中心安装孔内,紧固两端锥形螺母,保证卷料在上料轴辊向中心的位置，放置于拖轴架上，同时保证裁剪料导向刀片处，进入裁剪状态。

(4) 装料后在清除材料外包装，并将裁剪材料导向刀片处，进入裁剪状态。

(5) 调整压送料辊。

(6) 调整张力控制。

(7) 输入基本参数，该参数应由工艺人员负责确认。

(8) 试机一次。

(9) 使用专用收料车收料、送料。

(10) 操作过程中随机检验裁切长度、材料质量，如有异常，要停止操作，马上与生产主管、品质负责人联系后续处理。

2. 注意事项

(1) 使用本设备的操作人员不得使用挂式工牌，不得系领带。工作服袖口应有纽扣，不得袖口张开。必须戴工作帽，女性操作人员应将头发固定在工作帽内并保持稳固。

(2) 锯口旋转或刀片运动时若出现异常声音、异常振动必须立即停机检查。

(3) 操作时必须戴 PVC 手套，要保证材料表面清洁。

3.3.4 EVA/背板裁剪台保养及维护

1. EVA/背板裁剪台日常维护及保养如下

(1) 所有的上料輥轴两端滚动摩擦面，每个工作日后，表面刷涂润滑油 HJ-20。

(2) 刀导轨导向槽，每个工作日后，刷涂润滑油 HJ-20，同时将导向槽内部清理干净。

(3) 压送料輥两端的导向架和螺杆处，每周注润滑油 HJ-20。

2. 整机保养

全设备整机每 3 个月根据维护手册保养 1 次。

3. 注意事项

更换刀片时，刀形中心孔与轴径相匹配，同时检查压刀片法兰盘是否磨损或变形，法兰盘与刀片的压合不得有磕碰和附着异物，防止锯片松动。法兰盘上的压紧螺母应保持为紧固状态，以免锯片偏摆或松动。有些设备采用切刀的方式取代锯片，但工作原理基本相同，请操作人员具体设备具体分析。

3.4 切带机

3.4.1 切带机设备介绍

切带机也叫裁带机，主要用途是根据工艺要求切割盘状包装的涂锡带，市场上相关产品非常多，实际应用中，以微处理器控制的设备为主，如图 3-5 所示。

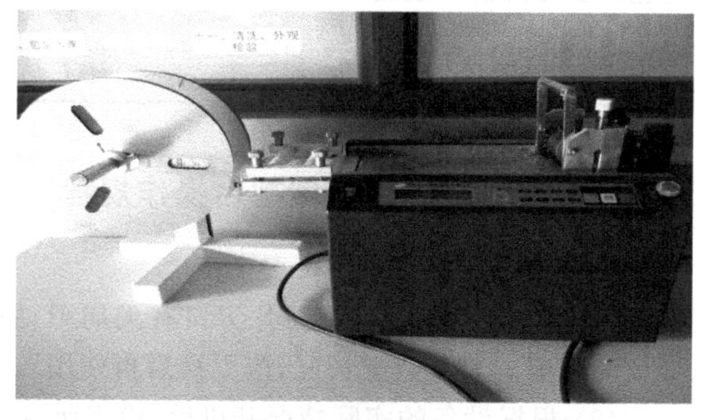

图 3-5 切带机

3.4.2 切带机技术参数

切带机的技术参数见表 3-4。

表 3-4 切带机的技术参数

电源	220 V,50 Hz
切断长度	0.1～9 999.9 mm
切断宽度	0.1～100 mm
切断速度	10 800 条/h
存储规格	100 个
规格	350 mm×250 mm×320 mm
重量	23 kg

注:表中所列数据为通用参数,各厂家实际设备略有差异。

3.4.3 切带机操作规程

1. 操作步骤

(1) 将盘式涂锡带安装到设备支架上。

(2) 根据工艺要求设定裁剪参数。

(3) 试切一根,检验长度是否符合设定参数。

(4) 切割之后,涂锡带应从设备上取下,然后密封或直接放入助焊剂中浸泡。

2. 注意事项

操作过程中操作人员必须戴有手套,严禁裸手直接接触涂锡带。

3.4.4 切带机保养及维护

1. 日常维护及保养

每日操作人员均要清洁设备。

2. 整机保养

(1) 检查刀架链接部分的螺钉是否松动。

(2) 刀片的传感器是否正常,并确认位置,必要时进行适当调整。

(3) 给刀片移动部分加油。

(4) 更换磨损刀片。

(5) 整机保养要保持每季度 1 次。

3.5 电烙铁

3.5.1 电烙铁设备介绍

电烙铁市场品种繁多,国内生产的与进口设备无本质差异,均能满足日常生产需要。烙铁分为恒温电烙铁和常温电烙铁。恒温电烙铁外形如图 3-6(a)所示。恒温电烙铁有自动调节温度功能,如果维修组件,最好选用风焊台,外形如图 3-6(b)所示。

3.5.2 电烙铁技术参数

恒温电烙铁的技术参数见表 3-5。

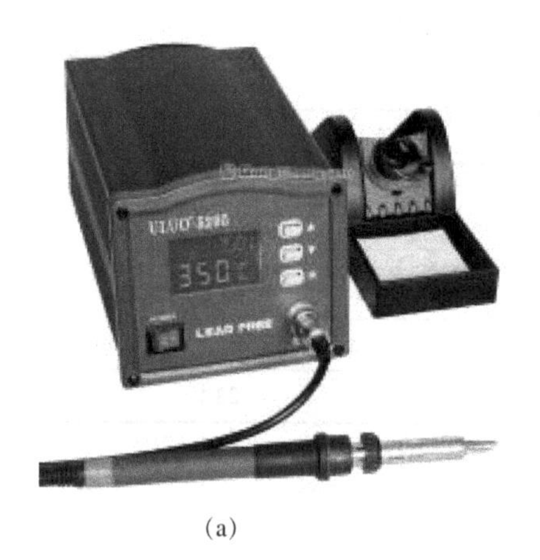

(a)

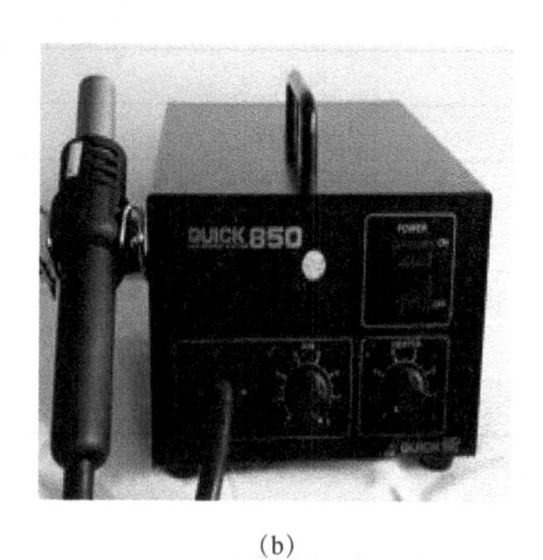

(b)

图 3-6 恒温电烙铁和风焊台

表 3-5 恒温电烙铁的技术参数

功率/W	60 或 90	尺寸	1 600 mm×130 mm×100 mm
输出电压/V	36(400 kHz)	重量	2 kg、2.6 kg
温度范围/℃	50～480	烙铁头至接地电阻	低于 2 Ω
最大环境温度/℃	40	烙铁头至接地电势	低于 2 MV
温度稳定度/℃	±2(静止空气,没有负载)	发热元件	电磁式

3.5.3 电烙铁操作规程

1. 操作步骤

(1) 把电源线插好,打开电源开关并调整适应的工艺温度。

(2) 长时间不使用时,需要等待巡检人员确认设备温度无误后再投入使用。

(3) 确认电烙铁的焊嘴符合工艺要求。

(4) 工作前,需要将小块清洁海绵先浸水,置入焊接台支架底之中。

(5) 确认设备已经静电屏蔽脚垫,操作人员操作时,应踩在脚垫上。

2. 注意事项

员工应防止烫伤,烫伤后应用烫伤膏紧急处理。

3.5.4 电烙铁保养及维护

1. 日常维护及保养

(1) 用干抹布对设备进行表面清洁,要求每天 1 次。

(2) 每日由品质巡检人员对实际温度进行一次核对。

(3) 每日需要确认烙铁头是否良好,使用完毕,将烙铁头上加上焊锡保养。

(4) 每班之前将海绵加水,每班之后清洗干净。

(5) 电烙铁长时间不用要切断电源。

2. 整机保养

(1) 应定期对焊接台的电气部分进行保养,以确保设备能正常使用。要求每月进行 1 次。

(2) 重点修正实际温度与检测温度的差异,保证其一致。

3.6 焊接加热板

焊接加热板主要用于对电池片进行预热，一般采用铝合金材料制成，如图 3-7 所示。在使用时应先打开电源，打开加热板，根据生产工艺要求进行设置加热温度，然后对电池片进行预热，等温度稳定后才能进行焊接。

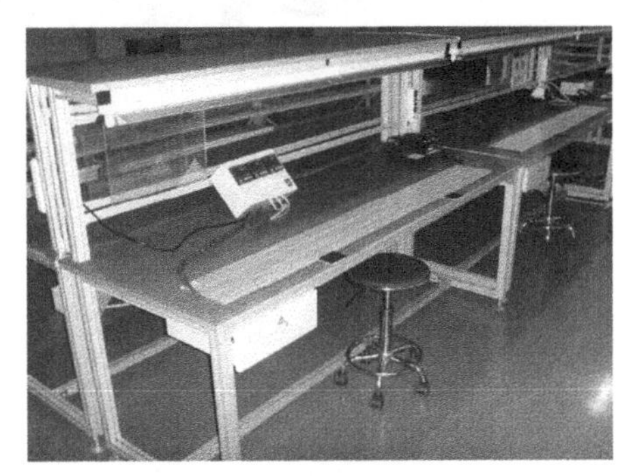
图 3-7 焊接加热板

焊接加热板的保养项目包括：

(1) 加热板表面保持清洁；

(2) 加热板温度严禁超过 60°；

(3) 加热板表面不能划伤。

3.7 自动焊接机

3.7.1 自动焊接机设备介绍

自动焊接机是全自动电池组件生产线中最重要的设备，事实上国内该类设备应用并不广泛，主要因为破片率较人工生产要高。实践证明：破片率高通常是原材料电池片质量低造成的，且国内近几年生产的电池片多数采用背铝工艺，造成电池片的翘曲度较大，上机后吸碎和定位压碎比率较高。事实上，从国内几家大厂来看，自动焊接机控制质量更有优势，特别是批量化定制生产的优势明显。由于国内劳动力成本未来的增高趋势，可以断定自动焊接设备将会得到更广泛的应用。

焊接设备主要有电池片测试分选机〔如图 3-8(a) 所示〕、电池片自动串焊机〔如图 3-8(b) 所示〕。有些会在自动化生产线上增加玻璃和 EVA 的自动摆放，即自动排版铺设机〔如图 3-8(c) 所示〕，但总体意义不大，更常见的是增加一个独立的机械手(成本几乎接近一套设备价格)。按现有的市场人工成本和维护费用估计，电池片自动串焊机是必不可少的设备。而电池片分选问题可通过要求电池片生产厂家提供特定性能并独立包装的电池片来解决。采用自动排版铺设机维护成本高，可以改由人来操作。

焊接相关设备，国内有多家设备厂家可以提供，但目前总体稳定性和重要指标破片率与国外设备有一定差距。

自动焊接设备性能评定指标有三个；助焊剂的涂抹、焊带处理方法、焊机工艺。

其中助焊剂的涂抹是设备最大的污染源，也是最容易被使用者忽略的问题，有些设备助焊剂用量大，废气抽取得不及时，不仅对操作人员的健康有影响，而且会污染电池片(助焊剂对栅线的扶持最为快速)和影响到 EVA 胶联的质量。

焊带主流处理方法有三种：一是 TT 采用的剪断后用吸盘传送到电池片栅线上；二是 Somont 和 Gorosbei 采用的抽取式；三是 Komax 使用的在焊接区间段后直接放在电池片主栅线上。

这三种主流方案均有缺陷，如抽取式调整不方便，焊接区剪断式定位误差大，吸盘传送要求焊带质量高等。

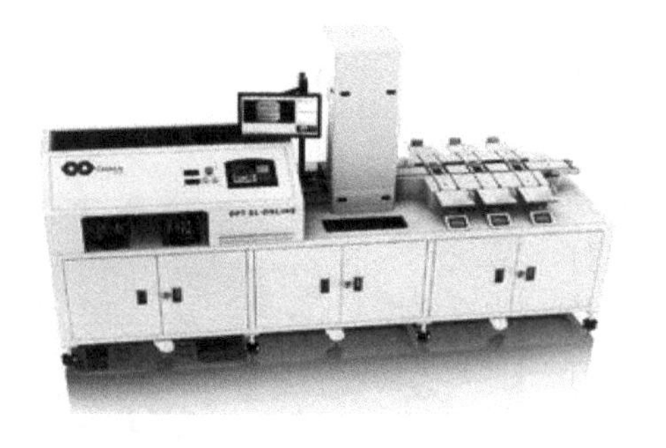

(a) 电池片测试分选机

(b) 电池片自动串焊机

(c) 自动排版铺设机

图 3-8 焊接设备

焊接工艺主要有：

(1) TT 采用的红外焊接。用辅助专用夹具将焊带固定在主栅线上，用红外光照射整个电池片。该方案的缺点是电池片负极接触传送带，有污染的隐患，同时更换不同厂家生产的电池片会引起主栅线间距变化，要更换相应的辅助专用夹具。

(2) Gorosabel 采用的红外焊接。电池片负极向上，两侧有梳妆压针将焊带压在主栅线上，灯光照射后完成焊接。其优点是灯管照射在主栅线上一定宽度内，不加热整个电池片，节约了能耗。其缺点是 2 线主栅和 3 线主栅更换调整需要的时间长，调整不当容易造成虚焊，压力不当容易造成破片。

(3) Somont 和 NPC 等采用的软接触焊接。软接触焊接类似烙铁的焊接头，依靠自身重力把焊带压在电池片的主栅线上，同时加热焊接。该方案的缺点是焊带负极接触传送带，有污染的隐患。同时因为是物理接触，更容易因焊接处点的弹性变化压坏电池片。

(4) Koman 电磁焊接法中，陶瓷压针利用自身重力将焊带压在电池片的主栅线上，电磁焊接头下降产生磁场并加热焊带完成焊接。

以上焊接方式中，红外焊接目前使用得最多，也是技术比较成熟的焊接方案。即使这样，各厂家为了保证焊接时不破片，通常都采用逐步升温和降温进一步降低破片率，具体工艺配置需结合具体设备。

本节中，我们只对电池片自动串焊机进行介绍说明，不对自动排版铺设机做详细介绍，事实上，增加自动排版机的同时，若增加 EL 检测，的确可以保证铲平质量和安全，但也会增加人工成本，生产线的投资成本会大幅增加，同时每年的维护费用会明显增高，特别是维护人员的个人能力要求提高，因此建议个厂家在选择时，可以根据自身的实际情况进行必要的取舍，并不是所有都是自动化设备才是最好的。关于电池片测试分选仪，我们将在后面的电池片 *I-V* 测试仪中进行讲解，您会发现它们的工作原理基本上是一致的。

这里需要特别交待的是设备耗能，因为选择的焊接方式不一样，设备的实际耗能会有较大差异，考虑到综合成本，耗能低的设备会有更好的优势。各设备厂家除了在提高焊接质量上下功夫外，最近的情况是把耗能也作为设备的设计重点，有些设备，如果采用红外加热和电磁加热的方案，因为升温速度快，加热器往往采用瞬时加热方案；有些红外焊接设备则采用部分加热管半热状态方案，这样都间接的节约了能耗，虽然这是好事，但一些厂家在设计线路负荷时，通常不会注意到设备的使用功率和峰值功能差异，造成线路容量设计过低，影响线路寿命，这一点需要特别加以注意。

3.7.2 自动焊接机技术参数

电池片自栋串焊机的技术参数见表 3-6。电池片自动排版铺设机技术参数见表 3-7。

表 3-6 电池片自动穿焊机技术参数

电池片尺寸	125 mm×125 mm/156 mm×156 mm
栅线数	2 根、3 根兼用
电池片种类	单晶、多晶
电池片厚度	≥160 μm 或者更薄
破片率	<0.3%
电池片定位	通过照相机画像进行定位(2.0M Pixels)
电池串传送	7 条钢带传送，附有电池串反转功能
操作	PLC+触摸屏
处理能力	1 200～1 800 片/h
人力消耗	2 人/台
设备能耗	功率 25～52 kW・h；压缩空气 0.6 MPa\0.95 m^3/min

表 3-7 自动排版铺设机技术参数

最大排版尺寸	1 000 mm×2 000 mm，至少可对 156 mm×156 mm 电池片 6 列×12 片排版
电池串反转	吸起整个电池串后进行反转
电池串裂痕检测	通过 LED 灯和照相机进行非接触式检查(EL 检测)
电池串定位	通过照相机画像处理进行定位(2.0M Pixels)
排版完成	直接将电池串传送至玻璃/EVA→在玻璃/EVA 上配线或将电池串传送至金属托盘上→在金属托盘上配线→将配线完的电池片传送到玻璃/EVA 上
操作	PLC+触摸屏
其他应用的功能	① 电池串前后焊带自动切割 ② 总输出汇流条/电池串间的自动焊接 ③ 电池串间自动贴胶固定 ④ EVA/背板自动供应能力 ⑤ 玻璃自动供应能力 ⑥ 电池串/组件导电测试 ⑦ 电池串激光检测 ⑧ 电池串/组件 EL 测试功能

3.7.3 自动焊接机操作规程

1. 操作步骤

具体细节根据设备不同会有明显不同，这里按要素介绍。

(1) 开机前，确认真空系统已经正常运行，所有急停按钮均已复位。

(2) 打开总电源开关，开启气阀，打开单、串焊及排版设备总开关，待计算机启动后，自动进入控制程序，并复位所有机械手。

(3) 检查所有报警，清除报警后将设备复位。

(4) 确认待生产的电池片初步质量，根据情况由工艺人员调节吸气系统的流量。

(5) 将电池片放进承载盒中，并放入设备。

(6) 将助焊剂填装到设备内，并在计算机上确认。

(7) 安装涂锡带盘，并在计算机上确认，注意不要让焊带滚轮与供给轴轮接触，避免运行时产生摩擦，并调整好导线槽。

(8) 输入生产工艺，并调整相关定位装置。

(9) 试生产一组，由品质人员对焊接质量进行评估确认。

(10) 投入生产，并记录数据。

(11) 关机时，应取出电池片盒。关闭计算机后，再关闭设备各部分电源开关，最后关闭气源。

2. 注意事项

(1) 每日均要检查传送带的磨损情况，并做全面清洁工作。

(2) 注意工艺文件的存放和生产数据的文件存放管理。

(3) 设备运行后，严禁操作人员进入安全隔离区内，以防影响自动运行或造成伤害，同时严禁遮挡感应器。

(4) 严禁随意删改软件设置及数据。

(5) 严禁使用U盘等移动存储设备复制数据，防止病毒传染造成数据丢失。

(6) 在任何紧急情况下，操作者可以通过急停按钮停止设备运行。

3.7.4 自动焊接机保养及维护

1. 日常维护及保养

(1) 每日需要对设备可视工作面清洁1次，清洁时注意使用无水乙醇。

(2) 承载盒及暂存器需要逐个清洁。

(3) 检查设备上的仪表是否处于正常状态。

(4) 检查计算机开机后是否有报错信息及相关提示。

(5) 生产测试数据按要求由工艺人员定期保存。

2. 整机保养

(1) 每日检查1次助焊剂喷嘴状况。

(2) 每日均要测试1次焊嘴或焊接系统的实际温度。

(3) 每月需要清洁1次助焊剂喷液系统。

(4) 每月需要全面清洁设备内的破片和灰尘。

(5) 每季度根据设备保养要求，更换传送带、吸盘。

(6) 每季度对所有电气系统进行1次全面检修。

3. 注意事项

(1) 该设备造价较高，维护必须及时，要按照说明书的要求严格定期更换传送带、机油。

(2) 注意真空系统的清洁。

(3) 车间至少达到100万级的无尘车间标准。

3.8 空气压缩机

3.8.1 空气压缩机设备介绍

空气压缩机(Air Compresor，简称空压机)如图3-9所示。空气压缩机是气源装置中的主体，它是将原动机(通常是电动机)的机械能转换成气体压力能的装置，是压缩空气的气压发生装置。

图3-9 空气压缩机

空气压缩机是组件生产中的重要辅助设备，主要为机械运动系统提供以空气为动力的能量，主要用在电池片测试仪、层压机、大面积太阳电池组件测试仪及机械手等仪器及设备上。

晶体硅电池组件生产中使用的空气压缩机通常是螺杆式空气压缩机，这种空气压缩机为回转容积式，其中两个带有螺旋形齿轮的转子相互啮合，从而将气体压缩并排除。

3.8.2 空气压缩机技术参数

空气压缩机的具体技术参数选择十分重要，要依据气动系统的工作压力和流量进行，气源的工作压力应比气动系统中的最高工作压力高20%左右，这主要是要考虑供气管道的气体损失和局部气体损失。如果系统中某些地方的工作压力要求较低，可以采用减压阀来供气。空气压缩机的额定排气压力分为低压(0.7～1.0 MPa)、中压(1.0～10 MPa)、高压(10～100 MPa)、超高压(100 MPa以上)，可根据实际需求来选择。电池组件生产用的空气压缩机使用压力一般为0.7～1.25 MPa，首先按此选择空气压缩机的类型；再根据气动系统所需要的工作压力和流量参数，确定空气压缩机的输出压力 P_c 和吸入流量 Q_c，最终选取空气压缩机的型号。

因组件生产中的实际情况会有较大差异，这里不提供建议性技术参数，相关的技术参数请根据主要设备(如层压机、机械手)的总参数值以及线路长度等情况综合确定。

3.8.3 空气压缩机操作规程

1. 操作步骤

(1) 启动前检查

① 检查油气分离器中润滑油的容量，正常运行后，油位计中油面在上限和下限中间为最好。

② 检查供气管路是否疏通，所有螺栓、接头是否紧固。

③ 检查低压配电柜上的各种仪表指示是否正确，电器接线是否完好，接地线是否符合标准。

④ 试车时，应从进气口内加入规定的润滑油，并用手转动数次或点动运行几次。防止起动时压缩机失油烧毁，特别注意不要让异物掉入机体内，以免损坏压缩机。

⑤ 启动前，应打开压缩机排气阀门，关闭手动排污阀，操作人员处于安全位置。

⑥ 开机前还需要检查油气分离器中的油位，略微打开油气分离器下方的汇油阀，以排除其内可能存在的冷凝水，确定无冷凝水后拧紧此阀，打开压缩机供气口阀门。

(2) 操作程序

① 开机。同时观察操作面板上是否有异常显示，相序是否正确，若有异常应立即断电，处理故障后设备方可投入运转。

② 启动。启动后设备应按设定模式运转，此时应注意观察各种参数是否正常(压力不超过 0.85 MPa，排气温度不能超过 105 ℃，或符合设备说明书的要求)，是否有异常声音，是否有漏油情况，如有，需要立即停机。

③ 停机。停机后，设备因存储的压缩空气，需要泄载一段时间，才会停车。

④ 若空气压缩机出现特殊异常情况，可按下紧急制动按钮。

2. 注意事项

(1) 空气压缩机严禁带负载启动，并避免连续运转过长时间。

(2) 不用时，应切断电源，关闭压缩机供气口阀门。排放冷却器、油水分离器、排气管路和风包中的积水。

(3) 停机检修时，必须拉开电源柜刀闸，并挂警示牌、打接地线。

3.8.4 空气压缩机保养及维护

1. 日常维护及保养

(1) 为了使空气压缩机能够正常可靠地运行，保证机组的使用寿命，须制订详细的维护计划，执行定人操作、定期维护、定期检查保养，使空气压缩机组保持清洁、无油、无污垢。

(2) 每周应检查机组是否有异常声响和泄漏，检查仪表计数是否正确，检查温度显示是否正常。

(3) 每月应检查机内是否有锈蚀、松动之处，如有锈蚀则去锈上油或涂漆，松动的应上紧，排放冷凝水。

(4) 每 3 个月应清除冷却器外表面及风扇罩、扇叶处的灰尘，加注润滑油于电机轴承上，检查软管有无老化、破裂现象，检查电器原件，清洁电控箱。

(5) 清洁周期详见表 3-8。

表 3-8 空压机清洁周期

项目	内容	检查或更换周期/h					备注
		500	1 000	2 000	2 500	4 000	
空气过滤器滤芯	清除表面灰尘杂质	√					可视含尘量
	更换新滤芯			√		√	
进气阀密封件	密封圈检查或更换					√	
压缩机润滑油	是否足够		√				
	更换新油					√	
油过滤器	更换新件			√			首次 500 h
油气分离器	更换新件					√	
最小压力阀	检查开启压力					√	清洗
冷却器除尘	清除散热器表面灰尘			√			视工作延长或缩短
安全阀	检查动作是否灵敏					√	
放油阀	排放水分、污垢			√			
传动带	调整松紧程度			√			根据磨损程度延长或缩短
	检查磨损情况或更换					√	
电动机	电动机加注润滑油					√	按电动机使用说明书维护

2. 注意事项

(1) 检查各种电气仪表指示是否正常。

(2) 倾听机器各部件工作声响有无变化。

(3) 检查各部件温度是否超过规定数值。

(4) 检查润滑油油位是否正常,运转中禁止触摸运转部位。

(5) 更换油气分离器时,注意静电释放,要把内金属网和油桶外壳连通起来,防止静电累积引起爆炸。同时须防止不洁物品掉入油桶内,以免影响压缩机的运转。

(6) 压缩机因空载运行超过设定时间时,会自动停机,此时,绝不允许进行检查或维修工作,因为压缩机随时会恢复运行。带单独风机的机组,其风机的运行与停止是自动运行控制的,切不可接触风扇,避免造成人身伤害,机械检查必须先切断电源。

3.9 真空泵

3.9.1 真空泵设备介绍

在电池组件生产过程中使用到真空泵的设备主要是层压机,因为抽真空的速度要快,通常选择容量较大且抽速较快的真空泵,层压机所使用的真空泵多为 2X 型旋片泵,如图 3-10 所示。

图 3-10 真空泵

真空泵主要有以下特点:

① 体积小、重量轻、噪声低。

② 设有气镇阀，可抽取少量水蒸气；环境温度 5～40 ℃时，进气口压强小于 1.3×10^3 Pa 的条件下允许长期连续运转，被抽气体相对湿度大于 90%时，应开气镇阀。

③ 设有自动防返油止回阀，启动方便。

④ 进气口连续畅通大气运转不得超过 1 min。

⑤ 不适合用于抽除对金属有腐蚀的、对泵油起化学反应或含有颗粒尘埃的气体以及含氧过高、有爆炸性、有毒的气体。

3.9.2 真空泵技术参数

真空泵的技术参数见表 3-9。

表 3-9 真空泵技术参数

序 号	项 目	单 位	参 数
1	抽气速率	L/s	70
2	极限压力	Pa	$\leqslant 6.0\times10^{-2}$
3	转速	r/ min	420
4	电动机功率	kW	5.5
5	吸气口径	mm	80
6	外径尺寸	cm×cm×cm	91×65×70

3.9.3 真空泵操作规程

1. 操作步骤

(1) 起动前的准备：

① 清扫泵体及周围卫生。

② 检查泵的出入口管线、阀门、法兰、压力表接头是否符合要求，供水管是否畅通，地脚螺钉及其他部件有无松动。

(2) 启动：

① 启动电机时，须先断续起动，使泵缓慢地回转，待泵腔内油排出后再正式连续运行，但次数不能过多。

② 注意传送带的拉力，如有问题需要停止调整。

(3) 关机：设备长期不用时，应将水路关闭。

2. 注意事项

(1) 泵运转后，管封处不允许有漏油现象，发现漏油故障，必须排除。

(2) 与泵连接的管道不要过长，大小不应小于泵的进气口径。

(3) 泵的工作温度在 5～40 ℃，相对湿度不宜超过 80%，进气口压力小于 1.3×10^3 Pa。

(4) 泵进气口连续连通大气运转时间不得超过 3 min，否则会影响泵的使用寿命。

(5) 泵内油位不得低于油标中心。

(6) 供水量不足时，真空泵的抽气能力会下降，并且造成工作不稳定；供水量过多时会造成水的浪费，增大泵的轴功率。

3.9.4 真空泵保养及维护

1. 日常维护及保养

(1) 日常需要维护泵体四周的清洁,防止杂物接触泵体。

(2) 每日检查传送带的状态。

2. 整机保养

根据运行周期定期更换泵油,先开泵运转半个小时以后,使泵油变稀,使用泵后旋下油螺塞,放出脏油,再敞开进气口运转 1 min,此时可以从进气口缓慢加入少量清洁的真空泵油,冲洗泵腔内部。

3. 常见故障的排除

真空泵常见故障及排除方法见表 3-10。

表 3-10 真空泵常见故障及排除方法

序号	类型	描述	分析及解决方法
1	冒烟和喷油	冒烟	分析:如果是泵刚刚开始运转就有冒烟现象,属于正常;如果长时间仍在冒烟属于故障。 解决方法:冒烟说明泵的进气口外,包括管道、阀门、容器有需要修理的情况。检修处理以后,冒烟会结束。
		喷油	分析:进气口外有大量的漏点,甚至是进气口暴露于大气。 解决方法:封住泵的进气口使泵运转,如果不喷油,说明有漏点;检查排气阀片是否损坏,更换坏的排气阀片。
2	泵噪声	敲缸	分析:泵运转时发出不规律的响声,似金属敲打金属的声音。这是旋片在击打泵体发出的声音。这种情况主要是配对旋片间的弹簧断开或者是收缩与弹出失效造成的。 解决方法:打开泵检查旋片弹簧是否损坏,更换坏的弹簧。
		排气阀片噪声	分析:泵的排气阀片破损。 解决方法:更换坏的排气阀片。
3	真空度下降	分析:更换真空泵油的牌号和原先的不一样。由于不同牌号的真空泵油内的饱和蒸气压不一样,所以结果不一样。 解决方法:根据产品的型号规格更换正确的新的真空泵油。	
		分析:真空泵油造成真空度低,真空泵油乳化变色或者过脏。 解决方法:放净泵内的所有真空泵油,更换同类型的真空泵油,并确保水蒸气和杂质不进入泵内。	
		分析:被抽气体的温度可能过高。 解决方法:降低被抽气体的温度,或可以加一个换热器。	
		分析:泵内的油路不通畅,泵腔内没有保持一定量的油。 解决方法:检查油路是否顺畅,并加同类型的真空泵油。	
		分析:配合的间隙增大。这是因为被抽气体内长期含有粉尘等,造成旋片和定子之间磨损后的间隙增大。 解决方法:检测间隙是否过大,更换新的零部件。	

4. 注意事项

真空泵使用时应注意不同种类不同型号的真空泵油，不能混合使用。

3.10 叠层中测台

3.10.1 叠层中测台设备介绍

叠层中测台又称叠层台，如图 3-11 所示，该设备除了用作生产电池组件叠层工序外，也是检测叠层后组件基本电性能的检测设备。也就是说，叠层台是叠层的装置，它还能够对叠层后的产品进行检测，看是否有功率输出，以便在层压前及时发现产品的质量隐患。

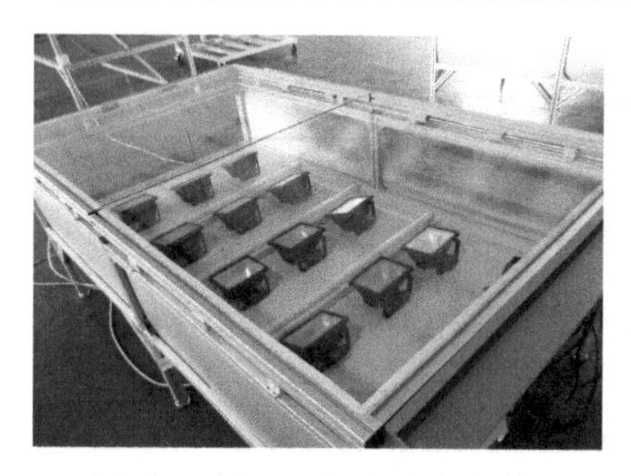

图 3-11 叠层中测台

3.10.2 叠层中测台技术参数

叠层中测台通用技术参数见表 3-11。

表 3-11 叠层中测台通用技术参数

序号	项目	参数
1	设备尺寸	1 800 mm×1 200 mm×900 mm
2	检测用灯	300 W 卤素灯×18 盏
3	辅助照明灯	40 W×4 盏
4	电源	三相五线 380 V/功率 200 W/峰值功率 5.6 kW
5	电压表、电流表	0～100 V/0～10 A；准确度为 1%

注：表中所列数据为通用参数，各厂家实际设备会略有差异。

3.10.3 叠层中测台操作规程

1. 操作步骤

（1）在使用时先打开电源，按照明按钮，打开照明光源后叠层。

（2）等组件叠完后，把鳄鱼夹按照正负极分别夹在组件的输出端引线上，点亮所有卤素灯，测量电压和电流并记录。

（3）根据测试要求，调节测试光源的时间，测试完后，时间继电器会自动断开，测试光源熄灭。记录好测试的数据，再将鳄鱼夹取回放置原位。

(4) 检测结束后,若无其他问题,直接转到中转车上,进入下一道工序;若有问题,需要重新转到叠层区,进行分析维修。

(5) 工作结束后,关闭所有电源。

2. 注意事项

(1) 检测用卤素灯不应长时间使用,不使用时应及时关闭。

(2) 卤素灯是易损件,损坏后必须更换后检测,若检测数据不在允许范围必须查明原因。

(3) 测试用鳄鱼夹要保持完好。

3.10.4　叠层中测台保养及维护

(1) 工作台面上保持清洁。

(2) 避免长时间打开测试光源(碘钨灯)。

(3) 鳄鱼夹的夹口处要牢固。

(4) 测试台上的玻璃表面不能有划伤。

(5) 定期对滑道进行润滑保养。

3.11　中检测试台

3.11.1　中检测试台设备介绍

中检测试台设备非常简单,其工作原理是通过镜子的镜像原理观察待层压电池组件内部是否有问题,如图 3-12 所示。

图 3-12　中检测试台

3.11.2　中检测试台操作规程

1. 操作步骤

(1) 将待检的组件半成品抬到观测区。

(2) 点亮四周灯管。

(3) 如有异物则使用工具取处,无异物并且叠层正确时直接转到层压工序。

2. 注意事项

注意抬半成品组件时的手法,组件与地面应平行,两个操作人员的身高尽量一致。

3.11.3　中检测试台保养及维护

日常需要维护设备清洁,特别是保持镜面清洁,不允许有指印。

3.12　EL 测试仪

3.12.1　EL 测试仪设备介绍

EL 测试仪全称是太阳电池组件电致发光缺陷测试仪,是依据硅材料的电致发光原理对组件进行监测和研究太阳电池组件生产缺陷的专用测试仪器。

EL测试仪本来用于研究晶体硅电池片生产的问题，它可以有效地发现硅片扩散、钝化、网印及烧结等各个环节可能存在的问题，对于改进工艺、提高电池片的转换效率和稳定生产都有重要的作用。因而EL测试仪被认为是太阳电池生产线的"眼睛"。

太阳晶体硅电池的电致发光亮度正比于内部少数载流子(少子)的扩散长度，因此太阳电池电致发光图像直观地展现出太阳电池扩散长度的分布特征。当对组件施加正向偏压时，其发光强度与少子扩散长度有定量关系。电致发光图像除了可以显示少子扩散长度和暗区外，也可以清楚地区分晶界，这个特点在组件生产中被充分利用可以用于观察组件中有无隐裂、碎片、虚焊、匹配不良等异常现象，在组建层压前进行必要的修正。

各个公司使用EL设备的工序节点可能略有差异，有的安排在层压前，有的安排在层压后，一般更倾向于安排在层压前，因为层压后的任何处理对组件产品本身都是不安全的。

EL测试仪通常包括4大部分：① 计算机系统(内含功能有启动测试、设置测试参数、显示测试结果、校准功能)；② 相机控制系统(内含滤光片、温度控制系统、相机镜头、照相机)；③ 暗室；④ 顶盖控制系统。EL测试仪结构如图3-13所示。

如图3-13所示，流水线分TAB1、TAB2、TAB3三个部分。TAB1为入料口，TAB2为检测台，TAB3为出料台。

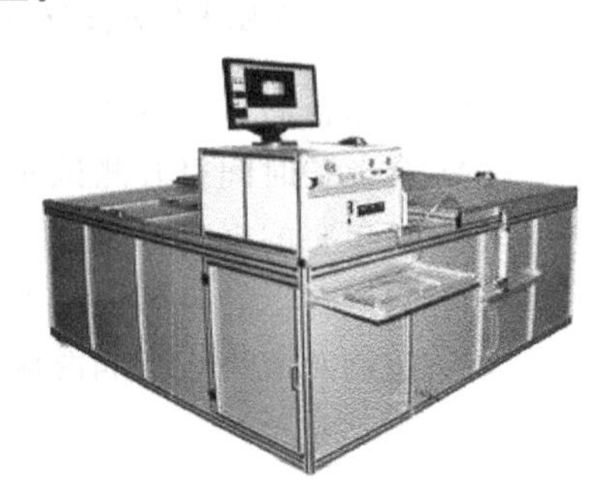

图3-13　EL测试仪

3.12.2　EL测试仪技术参数

EL测试仪的技术参数见表3-12。

表3-12　EL测试仪的技术参数

有效测试面积	1 200 mm×2 100 mm
分辨率	3 000×2 000
灵敏度	可检测裂纹长度小于0.2 μm
测试时间	1～60 s，由用户设定
测试方式	无接触式
电源参数	单相220 V，10 A，最大加载电压80 V，最大加载电流10 A
配置	测试机台(含红外成像仪)、计算机、专业软件

3.12.3　EL测试仪操作规程

1. 操作步骤

(1) 启动电源系统，开机保持至少20 min后再使用。

(2) 启动设备将组件抬入设备测试腔体内；注意在抬组件过程中，要轻拿轻放，禁用大拇指按压组件。

(3) 根据组件正负极情况，将测试夹放在组件引线上，保证正负极连接正确。

(4) 打开计算机单击桌面的软件，再打开稳压电源，观察电压、电流是否显示，从而判断测试仪是否连接正确。

(5) 拧下设备合盖开关，设备合盖；注意设备腔体内部不允许放置其他硬物，防止硌坏设备上盖。

(6) 待合盖后组件在仪器中发热，直到稳压绿灯调至稳流红灯时单击照相。

(7) 待照相完毕后按等级单击保存图片并将组件的序列号和名称输入，进行保存。

(8) 观察组件图像判断是否存在电池缺陷，若图像中组件存在碎片、隐形裂纹、明暗片等电池缺陷时，在完工转交单背面注明上“列×行”后，转给焊接工序进行修改(装框工序预留进行判定)。

2. 注意事项

(1) 使用前确保电源连接正确，正极接正极，负极接负极。

(2) 禁止使用U盘复制数据，避免病毒传染，重要数据流失。

(3) 定期清除钢化玻璃上的灰尘。

(4) DC插头代表不同的电压电流，混插将导致主要元件烧毁。请不要插拔！

(5) 如一段时间不使用，应同时关闭所有电源。

(6) 请勿在EL-A(流水线)上放置任何杂物。

(7) 相机应避免任何人随意乱动。

(8) EL测试仪对电源的质量要求很高，建议配备足够容量的滤波电源(该问题很多设备供应商和用户都不重视)。

(9) 原则上镜头不要轻易调整或更换位置。

3.12.4　EL测试仪保养及维护

1. 日常维护及保养

(1) 操作人员必须每日清洁设备表面玻璃，清洁时使用毛掸或者无尘布。若是用于在层压后测试的设备，通常要放在产品上方照相，因此这种设备无玻璃，此时需要注意测试组件玻璃的清洁。

(2) 无输出图像时，可能是软件问题，如曝光时间过短或光圈问题。严重的是电池组件本身有问题，这时需要组件终端测试仪辅助参与判定。

(3) 日常需要注意保养和维护检测线的端子，如发现变黑或异常，立即更换同型号产品。

2. 整机保养

(1) 每季度清洁1次镜头，注意使用专用镜头纸。

(2) 测试柜中的高反应率平面镜应每月清洁1次。

(3) 每月应检测设备接地状况，防止静电危害。

3.13　层压机

3.13.1　层压机设备介绍

叠层后的光伏电池组件要在层压机里进行层压，排除空气及其他因素的干扰。层压工艺首先要解决层压机的使用问题。未来层压机的发展方向主要有3个：第一，大型层压机要求全面配合生产线流水作业，未来的层压机不再作为单台设备在车间使用，而是作为光伏自动化流水线上的一部分，融入自动化生产链中。第二，多层层压机是发展方向，优点主要有：① 提高设备产能的同时节省了占地面积；② 由于多层层压机相邻两层同时加热，可实现组件上、下两面同时被加热，提高能量利用率，降低能耗；③ 产能较单层层压机成倍提高，同时不需要增加操作人员，降低了对劳动力的需求。需要谨慎的是这类设备毕竟使用量不大，稳定性和可靠性还需要时间来证明。第三，控制系统越来越复杂，温度控制系统越来越精确，以达到降低能耗、增加产能的目的，同时能适应新材料、新工艺，如冷层压、双玻组件层压技术。

层压机用于单晶(多晶)太阳能组件的封装，能按照设置程序自动完成加热、抽真空、层压等过程；具有自动化程度高、性能稳定等特点。

3.13.2 组件层压机技术参数

图 3-14 所示为北京中鼎信源科技发展有限公司 ZDL2.2-2.2OB 光伏电池组件层压机和秦皇岛亿贝科技公司 YBCYJ 型层压机，它通常包括以下几大部分：真空系统、加热系统、开合盖提升系统、传动控制系统、电气与气动控制系统。

光伏电池组件层压机技术参数如下。

- 层压面积：长<2 200 mm、宽<1 100 mm、厚<20 mm。

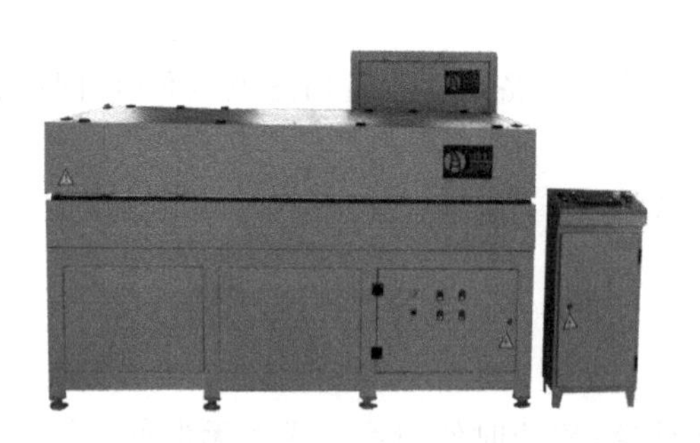

图 3-14 层压机外观

- 操作温度：<200 ℃。
- 封装压强：真空与 1 个大气压差(真空<20 Pa)。
- 功率：3 相 AC380 V、30 kW。
- 气源：0.5～0.7 MPa、100 L/min。
- 设备重量：约 3 000 kg。
- 循环时间：<30 min。
- 真空泵抽气速度：15 L/s。

3.13.3 层压机配置

主体设备一套、真空泵、控制箱一套、温控表、气动、真空泵、高温布。

场地配置：电源(AC380 V、50 Hz、30 kW)、水源(15L/ min)、气源(0.5～0.7 MPa)。

(1) 真空腔

真空腔及其上盖采用钢结构，是为承受强大的大气压力并防止腐蚀生锈；上盖与真空腔之间采用 Φ10 的 O 形圈密封。

(2) 层压膜

采用硅橡胶板(3 mm)，具有耐油、耐热、弹性好等特点。

(3) 加热平台

加热平台是支持加热封装组件的部分，由加热器、匀热钢板组成，热偶探头在钢板侧面，以测量钢板的温度。

(4) 真空系统

如图 3-15 所示，真空系统由真空泵、真空管路、真空阀、真空表组成。真空泵在 60 s 以内达到真空要求。真空阀控制真空室的进气和排气，真空表显示上、下真空室工作状态。

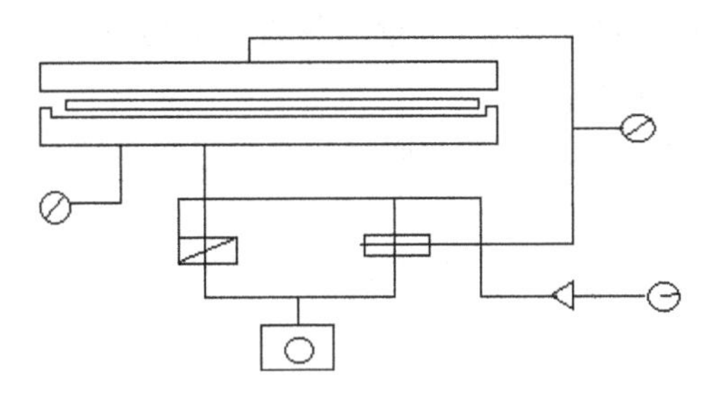

图 3-15 真空系统

(5) 加热系统

本系统采用 PLC 内部 PID 调节控制加热。

(6) 开关盖系统

单个气缸用来开盖和关盖控制。气缸采用三位五通双电控电磁阀进行控制；开盖和关盖速度用气缸和电磁阀上截流阀进行调节。

3.13.4 层压机系统

(1) 安装

层压机应安装在干燥的地点，安装在避免雨淋、避免阳光直射的地点，应有良好的接地线。安装时要检查真空系统和各连接处是否牢固，电源线、压缩空气连接、设备放置是否平稳牢固。使用时一切连接(电源、气源)要接好，避免受外力影响，连接要牢固。接线的同时检查控制箱内是否有接线松动或脱线现象，务必及时处理 。

(2) 调试

① 接通电源，观察触摸屏上温度显示是否正常(和室温相近)。

② 观察指示灯，应为电源指示灯亮和面板上的上、下真空压力表通电显示。

③ 接通气源，检查各气动连接处有无漏气现象，如有请及时处理。

④ 进入控制画面，按开盖按钮，上盖应升起到位；按关盖按钮，上盖落下。为了安全，关盖时应一个人操作，避免操作人员误将手放进真空平台上；在下落过程中，若将按按钮的手抬起，上盖将停止落下并停止在当前位置。

⑤ 打开真空泵空开，检查电机旋转方向。

⑥ 打开加热器空开，检查个加热管是否加热正常，温控表显示是否正常(随加热器加热温度显示应随之增加)。

3.13.5 层压机操作

层压机控制器一般采用触摸屏控制，操作遵循如下步骤：

(1) 接通电源时打开控制面板上的电源开关，触摸屏上电，显示开机画面，同时进入“自动控制”画面。

(2) 观察触摸屏上的温度显示，设定好温度(一般为 130 ℃左右，最高不得高于 180 ℃)，打开加热器空气开关，按下机器油泵开关的绿色启动按钮，当加热板温度上升至设定温度后转到手动画面，按触摸屏上手动画面的开盖按钮，打开上盖，之后按下层压机前面板上的真空泵启动按钮使真空泵工作，进行下一步操作。

(3) 将封装的组件放在加热平台上，注意加热板上无碱纤维布是否平整。系统将根据设置程序进行加热、抽真空、层压等过程。

(4) 将封装件取出，放到固化炉中进行固化。首先将封装的组件放在加热平台上，注意加热板上无碱纤维布是否平整。

(5) 按开盖按钮打开上盖，上盖到位后取出封装组件。

3.13.6 层压机维护

(1) 日常维护

维修和维护之前请务必切断一切电源。电气系统最常见的故障是连接松弛。在考虑复杂故障之前，首先要检查电路是否连接完好。

每日维护。检查并确保真空泵油位在规定范围之内，油位要尽可能高，只使用真空泵制造商建议型号油。检查加热板和橡胶板上堆积的灰尘和层压板的材料，在冷却状态下，用绒布擦干净。检查加热板，如有残液可用丙酮或酒精擦除。切勿用利器擦洗加热板上的 EVA 溶液，以免损坏其表面平整度，影响组件质量。为防止 EVA 残液堆在加热板上，须在作业时加玻璃布进行隔离。下室加热板及下室其余空间要每班用高压空气吹除残留物，吹时一定要关闭真空泵，防止异物进入。应做到经常清洁 O 形圈及密封槽，定期使用真空硅脂进行密封；清洁时应用柔软清洁布蘸酒精进行擦拭。

(2) 每周维护

检查顶盖 O 形环的密封表面，是否有灰尘和划痕。如有必要，用柔软清洁布蘸酒精擦拭。检查橡胶板是否有破损并及时擦洗。检查真空室四角的灰尘和堆积残余颗粒。检查所有皮管和夹子，是否有松动。

(3) 每月维护

更换真空泵油，只能使用真空泵制造商建议型号油。

维护过程要注意，上、下真空放气阀腔体要定期用酒精刷洗干净，清除吸入的灰尘。要适当上紧上室气囊压条螺钉，以防加热后橡胶软化导致上、下室之间漏气。真空泵在泵静止时，须定期检查泵油液面；如有缺少或污染，需进行添加或更换。

橡胶板更换。建议每工作 300 h 更换一次，不要在加热板高温时更换胶板。加热板在工作温度时，会引起严重灼伤。

加热器的更换。当发现加热明显不均或加热时间明显延长时，应考虑更换加热器。

3.13.7 层压机故障检修

(1) 气缸维修

首先考虑气缸维修，气缸在开启和放下过程中速度变慢，检查各气源接头有无漏气现象；如有请更换新的接头。在按下开盖和关盖按钮时气缸无动作，检查气源压力是否正常、控制信号有无、电磁阀是否正常，经以上检查确认故障点后，及时处理。

真空度达不到设定值。检查一下真空管道(包括接头)是否漏气，密封胶圈是否严重磨损或老化，真空泵是否工作正常，检查上室和下室充气阀是否关闭严，若关闭不严，可能是吸入灰尘，轻轻敲击或频繁开闭几次即可正常工作。否则该充气阀已损坏，需更换。

(2) 温度故障维修

工作温度达不到设定值。检查电热是否断路，可用交流电压 250 挡，测量固体继电器输出端(蝴蝶电源端)是否有 220 输出(脉冲型)；可在断电情况上用万用表检测两组加热器电阻是否均衡。检查是否缺相，可用万用表检查固体继电器输出电源端一侧是否有 220 V。检查控制器坏否，若温度未达到设定值，控制器应输出 15 V 直流控制电压，如果没有，则控制器损坏。

开盖、合盖困难或者不动作。检查气泵压力是否足够，检查气动管路及其连接件是否漏气，电磁阀是否正常，可用手动的方法进行检测。层压机故障检修参考表 3-13。

表 3-13 层压机故障检修表

序号	故障现象	可能的原因	排除方法
1	上盖合盖后，上、下室不能抽真空	真空泵不运转	使真空泵正常运转
		真空泵运转方向与泵体箭头标志方向不一致	调换接线顺序，使真空泵运转方向与箭头一致
		压缩空气压力不正常	调整压缩空气压力
		上、下室手动充气阀关闭不严	关闭上、下室手动重启阀，确认是否损坏
		限位开关工作不正常	调整或更换限位开关
		开关按钮损坏	更换按钮
2	合盖后下室能抽真空，上室不能抽真空	上室管道漏气	找到漏气处修复
		上室真空电磁阀不能启动	使压缩空气压力达到要求或者更换电磁阀
		上室充气及真空开关损坏	更换开关
		上室管道漏气	找到漏气处修复
		上室真空电磁阀不能启动	使压缩空气压力达到要求或者更换电磁阀
		上市充气及真空开关损坏	更换开关
3	打开上盖后上室不能抽真空	上室管道漏气	找到漏气处修复
		上室真空电磁阀不能启动	使压缩空气压力达到要求或者更换电磁阀
		上室充气及真空开关损坏	更换开关
		胶皮破损	更换胶皮
		压条框螺钉没有拧紧	重新拧紧螺钉
4	合盖后上室能抽真空，下室不能抽真空	下室真空/充气开关按钮损坏	更换
		限位开关工作不正常	调整或更换限位开关
		下室手动充气阀关闭不严	关严手动充气阀
		下室真空阀工作不正常	调整压缩空气压力或更换真空阀
		下室充气电磁阀松动漏气	重新拧紧或更换下室充气电磁阀
5	上室不能充气	上室充气电磁阀不能启动	检查线路或更换上室充气电磁阀
		上室真空阀启动不正常或关闭不严	修复或更换真空阀
		上室充气开关损坏	更换
6	上室能充气，而上室真空表指针不能回到零位	真空表损坏	更换
		连接真空表的塑料管有死弯	理顺，使之变直
		上室真空阀关闭不严	关严或者更换

续 表

序号	故障现象	可能的原因	排除方法
7	下室不能充气	下室充气电磁阀损坏、不能启动	更换
		下室充气或下室真空开关损失	更换开关
8	下室能充气，而下室真空表指针不能回到零位	下室真空阀关闭不严	调整下室真空阀
9	在上、下室真空状态下，上室充气的同时下室的压力减小	胶皮破损	更换胶皮
10	在上、下室真空状态下，上室充气的同时下室的压力减小	胶皮破损	更换胶皮
		下室真空阀关闭不严	调整下室真空阀
11	真空度不够	密封圈接头裂开	重新装好
		真空泵油中杂质过多	更换真空泵油
		下室真空阀漏气	更换或修复
		真空泵弯头的固定螺钉松动	拧紧螺钉
		真空泵的传送带过松	调整传送带松紧度
12	上盖不能打开	空气压缩机的压缩空气压力不正常	调整压缩空气压力
		气缸的连接管路漏气	检查管路，排除故障
		开盖按钮损坏	更换
		开盖电磁阀损坏	更换
		保险锁没有打开	检查保险锁，排除故障
13	上盖不能关闭	保险锁电磁阀损坏	更换
		保险锁连接气管可能打死弯	理顺，使之变直
		保险锁钩卡死	修复并加油润滑
		压缩空气问题	检查压缩空气
		保险锁没有打开	
14	自动运行状态下次序出现问题	连接线路松动	检查保险锁，排除故障 拧紧相关固线螺钉
15	层压时真空度降低	胶皮破损	更换胶皮
		上室真空阀关闭不严	修复或更换
16	下室真空时真空度偏低	密封条接头裂开	修复或更换
		上室充气、下室充气电磁阀接头松动	卸下加 704 胶拧紧
		真空泵油过少	添加真空泵油
		真空泵的传送带过松	调整传送带松紧
		真空泵与弯头固定螺钉松动	拧紧
		下室真空阀密封圈需更换	更换密封圈
		真空计金属管或真空计表头损坏	更换真空计
		真空泵与层压机的连接管道没有插紧	重新插紧连接管道

续表

序号	故障现象	可能的原因	排除方法
17	自动或手动状态下,电磁阀与控制器的运行状态不稳定	线路的固线螺钉松动	检查并拧紧
		电磁阀受损	更换
		电源电压不正常	检查电源电压
18	温控器不能显示温度数值	感温电阻损坏(其位置在加热板右侧)	更换
		感温电阻线路断开	重新接好
		温控器参数设置不正确	重新设定

3.13.8 应急处理操作规程

(1) 层压机在运行中,出现设备故障、断电故障的概率是比较高的,因此对异常情况的处理是层压机操作人员的必备技能。在异常发生时,将直接导致层压中的层压板报废,造成较大的经济损失,操作人员如能在事故发生的第一时间按预案及时反应,正确及时地处理故障,可以有效地将损失减少到最少。

(2) 真空故障确认:

- 真空表指示为"0"。
- 真空表指示不能在 60 s 以内达到 100 kPa。
- 真空表指示产生小于 100 kPa 的回落。

(3) 层压中的任何阶段,当真空报警时,首先应检查机械真空表,看是否是真空故障,如果仅有真空报警而机械真空表显示正常,不允许做任何处理,保持当前状态,监视运行完成后再行处理。

(4) 自动运行状态下,真空故障发生在抽真空阶段时且设备能正常操作,应及时转为手动,进行抽真空计时运行。

(5) 自动转手动抽真空无效时的应急操作:

① 若真空故障发生在抽真空 60 s 内,则立即按一下步骤操作:下室放气→打开上盖→出料。出料后,马上转到其他正常设备操作;若真空故障发生在进入层压阶段 60 s 以后,则立即按以下步骤操作:转为手动→手动抽下室真空并在上室充气计时层压。

② 真空故障发生在层压阶段时,不做任何处理,待层压程序结束后取出层压板。

③ 真空故障发生在抽真空 60 s 以后,先根据机械真空表确认已经达到的真空度,观察真空泵电磁阀是否吸合。若真空泵电磁阀未吸合,手动强制吸合(由设备维护人员或班组长操作)。若真空泵电磁阀已经吸合,将设备上、下室电磁阀手动压下。强制抽真空达到 360 s 以上,手动 3 次加压并计时层压。

④ 若真空故障发生在抽真空 60 s 以后,且所有操作均无效,立即按以下步骤操作:下室放气→打开上盖→出料。

(6) 操作触摸屏死机故障下的应急操作:

① 确认故障发生的时段是抽真空阶段还是层压阶段。

② 若发生在抽真空阶段时,且真空不正常时,立即按操作规程关机、重新启动设备,转化为手动计时运行。

③ 当故障发生在层压阶段时,若运行正常,可以先不做处理,要监视运行状态,特别是机

械式真空表的状态，计时并保持到层压结束，然后按操作规程关机、重新启动。

(7) 停电或断电故障下的应急操作：

① 马上关闭电源开关，视情况作不同的应急处理：当故障发生在抽真空阶段时，立即手动打开上盖，手拉四氟布，取出待层压组件；当故障发生在层压阶段时，待层压结束后取出层压板。

② 层压机应急处理步骤：首先按下“紧急停止”开关，关闭液压站开关，然后关闭电源开关。恢复供电后，视具体情况做应急处理：停电或断电发生在抽真空阶段，层压板在机内时间达 10 min 以上，做出料处理；发生在层压阶段，层压板在机内时间达 20 min，做出料处理。层压机出料处理步骤：按开机程序开机(禁开液压站开关)→手动下室放气→打开液压站开关→开盖→手动出料。

(8) 异常紧急处理：

① 当发生进料、出料、上盖下降等运行异常时，应及时按下“紧急停止”开关。若待层压组件已经进入层压机，需要手动紧急从层压机拉出待层压组件。检查并确认设备正常，方可开机。

② 当设备发生漏油、喷油、漏气、激烈的异常声响时应立即报告当班的班长、设备维护人员，并及时按停机处理。

③ 事故发生后，层压机操作人员、班组长、设备维护人员必须做出书面事故报告，真实、及时地记录事故发生的状况，不允许假报、乱报，推诿责任，一经发现严肃处理。

④ 层压机操作人员、班组长及设备维护人员有责任保护事故现场、保护设备运行参数和数据等资料。对有意隐瞒事实、破坏现场的行为要从严处理。

⑤ 以上对故障的应急处理规定同样适用于设备维护人员。

3.13.9 层压机操作注意事项

(1) 层压机在运行中、抽真空阶段，操作人员应密切注视操作控制屏以及上、下室真空表，监视运行状态，特别应密切监视真空状态，其间不允许做其他事情，严禁操作人员离开操作屏。

(2) 操作人员发现故障时，应在第一时间通知班组长并及时做出应急处理。班组长应立即组织应急处理并通知设备相关人员及车间负责人。

3.13.10 层压机时间设定

关于时间设定，下真空时间所说的是在层压前抽取真空时间，所设定时间越长真空度越高，一般为 8～12 min。层压时间是通常所说的热合时间，一般为 4～8 min。层压力设定是热合时的压力，0.5～1 个大气压之间可调。实际运用一般在半个大气压左右，可根据需要自行设定。

3.14 装框机

3.14.1 装框机设备介绍

层压之后的光伏电池组件进行下一步工艺，即装框。装框机是电池组件生产中的重要设备，是目前主要的封装保护设备，当然也有使用螺钉组装边框的，但所占市场份额已经很少。

装框机有手动、半自动和自动三种。通常企业中都会有手动装框机，便于异型非常规电池组件的生产和维修组件的封装使用，如图 3-16(a)所示。本节主要以手动装框机为例进行讲解，自动装框机除自动传输线部分外与手动设备基本相同。

3.14.2　装框机结构

装框机是角码铆接式铝合金矩形框组装的专用设备，由气缸、铝合金型材、直线导轨及钢结构组装而成，可以实现组件层压完毕以后，组件的铝合金边框挤压定位，然后使用气压动力将铝合金边框固定，在一台设备上实现了组框、铝合金边框固定，从而简化了工人的作业强度，节约时间，提高产品质量。装框机适用于多种型材端面。装框机刚性高、调整范围大，可满足用户不同装框尺寸要求。

(1) ZDZK-Ⅲ型组件装框机

图 3-16(b) 所示为北京中鼎信源科技发展有限公司 ZDZK-Ⅲ型组件装框机，组框铆角一体，其技术参数如下。

- 组框长度：2 100～350 mm
- 组框宽度：1 200～350 mm
- 重量：1 200 kg
- 外形尺寸：2 900 mm×1 900 mm×920 mm
- 最大铆接力：25 kN，电机 1.5 kW

(2) ZK-2 光伏电池组件装框机

(a) 光伏组件装框现场

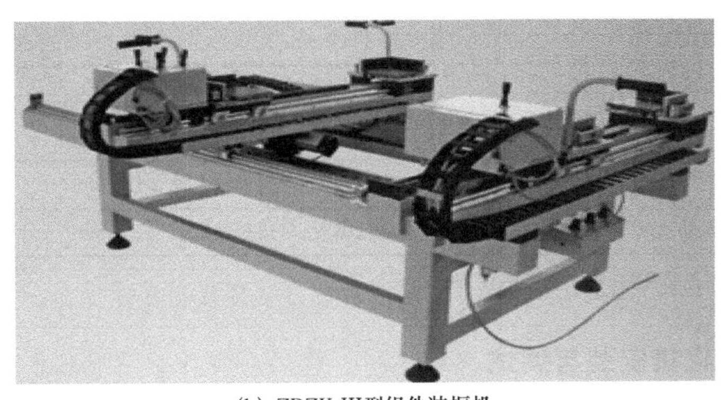

(b) ZDZK-III型组件装框机

图 3-16　装框机及装框现场

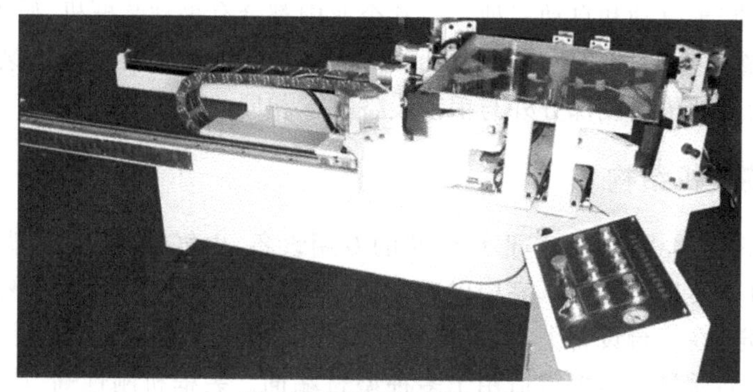

(c) ZK-2光伏电池板装框机

图 3-16 装框机及装框现场(续)

图 3-16(c)所示为秦皇岛市亿贝科技有限公司 ZK-2 型光伏电池组件装框机,它是一种对已经涂胶装框的光伏电池板实现组框定位、边框四角挤压固定的专用设备(铝合金边框外形尺寸:35 mm×50 mm),应用于制做光伏电池板组件。ZK-2 光伏电池板装框机的型号说明如下:

ZK———————————2

↓ 序列号

自动组框机 铝合金边框最小外形尺寸(长×宽):750 mm×650 mm

铝合金边框最大外形尺寸(长×宽):2 000 mm×1 100 mm

3.14.3 装框机技术参数

手动装框机的技术参数见表 3-14。

表 3-14 手动装框机的技术参数

序号	项目	基本参数
1	电源	220 V/50 Hz
2	气源	压缩空气,0.5~0.8 MPa
3	最大组框长度	>1 800 mm
4	最小组框长度	<500 mm
5	最大组框宽度	>1 000 mm
6	最小组框宽度	<500 mm
7	可使用的铝边框高度	35 m、40 m、42 m、45 m、50 mm
8	最大组框外形尺寸(四角)	组框精度:对边尺寸之差±1.5 mm
9	最小组框外形尺寸(四角)	组框精度:对边尺寸之差±1.0 mm

注:表中所列数据为通用参数,各厂家实际设备会略有差异。

3.14.4 装框机安装与调试

调整设备的地脚高度,以设备四个角的油缸上平面为基准,使设备处于水平放置。然后对设备动力参数进行设定。

(1) 压缩空气源

储气罐容积 60 L、功率 1.5 kW、额定压力 8.0 kg/cm^2。

气源调整时，给气源处理元件(给油器)加油的油牌号 ISOVG32 或同级用油，油位加至油杯的 2/3 处。调整气源处理元件，调压阀如图 3-17(a)所示，使压力表显示 5.0～8.0 kg/cm^2。

(2) 调整组角、辅助压头的速度

调整各气缸上的单向节气阀，即可控制气缸杆的伸出速度，如图 3-17(b)所示。

气缸杆的伸出速度可由图 3-17(b)右侧阀来调整(顺时针旋转速度变慢，逆时针旋转速度变快)。

(3) 液压动力源

抗磨液压油 YB-N32、YB-N46，液压动力功率 1.5 kW，额定压力 15.0 MPa。

液压动力源如图 3-17(c) 所示，油箱内未加油，开机前将油料加至液位计的 1/2～2/3 位置，启动油泵电机，启动装框锁按钮。点动“刀进”，如果刀伸出，则电机旋转方向正确；如果刀不伸出，则电机旋转方向不正确，更换 380 V 电源的相序，调整电机的旋转方向。装框试压，溢流阀(顺时针旋转压力增大，反之减小) 反复，调整直至得到满意的压角质量，压力表显示在 5.0～15.0 MPa 范围。

(4) 调整组装铝合金边框的外形尺寸

闭合位于电气箱内的两个空气开关，打开急停按钮使电源指示灯处于亮的状态。将压缩空气源用胶管引至气源处理元件，压力表显示 5.0～8.0 kg/cm^2。启动装框锁按钮，此时短边压头、长边压头、组角压头均处于压进至死点状态。

3.14.5 调整组装铝合金边框的长边尺寸

(1) 打开移动横梁上的定位锁。如图 3-17(d)所示，向上扳气阀手柄。

(2) 以固定横梁上的 90°组角压头为基准，测量其工作面距移动横梁上的 90°组角压头之间的距离，沿导轨挪动移动横梁，使所测量的尺寸接近铝合金边框的长边尺寸，关闭移动横梁上的定位锁(向下扳气阀手柄)。

(3) 使用棘轮扳手正(反)旋转丝杠幅，直至满足铝合金边框的长边尺寸。若组合时，两个铝合金边框的长边尺寸不一致，需要对设备进行调整。先断开丝杠幅的同步链条，检查是否因为两个丝杠幅受力不均匀造成 ，分别调整，然后重新连接同步链条。再调整两个外侧气缸的初始位置，如图 3-17(e)所示。

(4) 调整短边辅助压头。松开尼龙压头后面的锁紧螺母，测量尼龙压头的工作面与对面的固定工作面之间的距离，用扳手钳住活塞杆，旋转尼龙压头直至满足铝合金边框长边的尺寸要求，如图 3-17(f)所示。

(a) 气源调整

(b) 单向调节阀调整

图 3-17 调整组装铝合金边框的长边尺寸

(c) 液压动力源

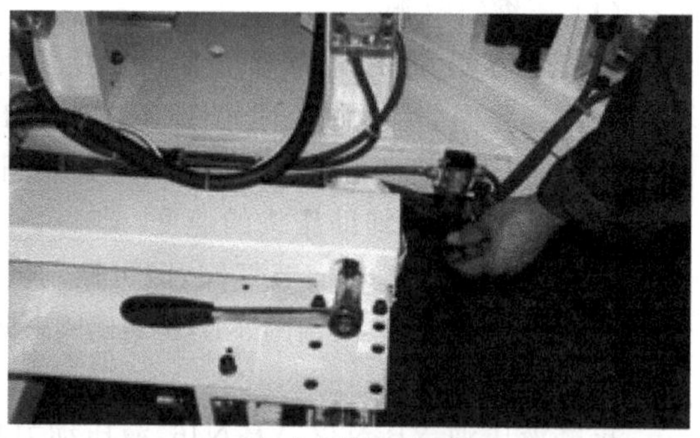
(d) 向上扳气阀手柄

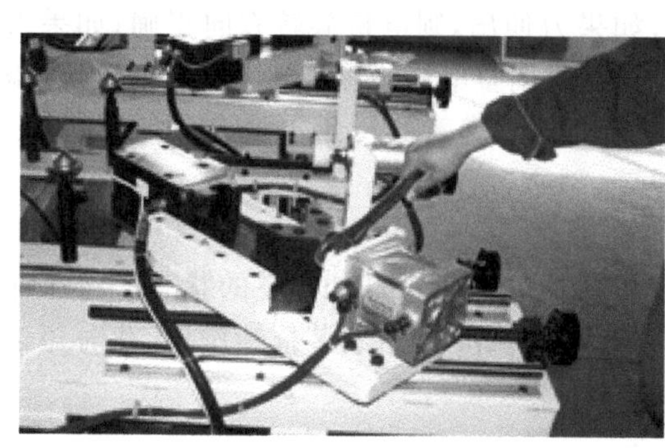
(e) 调整气缸位置

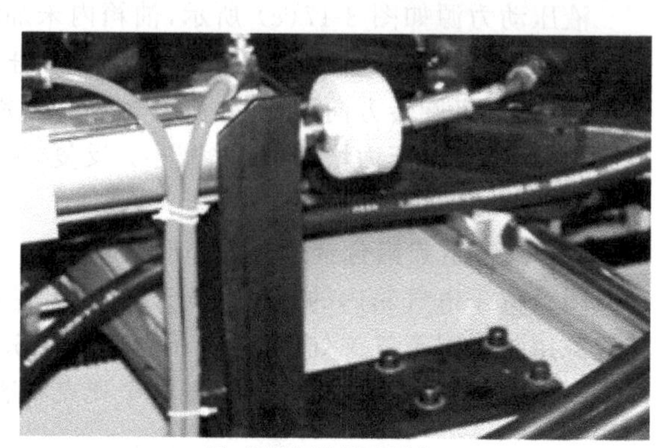
(f) 调整短边辅助压头

图 3-17 调整组装铝合金边框的长边尺寸(续)

3.14.6 调整组装铝合金边框的短边尺寸

(1) 旋转各手轮。测量压头工作面距对面工作面的距离,达到铝合金边框的短边尺寸后拧紧锁紧螺母。

(2) 调整组装铝合金边框的长边的附助压头尺寸。旋转各手轮,测量压头工作面距对面固定工作面的距离,达到铝合金边框的短边尺寸后拧紧锁紧螺母。

(3) 按"联动退"按钮,直至各压头全部退回。反复操作、调整,确认组框尺寸符合要求。

3.14.7 装框机操作规程

1. 操作步骤

(1) 点动"联动退"按钮,确认各压头全部退回。

(2) 放置一块电池组件,点动"长边进"直至到达气缸死点位置。

(3) 点动"短边进"直至到达气缸死点位置。

(4) 点动"组角进"直至到达气缸死点位置。

(5) 启动"组框锁按钮",此时短边压头、长边压头、组角压头均处于"压进"至死点状态。

(6) 启动油泵电机。

(7) 点动"刀进"(角码连接件结构),直至压力表指示设定的最大值即可(不能长时间处于最大值状态,否则电机过热,报警器发出蜂鸣声)。

(8) 按"刀退"(角码连接件结构),直至四个压刀全部退回,报警器发出的蜂鸣声停止。点动"联动退"按钮,确认各压头全部退回。

(9) 取出电池组件。必须启动“组框锁按钮”后,启动“刀进”才生效。

(10) 按“刀退”,报警器发出的蜂鸣声停止后,点动“联动退”按钮,确认各压头全部退回。

2. 注意事项

(1) 压合角码时,应注意框材的配合,以保证组边框精度。

(2) 严格按照正常操作步骤使用设备。

(3) 操作人员需要佩戴统一的劳保用品,以防刀口造成伤害。

(4) 在任何紧急情况下,操作者均可以通过“急停按钮”来停止设备运行。

3.14.8 装框机保养及维护

1. 日常维护及保养

(1) 装框机需要每日及时清扫擦拭,及时给导柱、滑动机构涂润滑脂,以保证设备能够正常运行。

(2) 每周对气源系统进行维护,定期排水和注油。

2. 注意事项

保证设备台面处于水平状态。

3.15 大面积太阳电池组件测试仪

3.15.1 大面积太阳电池组件测试仪设备介绍

大面积太阳电池组件测试仪又叫电池组件终端测试仪,国内的主要设备供应商有上海赫爽太阳能科技、秦皇岛博硕光电设备、西安众森等几家,国外的供应商主要有 Spair、Optosolar 等。设备外形种类很多,本书主要讲解台式电池组件终端测试仪,如图 3-18 所示。

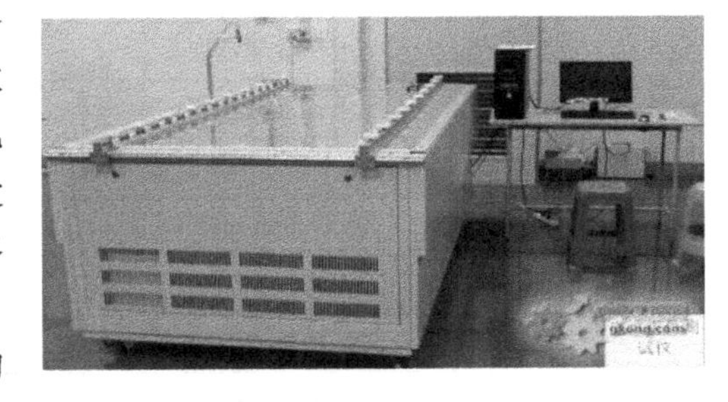

图 3-18 电池组件测试仪

组件终端测试仪是整个组件生产中最关键的测试设备之一,该设备测试数据的准确性直接影响到组件的定级和销售价格,同时也直接反映出一个公司的生产能力。从设备本身来看,各厂家在设计设备时均有不同的侧重点。目前国内尚不能生产太阳光模拟器的灯管,AAA 级别的灯管都由美国、德国垄断。国内设备所使用灯管较短,大面积检测时,四周不均匀度非常高,测试的准确度偏差较大。

太阳电池组件测试仪是太阳电池生产的最终测试设备,有上打光、下打光或侧打光三种光学结构,其中上打光、下打光设备有利于流水线生产。该测试仪还可以兼作层压前测试仪用,可以大大提高一次电池组件封装成品率。

通常测试仪由组件测试箱、脉冲光源设备、电子负载设备、控制计算机 (软件)等部分组成。其中,脉冲光源设备是最重要的部分,也是决定测试仪好坏的主要依据,通常采购该种设备时,主要关心以下内容:太阳模拟器的等级、测试面积、光强在整个测试仪上的不均匀度、重复准确度以及测试的速度等。

3.15.2 大面积太阳电池组件测试仪技术参数

大面积太阳电池组件测试仪的技术参数见表 3-15。

表 3-15 大面积太阳电池组件测试仪的技术参数

性能指标		参数
概况	太阳模拟器等级	BAA/AAA
	太阳模拟器等级规范	GB/T 6495.9—2006/IEC 60904-9
	使用范围	单、多晶硅电池组件测试
	量测方式	标准电池传递校准、测试
	测试功能	
	系统组成	脉冲电源、组件测试柜、电子负载、工控机
	测试面积	1 100 mm×1 900 mm
光学性能	光源方向	侧打光光源/从底向上打光光源
	光谱等级	AM 1.5 Class B/A
	光强不均匀度	±2%
	光强不稳定度(LTI)	±1%
	光强不稳定度(STI)	±0.5%
	脉冲宽度	100 ms
	灯管寿命	100 000 次闪光，具有预燃功能
	光强范围及调节方式	80～120 m
	电压量测范围	0～1 V/10 V/50 V/100 V/150 V
	电流量测范围	0～10 mA/100 mA/1 A/10 A
	量测功率的不重复度	±0.3%
	电压/电流分辨率	$1/2^{12}$×量程
	D/A 准确度	$1/2^{12}$
	测试接触接线方式	四线制接线法
	采集系统	电压、电流和光强同时采集
	扫描方式	正向扫描和反向扫描可设置
软件系统	系统操作	下拉式菜单操作
	测试控制方式	自动测试、键盘控制
	测试间隔	小于秒级
	软件升级	免费升级
	分选设置	可依据 P_{max}、I_{sc}、U_{oc}、η 等参数或参数组合分挡
	温度修正	自动测温，自动温度校正
	控制软件数据库	具有历次监测数据和图像的保存路径并且格式可设置
环境要求	使用环境	(25±10)℃，相对湿度≤80%(25 ℃)
可选功能	弱光测试，测试面积接受定制	

注：表中所列数据为通用参数，各厂家实际设备会略有差异。

3.15.3 大面积太阳电池组件测试仪操作规程

1. 操作步骤

该测试仪的总体操作流程与电池片 *I-V* 测试仪基本相同，如图 3-2 所示。

(1) 开启电源前，请确认测试仪各部分正常连接，各电源线及通信线连接紧密、无松动迹象。

(2)请确认脉冲光源和负载上的按键均处于正常状态。

(3) 观察仪器各仪表显示是否正常，包括电压表、温度计等，参考测试环境温度在(25±2)℃，准确记录实际温度与环境温度差值，相差较大时，需要等待更长时间或与设备维修人员联系确认。

(4)打开测试软件，触发闪光灯，调整光强。

(5) 调整滑道间距以适应被测组件，同时注意尽量使被测组件处于测试仪的中心。

(6) 操作人员需要佩戴防护眼镜和工作手套。

(7) 把标准组件(注意与待测组件的功率相吻合，本书所用为 185～195 W 标准的组件)牢靠地固定在测试支加上，将测试仪输入端正极(黄色或红色)的鳄鱼夹与电池组件的正极相连在一起，负极(黑色、白色)的鳄鱼夹与电池组件的负极相连在一起，测试人员在测试区外，如有需要拉严遮光布。

(8) 触发闪光灯，观察显示的电性能数据与电池组件标准数据的一致性。调整电子负载及电压、电流系数，再次触发闪光灯，并观看显示数据，重复调整、触发、观看，直到显示数据与正本数据误差在±1.8%(或根据工艺要求)以内。

(9) 将标准电池组件换成待测组件，连接电极，触发闪光灯，将显示数据打印在标签上，贴在组件背面，然后保存数据和该组件序号，并标明测试日期以方便日后调出参考。

(10) 取下测试完毕的组件，将其稳定地安放在指定位置，并准备下一块组件的测试。

(11) 完成一批组件测试之后，对保存情况进行复查，并为下道工序人员提供必要配合，测试每块组件时应及时、准确地填写流程单。

(12) 所有测试完毕，按正确顺序先关闭仪器和计算机，再断开设备电源。

2. 注意事项

(1) 切勿打开机箱，箱内电器部分均带有高压电，触碰以上部分，可能被电击并导致严重后果。

(2) 勿任意修改参数，修改参数必须记录并向品质主管汇报。

(3) 严禁使用非指定 U 盘，或未经许可复制相关数据。

(4) 测试过程中，及时检查并调整光强和测试强度。

3.15.4 大面积太阳电池组件测试仪保养及维护

1. 日常维护及保养

(1) 测试完毕后请正常关闭工控机，非正常关机可能会损坏数据及硬盘。

(2) 计算机非正常关机后重启时，如启动过程中询问是否进行硬盘检查，请务必选择进行。

(3) 每天工作结束后，需要对设备进行擦拭，特别是测试台面的玻璃，注意保持洁净，避免划伤。

（4）引线应单独挂在指定位置，避免测试仪引线受到损伤。

（5）注意鳄鱼夹的状态，如有变黑、松动需要马上更换。

2. 整机保养

（1）每周对设备进行一次全面清洁。

（2）每周应对滑道上的小轮进行保养，如有磨损，应及时更换。

（3）每季度要检查一次接地线是否良好，注意接地线应选用线径在 4 mm^2 以上的导线。

（4）整机维护保养，特别是对电器保养时，应保证大容量的电容完全放电，防止电击事故发生。

3. 注意事项

设备长时间未运行后的首次运行，需要对测试仪通电预热半小时以上。

习题三

1. 划片机有何作用？日常保养包括哪些内容？
2. 单片测试仪的日常保养项目有哪些？
3. 焊接加热板的保养项目包括哪些？
4. 叠层中测台应如何使用？
5. 组件封装层压机有何作用？
6. 层压机操作步骤是什么？
7. 组件装框应如何操作？

第 4 章　光伏组件生产加工工艺

4.1　主要任务

(1) 设所有电池的理想因子都是 1，忽略温度影响，求在被遮挡的电池上所消耗的能量与被遮挡区域面积/总面积百分比之间的函数关系。

(2) 画出一个特定的光伏电池组件在 25 ℃时的电压——电流特性曲线，并在画好的特性曲线图中适当标注。

(3) 掌握光伏电池互联和光伏电池组件的装配技能。

4.2　场地条件

(1) 原材料库房：原材料库房室内清洁卫生，物品统一在货架上放置。存放的物品包括焊带、白玻璃、背板纸、特福龙高温布、层压机胶板、胶条、铝合金型材、硅胶、纸箱、打包带、木托盘。

(2) 电池片库房：光伏电池片库房安装空调，确保室内清洁、干燥，主要存放需要组件的光伏电池片、乙烯-醋酸乙烯共聚物(EVA)胶膜。

(3) 装配区：装配区主要用于光伏电池组件装配生产，室内清洁卫生，严格保持恒温。

(4) 成品库：成品库用于光伏电池组件成品的存放，是组件装框后经检测合格的组件成品存放区。

4.3　学生素质要求

(1) 了解光伏电池片基本组成及特性。

(2)熟悉实际电池片组件产生失谐损耗的原因。

(3) 熟悉光伏电池片抗侯性和温度因素原理。

(4) 掌握热点过热和失谐问题处理方法。

(5) 学会光伏电池片组件装配技能。

4.4　场地要求

在光伏电池组件装配区内明确组件装配流程，各工序及设备的安装布局基本上遵循“U”

形排布原则。封装区内要求分选区(单片电池块测试对环境要求高)和组件测试区(严格环境要求)有独立空间,其他区域之间无须间隔。

(1) 分选区:要求有独立空间,主要设备是一台激光划片机。安装空调以避免外界环境对光伏电池片测试结果的影响。需由 1～2 人单班操作,完成单片电池的划片和电池片的测试。

(2) 单焊区:分选后的单片电池块,由 1～3 人在单焊区域内进行焊接。

(3) 串焊区:单焊后的单片电池块,由 1～3 人在串焊区焊接成电池串。串焊后的电池串放在电池串暂放台上,移动电池串时要轻拿轻放,注意保持电池串焊接完好,不要发生断裂。为了操作方便,电池串暂放台可根据实际情况确定数量及位置。

(4) 叠层区:用于层压之前的叠层,由 3～4 人配合操作,叠层好的组件放在“叠层支架”上。

(5) 玻璃清洗区:层压时,在 EVA 外面需要再覆盖一层玻璃,所以玻璃在层压前要进行清洗,通过玻璃清洗机去除污垢。

(6) 层压区:层压机工作区,常用的半自动层压机层压面积为 1 100 mm×2 200 mm。层压机可封装 156 规格电池片 72 片组件一块,且可同时装配多块小功率的组件,效率较高。层压区占地面积约为 4 m×4 m,区域内摆放两张工作台,用于放置层压后的电池组件并切边。切边之后的电池组件放在“待装框组件支架/周转车”上。为了操作方便,层压区分配 2～3 人操作。

(7) 装框区:将切边后的组件装框。选用装框机进行操作。装框过程中用到的胶质有可能会污染到玻璃表面,所以要用酒精清洗擦试组件表面。在装框区域内同时完成接线盒的安装。由 4～6 人完成组件装框、玻璃表面清洗,并负责将酒精清洗玻璃后的组件由指定出口转送至组件测试区。

(8) 组件测试区:组件测试区要求有独立空间,区域内进行组件测试并贴标签。为避免外界环境对测试数据的影响,要求在组件测试区打开空调,保持恒温状态。组件测试由 2～3 人操作,完成后由指定出口运送到包装区。

(9) 包装区:包装区由 2～3 人操作,进行组件包装,完成后送往成品库。

4.5 光伏电池组件设计

光伏电池很少单个使用,把具有相似特性的光伏电池片连接起来(互联)并装配成光伏电池组件,形成光伏电池阵列的基本组体单元。单个单晶硅电池片所能达到的最大电压为 0.6 mV,所以光伏电池板一般被串连在一起,这样可以得到所要求的电压值。实际情况下,36 个电池串连在一起形成一个额定电压为 12 V 的发电系统。

4.5.1 光伏电池的串并联设计

光伏电池(PV Cell/Solar cell) 产生的电流是直流电。PV 模板(PV Module 又称为 PV Panel) 采用多只太阳电池串联的方式提升电压,并采用坚固的材料封装,符合实际应用要求。PV 组列(PV String) 将模板多片串联成一列,组列的目的在提高电压,将 3 片模板电压 20 V 5A串联成组列,组列电压即有 60 V、电流为 5 A。PV 阵列(PV Array) 采用多个组列并联的方式,即阵列(数组)。阵列目的在于提高电流,将 3 串组列电压 60 V 5 A 并联成数组,数组电压为 60 V、电流为 15 A。PV 阵列形成过程如图 4-1 所示。

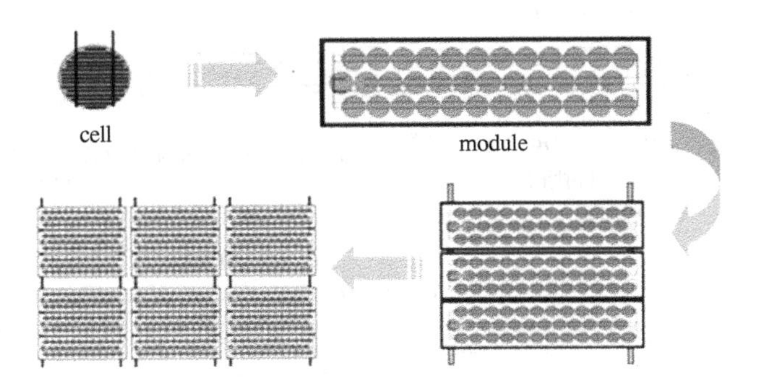

图 4-1　PV 阵列形成过程

在峰值日照(100mW/cm)情况下，一块电池板的最大电流大约是 30 mA/cm，所以电池板并联在一起可以得到实际使用中要求的大电流。图 4-2 说明了串并联连接的光电池组件电路的典型连接系统和标准分布。

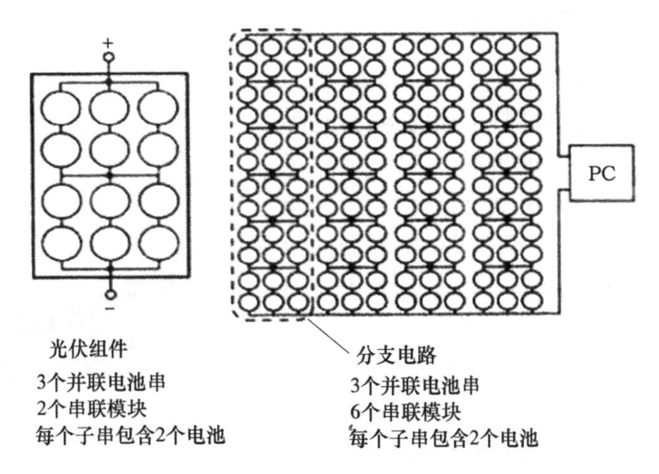

图 4-2　光伏电池组件电路设计的典型连接系统

如图 4-3 所示，光伏电池组件的结构，是把太阳电池元件排列好，串联连接做成组件。可见，为驱动电子装置，需要一定的高压，而该组装方法存在问题是成本高，接线点太多，从可靠性的观点来看接线点太多是不利的。

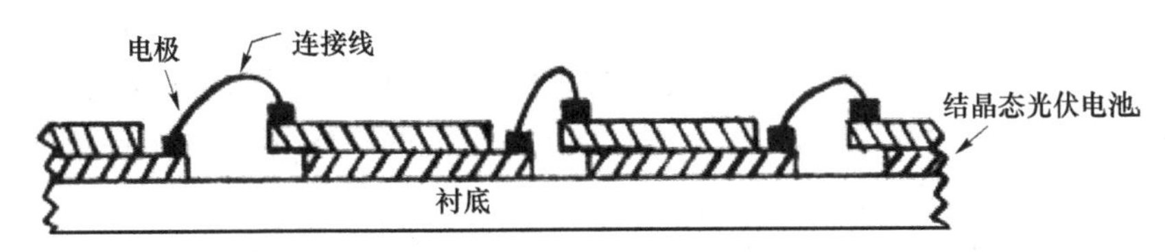

图 4-3　一般民用的组件连接

电力用的光伏电池组件一般安装在户外，除了光伏电池组件本身以外，还必须采用能经受雨、风、沙尘和温度变化甚至冰雹袭击等的框架、支撑板和密封树脂进行完好的保护。越来越多的电力用光伏电池组件的结构不断被研发出来，图 4-4 所示是衬片式结构，是在光伏电池的背后放一块衬片作为组件的支撑板，其上用透明树脂将整个光伏电池封住，支撑板采用纤维钢化塑料(FRP)。

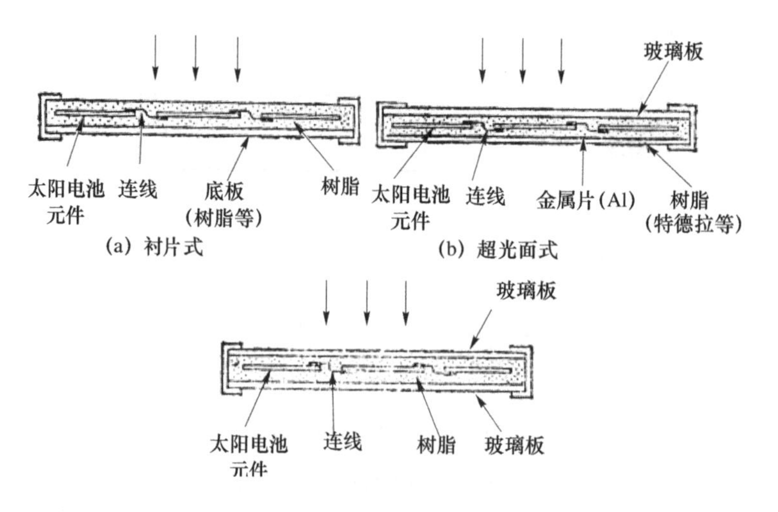

图 4-4 玻璃对装式电力用光伏电池组件结构

4.5.2 光伏电池组件构造

光伏电池阵列经常用于荒芜和偏远环境，那些地方没有中央电网或不适合燃料系统的运行，这种情况下，光伏电池组件必须能够扩充和无维护运转。生产商已经能够保证光伏电池组件寿命 20 年以上，现在光伏产业界正努力研发 30 年寿命的组件。光伏电池组件封装是影响电池寿命的主要因素，图 4-5 是一个典型的封装示意图。

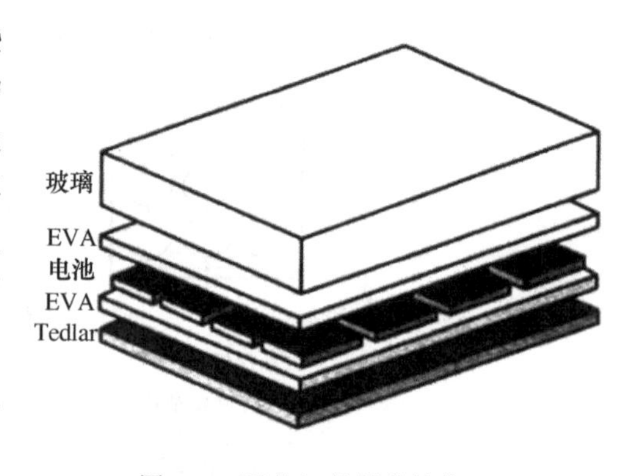

图 4-5 层状组件封装结构

光伏电池阵列安装标准是企业生产的原则，组件一定是制造商测试合格的产品。一个组件样品的合格标准要求电学、光学和机械结构检查合格，即组件表面没有明显的缺陷；经过单个测试后的光伏电池组件的最大输出功率的降格小于 5%，所有样品测试后的最大输出功率降格小于 8%；绝缘性测试和高压测试合格；组件无明显的短路或接地故障。

1. 光伏电池组件抗侯性

光伏电池组件必须能够经受像灰尘、盐、沙子、风、雪、潮湿、雨、冰雹、鸟、湿气的冷凝和蒸发、大气气体污染物、每日及每季温度的变化带来的影响，能在长时间紫外光照射下保持性能。图 4-6 显示在城市和乡村环境下，光伏电池组件短期性能的降格，典型的组件短期性能损失是由于城市和乡村环境中灰尘的堆积污染。

光伏电池组件顶部盖板必须具有并且保持对于 350～1 200 nm 波段太阳光的良好透过率。盖板必须具有良好的抗冲击性能，具有坚硬、光滑、平坦、耐磨，以及能利用风、雨或喷洒的水进行自我清洁的抗污表面。整个组件结构必须防止水、灰尘或其他物质存留，去除表面突出。长久湿气的渗入是组件失效的原因。水蒸气在电池板或者电路上的冷凝会导致短路或者组件被腐蚀，所以组件必须对气体、蒸汽或液体有很强的抵御性。组件最容易被破坏的地方是光伏电池块和封装材料之间的界面以及所有不同材料相接触的界面。用于黏结的材料必须精心选择，这样保证界面在极限环境下良好附着。通常的封装材料是乙烯-醋酸乙烯共聚物

(EVA)、特氟龙(Teflon)和铸件树脂。EVA被广泛应用于标准组件,通常在真空室中处理。Teflon用于小型特殊组件上,它的前面不再需要覆盖玻璃。树脂封装有时被用在建筑一体化的大型光伏电池组件上。

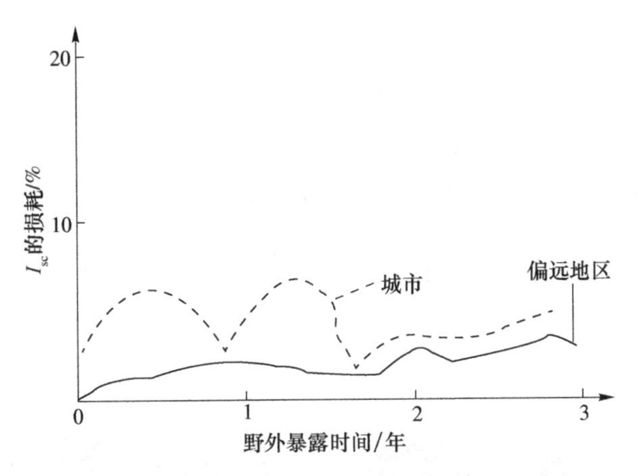

图 4-6　不同环境组件短期性能的降格比较

2. 温度因素

对于硅晶体而言,需要光伏电池组件尽可能在较低的温度运行,因为低温下电池的输出会有所增加,热循环和热应力减少,当温度升高10 ℃时,降格速率会增长一倍。为了减少光伏电池组件的降格速率,最好能够排除红外辐射,因为红外线的波长太长,不能被光伏电池很好地吸收,具体实施方案还在研究当中。光伏电池组件和阵列可以利用辐射、传导和对流机制进行冷却,并使无用辐射的吸收尽可能降低,通常情况下组件热量的散失中,对流和辐射各占一半。

对于不同的封装类型,组件热特性不同,制造商正是利用了这点制造不同产品来满足市场需求。组件类型有海洋组件、注塑成型组件、袖珍型组件、层压式组件、光伏屋顶瓦片、建筑一体化薄板。图4-7说明了当温度升高到环境温度以上时光伏电池组件类型的选择,组件温度与环境温度之差与光照射强度的增加大约呈线性关系。

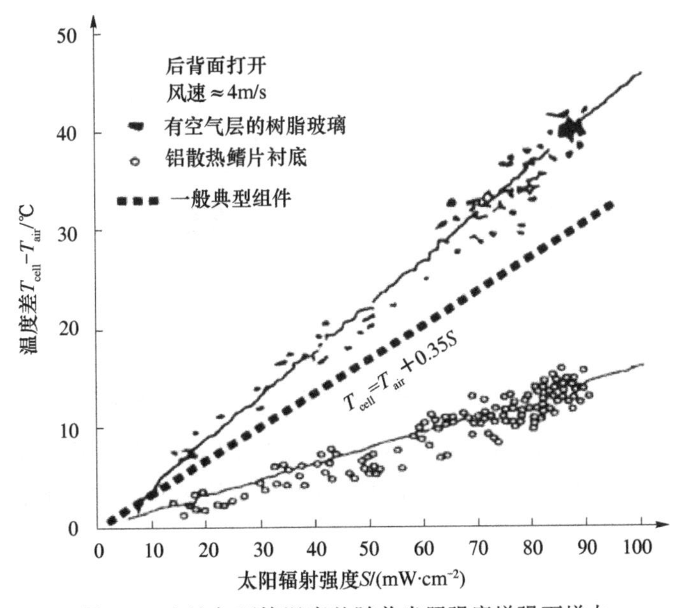

图 4-7　电池与环境温度差随着光照强度增强而增大

光伏电池额定工作温度(NOCT)是电池处于开路状态,并在光强 800 W/m^2、气温 20 ℃、风速 1 m/s 情况下,组件支架后背面打开时达到的温度。图 4-7 中,性能最佳的光伏电池组件在运行时 NOCT 为 33 ℃,典型组件运行在 48 ℃,最差组件运行在 58 ℃,用来估算光伏电池温度的近似表达式如下:

$$T_{\text{cell}} = T_{\text{air}} + \frac{\text{NOCT} - 20}{800} \times S(℃) \tag{4-1}$$

其中,T_{cell} 是电池温度,T_{air} 是空气或环境温度,S 是光照强度(单位 W/m^2),NOCT 是光伏电池额定工作温度。当风速很大时,组件的温度将会比这个值低,但在静态情况下温度较高。对于嵌入建筑体的光伏电池组件,温度效应尤其要重视,必须确保尽可能多的空气流经组件的背面,以防止温度过高。光伏电池封装密度(有效电池面积占组件总面积的比值)同样对温度有影响,封装密度较低的光伏电池 NOCT 低(密度 50%时 NOCT41 ℃、密度 100%时 NOCT 48 ℃)。图 4-8 是圆形和正方形电池的相对封装密度。

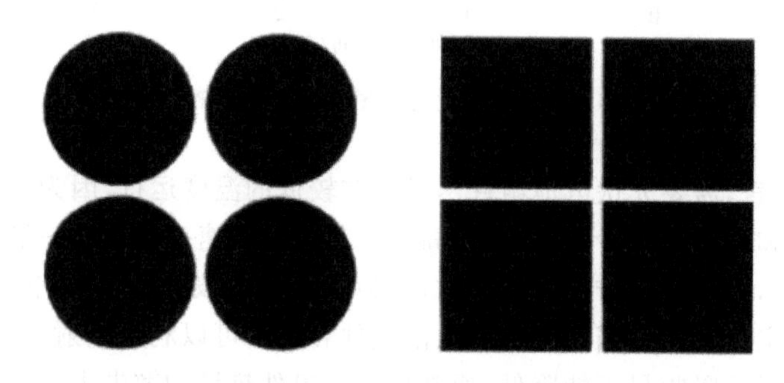

图 4-8 光伏电池的典型封装

具有白色背面并在组件中稀疏排列的光伏电池,通过"零深度聚光效应",同样可以使输出有所增加,如图 4-9 所示。部分光线照射到光伏电池的电极部分以及电池之间的组件区域,光线被散射后最终照射到组件的有效区域。

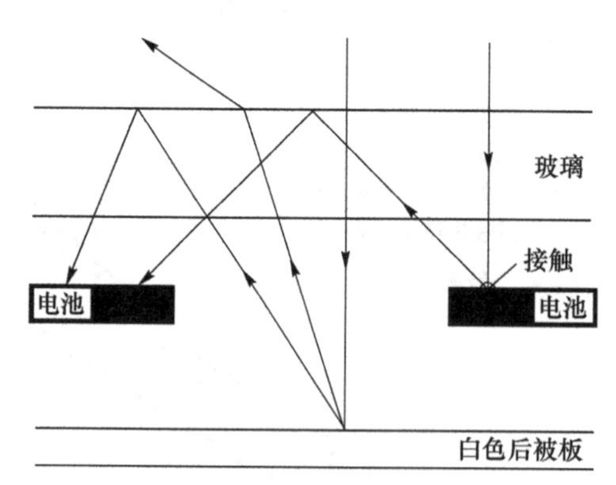

图 4-9 白色背面的组件中稀疏排列的电池零深度聚光效应

热膨胀是设计组件时必须考虑的另一种温度效应,图 4-10 表明了电池随温度升高所发生的膨胀,随着温度的上升,使用应力减轻环以适应电池间的热膨胀。电池之间的空间可以增加一个定量,公式如下:

$$\delta = (\alpha_g C - \alpha_c D)\Delta T \tag{4-2}$$

其中,α_g、α_c 分别表示玻璃和电池的热膨胀系数,C 是相邻电池之间的距离,D 是电池的长度。

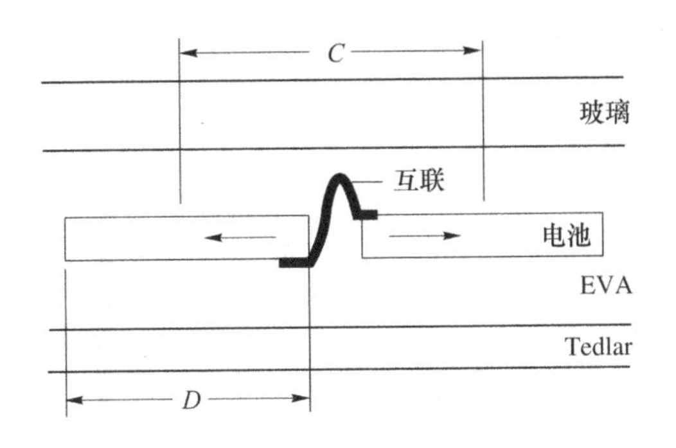

图 4-10 光伏电池的热膨胀

通常情况下,电池与电池之间采取环形互联来减少循环应力。双重互联是为了降低这样的应力下自然疲劳失效的概率。除了相互连接的应力,所有的组件界面会受到与温度相关的的循环应力,甚至最终会导致脱层。

3. 光伏电池组件电绝缘

光伏电池组件封装系统要求能够承受电压。在特殊环境中金属框架必须接地,因为组件内部和终端的电势远高于大地的电势。光伏电池组件阵列输出电压小于 50 V 时无须专门安装接地泄露安全装置;输出电压大于 50 V 时,如果系统已经接地,但并不绝缘,那么在直流端需要安装接地故障保护,或者在交流端安装直流敏感剩余电流装置。阵列输出电压在大于 120 V 的情况下,除了上述措施,还要设置浮地,绝缘的阵列安装一个绝缘监视器。

4. 光伏电池组件机械保护

光伏电池组件要有足够的强度和刚性,这样才能在安装前和安装时正常搬用。如果玻璃用于外表面,那么要退火处理。组件的中心区域比框架附近区域的温度高,由此产生的框架边缘的张力会导致裂缝。在光伏电池组件阵列中,组件要承受支架结构中一定程度的扭曲,这样才能抵抗风所引起的振动和大风、雪、冰造成的载荷。

5. 降格与失效

组件的寿命主要是有封装的耐久性决定的,自然光导致的退化会引起掺杂硅光伏电池的降格。实际应用表明,20 年预期寿命后光伏电池组件就会以不同的形式降格或失效,典型的性能损耗范围每年 1%~2%。组件前表面污染损坏情况下,伴随灰尘在前表面的积累,组件的性能降低。组件的玻璃表面通过风雨的洗刷实现自我清洁,可以将这些损失保持在 10%以下,但其他材料的表面损失会更高。

光伏电池组件的降格由很多因素引发。金属接触附着力的降低或者腐蚀引起电阻变大;金属迁移透过 PN 结导致电阻减小;抗反射涂层会老化;电池中活跃的 P 型材料硼形成的硼氧化物也会造成降格衰减。

组件的光学老化会随着封装材料的变色逐渐加重。暴露于紫外线、温度或湿度都会造成组件变黄,组件边缘的密封、架设或终端盒部分的外来物质扩散会使组件局部发黄。

光伏电池短路容易在互联的地方出现(如图 4-11 所示),这在薄膜光伏电池中常见,因为薄膜光伏电池顶电极和背电极距离近。由于针孔和电池材料上被腐蚀掉或损坏的区域导致概率更大。

电池断路是很常见的故障。如图 4-12 所示,互联主栅线对防止电池破裂造成的断路故障起到一定作用。尽管多余的连接点和互联的主栅线能确保电池正常运作，但电池的破裂仍可以导致断路。电池破裂可能是由于热应力、冰雹或碎石引起，也可能是在生产或装配过程中造成的"隐形裂痕"。

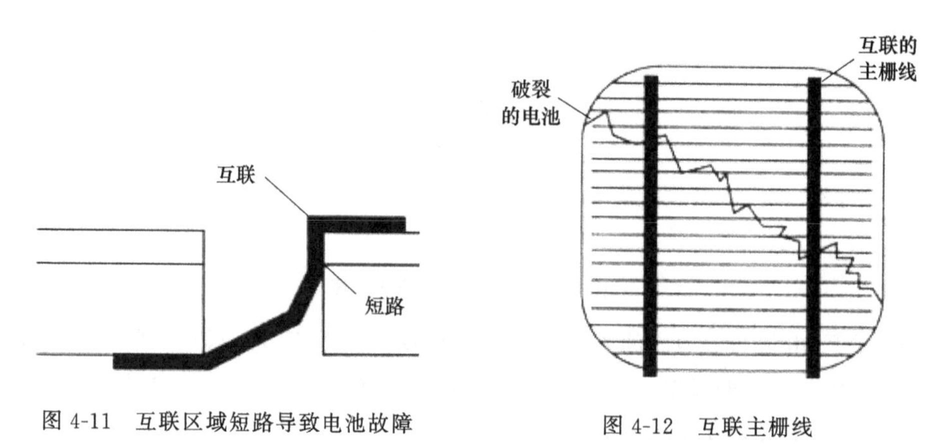

图 4-11　互联区域短路导致电池故障

图 4-12　互联主栅线

互联的断路和寄生串联电阻会因为循环热应力和风力负荷所导致的连接件的疲劳引起，寄生串联电阻会随着时间的推移增大。锡铅合金的老化使焊接处会变脆且破裂分离成锡和铅的碎片，导致电池电阻增加。

组件的电路短路会由于生产缺陷引发，这些缺陷的出现是因为风化所致的绝缘老化，从而导致脱层、破裂和电化学腐蚀。组件顶部玻璃的损坏可能是人为破坏、热应力、安装操作不当或者冰雹的影响所致。在较大风速下屋顶的碎石被吹起，越过安装在屋顶倾斜的组件表面，击中相邻组件造成组件破裂。组件脱层在早期组件中是普遍存在的，现在已经得到改善。组件脱层的原因一般是较低的焊点强度、潮湿和光热老化的环境问题，或者受热和潮湿膨胀，这在潮热气候里常见，湿气经过封装材料时，太阳光和热诱发的化学反应导致脱层。

用于克服电池失谐问题的旁路二极管故障通常是由于过热或规格不符造成的，如果把二极管运行温度控制在 128 ℃以下就可以降低问题产生的可能性。

封装材料的失效会因为自身的降解而加剧。紫外线的吸收剂和其他密封稳定剂能保证封装材料具有更长的寿命，但随着这些成分流失和扩散会逐渐耗尽，一旦浓度低于临界水平，封装材料就会快速降解。尤其是 EVA 层颜色的变深伴随着乙酸的形成，这会导致光伏电池组件阵列输出功率降低，对于聚光系统 EVA 的光稳定性的改进一直在积极探索。

4.6　电池片的分选

1. 目的

电池片分选主要目的有：

(1) 通过初选检出有破损缺角、隐裂、栅线印刷不良、裂片等问题的单片电池片，同时对不同批次电池片进行必要分类，太阳能电池片的质量可按其转换效率和工作电流的大小分为四级：A1 级、A2 级、B 级和 C 级。

(2) 电池片的正面颜色一般呈蓝褐色、蓝紫色、蓝色、浅蓝色等几种不同档次的蓝色(反面一般为灰色)，对电池片进行颜色分选，保证单个组件用到的 36 片电池片为同档次颜色，从而使单个组件生产出来后外观美观，各电池单片之间无明显色差。除了外观美观外，色差较大的电池片，通常电性能偏差也较大。

（3）根据电池片性能进行匹配，确保生产出的组件功率最大化。

2. 物料清单

待分选的电池片，需要准备36片正常单晶或多晶电池片，并包装成一个简单包装。

3. 所需工具、材料及设备

（1）棉手套、指套；

（2）电池片；

（3）分选台；

（4）电池片 *I-V* 测试仪；

（5）存片盒。

4. 操作工步及要求

（1）工作准备

挑选前首先清洁分选台和检查本岗位所需物品（分选台上不得有本岗位以外的其他物品），戴好手套。

（2）工步

开箱时，首先检查电池片的外包装是否完好，数量是否正确。如果发现电池片的包装上，有明显的损坏迹象要及时通知质检员进行确认。确认电池片的厂家及性能是否与生产指令单一致，发现问题立即通知领料人员。特别注意拿电池片时要轻拿轻放。

开包挑选时应轻拿轻放，应注意电池片的数量是否正确。对于少片或是因为厂家原因出现的电池片的质量问题，应及时通知质检人员进行确认。

选电池片时，应用手拿电池片侧面，避免电池片表面的减反射膜损坏。禁止一只手拿一叠电池片，另一只手从一叠电池片中一张张抽出进行检验。选片时手中只能有一张电池片。

取电池片时要轻拿轻放，速度不可过快，以免碰碎电池片；挑选隐裂电池片时禁止采用扇摇或敲打电池片的方法。挑选电池片时应从外观上进行分类，如按缺角、隐裂、栅线印刷不良、裂片、色差、水印、水泡等不合格电池片分别归类，且电池片叠放不得超过36片。

根据生产指令信息的要求正确填写生产流程单并将电池片和流程单一并发送到下一工序。做好该岗位的相关记录，收集整理已消耗材料的相关信息，向统计人员提供正确的有关电池片实际使用的情况的数据资料。

整理并标识好当日剩余的各类电池片，配合统计人员做好余料退库。做到每个合同做完后，剩余电池片及时退库。

5. 电池片测试分选

（1）工艺描述

正确熟练地操作测试设备，将低功率的电池片筛选出来，并将电池片按照功率进行详细的分类，保证组件的功率最优化。

（2）电池片分选操作流程

工作时应穿工作服、鞋，戴手套（或指套）、工作帽；清理工作台面，保持台面整洁；准备流转盒、泡沫垫、流转单；将电池片从仓库内领出。

检查设备是否完备，是否能正常使用，明确分选仪的操作步骤：

① 打开主电源，打开负载的开关。

② 打开主控设备上的钥匙开关。

③ 按主控设备上的切换状态开关，使测试仪的工作状态由 PAUSE 到 WORK。

④ 打开计算机，运行模拟测试程序。

⑤ 电性能测试是指尽量使每个组件内各电池片功率在设计范围内。

• 校准标准片(调整分选仪的探针的距离与所测试电池片刻槽之间的距离，使之保持一致，让测试仪的氙灯空闪 5～10 次)；

• 从包装箱内取出一包电池片，用刀片划开包装袋；

• 将外观良好的电池片拿到单片测试仪上进行电性能测试；

• 保存所测数据(V_{oc}、I_{sc}、P_m、V_m、I_m、FF、η、R_s、R_{sh})；

• 根据所测数据分挡(理论上应以 I_{sc} 为主要参数，由于设备存在不同误差，生产上以实测功率来分挡)。

⑥ 外观分选如图 4-13 所示。

• 放若干个较厚的泡沫垫一一排列，以便分选电池片的颜色；

• 右手轻轻拿起电池片边上中心部位距离眼睛约 30 cm 处，在一定的光照度下检查每片电池片是否有色差、破片、裂纹、缺角、崩边、栅线印刷不良、正极鼓包等不良现象；

• 每 36 片为一个组件，每 9 片之间用泡沫垫隔开，编写流转单，流转单上写明电池片生产厂家、电池片等级、型号规格、操作人员姓名等，然后流入下一道工序。

(a) 外观分选

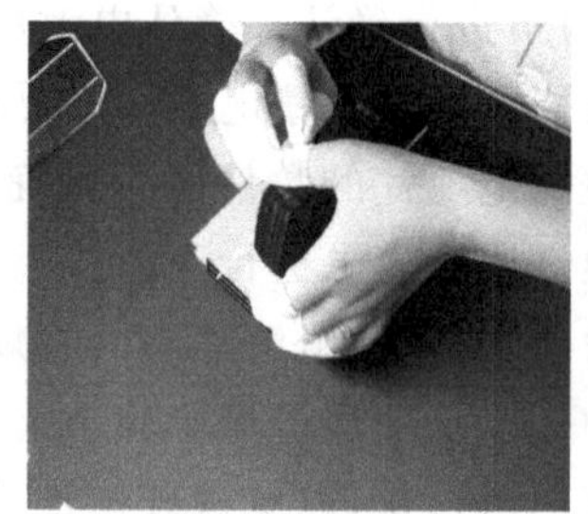
(b) 数电池片

(c) 填好流转单

图 4-13 分选操作流程

(3) 自互检内容

① 检查从初选或者从划片处领来的电池片的数量和质量。

② 检查分选仪是否校准。

③ 检查分选仪的探针是否与电池片的主栅线偏离。

④ 检查测试平台的清洁性。

(4) 质量要求及注意事项

① 若测试仪的探针与所测试电池片的主栅线不对齐，可能导致所测试的电池片的功率与实际不符，甚至可能造成电池片的隐裂或裂片。

② 忽视对氙灯空闪的要求，可能造成所测电池片的功率与实际不符。

③ 开机测试前应对各厂家电池标准片进行校准，由于不同厂家的电池片的电气特性存在差异，会造成所测电池片的功率与实际不符。

④ 若将不同功率挡位的电池片混淆，会产生木桶效应，使组件功率下降，甚至导致组件的报废。

⑤ 电池片必须按技术要求及实测功率分挡；测试环境温度应控制在 25 ℃左右。

⑥ 测试仪在连续操作 2 h 后需重新用标准片校准。

⑦ 确保电池片清洁无损伤；外观颜色均匀一致；电池片的外观缺陷根据检验规范要求。

⑧ 电池片分选时严禁裸手接触电池片；作业时，电池片要轻取轻放。

⑨ 定时检查设备是否完好；测试时眼睛避免直视光源，以防伤害眼睛。

⑩ 在电池片拆包前先要检查外包装有无破损现象，若有则拍照记录并上报，若无破损可拆包检查电池片。

⑪ 每开一包电池片要尽快用完，防止氧化；若无法用完，要进行密封保存。

4.7　电池片的切割

1. 目的

根据工艺要求，将电池片切割成规定尺寸，便于后续工序生产。

2. 物料清单

① 待切割的电池片；

② 棉手套；

③ 指套；

④ 存片盒。

3. 工艺要求

(1) 电池片切割工艺要求

① 用2B铅笔在背电极上写上电池片批号与电池片型号。

② 打开真空泵，使电池片能够紧贴工作面板并被吸附在工作台面上，以保证划切均匀。将准备划切的电池片逐片放置在划切台上按设定好的程序进行划切。

③ 为减少电池片在划切过程中的损耗，在设定程序和调整工作电流试划切时，可利用与待划切的电池片型号相同的碎电池片做试验，调整出适合的工作电流，这样可以减少正常电池片划切时，由于工作电流太大、太小或划切线路不对而造成的损耗。

④ 划切时，切痕深度一般要控制在电池片厚度的1/2～2/3，这主要通过调节激光划片机的工作电流来控制。如果电流太大，激光束输出功率过大，可以将电池片直接划断，但很容易造成电池正负极短路。反之，若工作电流太小，划痕深度不够，在沿着划痕掰片时不容易掰开，或者将电池片掰碎。

⑤ 激光划片机的激光束行进路线是通过计算机设置 X 轴、Y 轴坐标来确定的，设置坐标时，一个小数点或坐标轴的差错就会使激光束路线完全改变。因此，在进行电池片划切前，先用小工作电流让激光束沿设定的路线走一遍，确定路线正确后，再调节至正常工作电流进行划切。

⑥ 一般情况下，激光划片机只能沿 X 轴或 Y 轴单方向进行划片，划切矩形电池片比较方便。但电池片需要切成三角形等其他形状时，划片前一定要计算好角度，切片过程中调整电池片的角度，使需要划切的线路与设计线路相符。

⑦ 在划切不同厂家生产的电池片时，如果电池片厚度差别过大，在调整划切工作电流的同时，还有注意调整激光焦距。

⑧ 使用划片机的过程中要确保冷却循环水系统工作正常。开启激光电源前要确保循环水工作正常，否则工作温度过高，容易烧坏电源。

⑨ 激光划片机工作环境需要保持清洁无尘，相对湿度小于80%，温度为5～29 ℃；另外，要保持机内循环水干净，定期清洗水箱并更换为循环水的去离子水或纯净水。

切割电池片，有时需要设计程序，应根据工艺图样进行。本书不再罗列程序设计方法，请根据设备厂家程序设计要求设计。需要注意的是程序的使用和修改均应有相应的记录，以便于追踪。

(2) 电池片掰片工艺要求

切割结束后，要把切割成两块的电池片掰开，称为掰片。操作步骤如下：

① 将划切好的电池片拿起，灰色的背面朝上，两只手的拇指和食指同时捏住电池片的边缘，拇指在上，食指在下，沿着划切过的划痕，两手同时用力向下掰片，将电池片分成两个半片或多个小片。

② 将掰下的电池片按原单片的栅线类别和在原电池片的位置分类放置。例如，六等份一片 125 mm×125 mm 单晶电池片，划完掰开后会有 4 片代圆角的和两片长方形的。

③ 对划割好的电池单片，不仅要分类放置，还要逐片进行自检，要捡查掰开的电池片切断面是否有锯齿现象；检查规定尺寸是否符合要求，尺寸误差不得超过±0.2 mm；检查是否有隐裂现象，必要还要检测每一小片功率和电流等参数。

④ 掰片过程检出的不合格片或掰碎的废片都要分类分开放置，以便以后做更小的组件时挑选划切使用。

⑤ 划切前的电池整片及划切后掰开的小片都要在各自的盒中码放在整齐，不能在盒中或操作台桌面上无规则地堆放。

⑥ 无论是划片还是掰片操作，每次作业必须更换手指套，保持电池片的清洁，不得裸手触及电池片。

4. 设备及工具

① 激光切片机；

② 激光防护镜；

③ 电池片暂放台。

5. 质量要求

① 切片后的切割面不得有锯齿。

② 切割后的电池片不允许出现隐形裂纹。

③ 激光切割深度目测为电池片厚度的 1/2～2/3，电池片尺寸公差应符合工艺图样要求，原则上为±0.02 mm。

④ 切割后的电池片，表面应保持清洁。

6. 注意事项

① 发现一个批次质量有问题时，应及时向生产主管报告。

② 切割要求或电池片的大小、厚度改变时，需由工艺人员重新调整仪器参数，并记录。

③ 将切割过程中的待处理片和废片，分类分开放置。

④ 电池片极易碎裂，已造成肉眼看不到的隐形裂纹，这种隐形裂纹会在后续生产工序中导致电池片破碎。所以，造作时应尽量减少触碰电池片的次数，以降低损失的概率。

⑤ 电池片必须轻拿轻放，并应在盒中码放整齐，禁止出现盒内或操作台上无规则堆放。

⑥ 短时间内不使用的电池片应做密封处理，或在干燥器中贮存。

4.8 背板/EVA 准备

本节所讲述的操作规程以手工操作为例，关于自动操作这里不做说明。

1. 目的

根据图样要求，裁切规定尺寸和数量的背板、EVA 以及隔板。

2. 物料清单

① 背板；

② EVA；

③ PVC 手套。

3. 工艺要求

① 将卷状 EVA/背板小心的从包装箱中取出，两人搬抬，将 EVA/背板固定在下料架上；将成卷的 EVA/背板上的胶带、包装纸等包装物去除干净。用钢直尺分别量取背板/EVA 的长度和宽度，使长、宽边基本垂直，然后用钢尺或专用工具固定。

② 使用美工刀紧贴钢直尺或专用工具边缘对背板/EVA 进行切割，裁切过程中，将壁纸刀沿标尺匀速切割，手指不得放在标尺内，避免壁纸刀伤到手背与手指。

③ 将裁剪好的背板/EVA 整齐叠放。

④ 操作结束后，进行自检，符合要求的半成品方可进入下一道工序。

⑤ 根据组件设计要求的钢化玻璃确定背板/EVA 的尺寸，要求背板/EVA 的长、宽均要比玻璃的尺寸增加(2～5)mm＋5 mm(通常条件下，因材料的热缩性长度方向需要多延伸一些)。

4. 设备及工具

① 背板/EVA、裁切台；

② 美工刀；

③ 钢直尺；

④ 周转车。

5. 质量要求

① 背板和 EVA 的长宽尺寸偏差不可超出工艺图样要求。

② 背板和 EVA 不得有明显折痕，其横截面平直、光滑整齐。

③ 背板和 EVA 不得有污点、突起等。

6. 注意事项

① 美工刀非常锋利，操作时应谨慎，以免划伤他人或自己。

② 在裁切过程中遇到材料有大面积质量问题应停止操作，并与品质管理人员(IPQC)联系，确认处理方案。

4.9 焊带的准备

1. 目的

在本书的实例中，需要准备 1.5 mm×0.15 mm 和 5 mm×0.2 mm 两种规格的焊带。

2. 物料清单

① 助焊剂；

② 包装纸。

3. 设备及工具

① 裁带机；

② 热风枪；

③ 镊子；

④ 存放盒。

4. 工艺要求

① 使用裁带机，切割规格为 1.5 mm×0.15 mm 的焊带，数量如下：220 mm 共计 132 根；长 160 mm 共计 24 根。

② 使用裁带机，切割规格为 5 mm×0.2 mm 的焊带，数量如下：长 220 mm 共计 2 根，长 195 mm 共计 3 根，长 330 mm 共计 2 根，长 75 mm 共计 4 根。

③ 将涂锡带助焊剂中浸泡至少 5 min，取出后放在过滤网上过滤，并使用热风枪吹干，用包装纸包装。注意将不同长度的焊带分开浸泡，并做好标识和统计数据。（理想的方法是自然晾干，但通常会影响生产效率。建议有条件时，尽量调整，至少吹的风不能过热。）

④ 以上操作完成后，需要准确记录相应数据。

5. 质量要求

① 无论是自行裁切还是直接采购裁切好的焊带，均不能出现漏洞、脱锡、黑斑、锈蚀、裂纹、伤痕、锡瘤、毛刺等现象。

② 表面应光洁，色泽均匀。

③ 助焊剂浸泡均匀，全面覆盖。

④ 所有焊带必须保持平整，切口平直，不得有弯折、扭曲等变形。

⑤ 尺寸误差小于±2 mm 或根据根据工艺图样要求。

⑥ 所有准备好的材料均应使用包装纸包裹，严禁用手直接接触。

6. 注意事项

① 各种长度的焊带（互连条、汇流条）要分开放置，包装纸上必须注明规格、尺寸、数量、名称，谨防混用。

② 检查焊带有无发黑或漏洞等情况，将不符合的挑选出来统一交给工序组长处理。

③ 若发现有异常情况且数量较多时，应立即通知品质部 IPQC 和现场工艺员。

4.10 单　　焊

1. 目的

根据图样要求，将焊带焊接到电池正面（负极）的主栅线上，将电池片的负极引出，焊带为涂锡的铜带。

2. 物料清单

① 单晶电池片 36 片；

② 涂锡焊带；

③ 无水乙醇；

④ 助焊剂；

⑤ 无尘布；

⑥ 指手套；

⑦ 指套；

⑧ 医用脱脂棉。

3. 设备及工具

① 恒温电焊台；

② 电池片加热板。

4. 单片焊接操作流程

穿工作衣、鞋，戴指套(或手套)，以防止裸手触摸电池片，手部的汗液将会影响电池片和EVA的交联强度；清洁工作台面，保持环境整洁；根据技术要求裁剪相应长度的互联条，将互联条以适当用量放入助焊剂盒浸泡约3 min；每次更换烙铁头和每天开始焊接前须检查恒温电烙铁的实际温度和标称温度是否相符，并做相应调整和记录，防止电烙铁温度变化影响焊接质量；新到的电池片必须试焊，每天正式焊接前也应试焊，检查焊接质量。

所需材料有太阳电池片、图纸所要求的互联条、助焊剂、酒精；需要的设备有恒温电烙铁、加热板、单焊操作台；辅助用品有指套、物料盒、棉签。

单片焊接的操作流程如图4-14所示。

① 按序列号，从流转盒内轻取电池片的一边，检查有无破片、缺角及其他不良，负极(正面)向上，平放在加热板上。

② 取浸泡过助焊剂的互联条，与主栅线对正，互联条的前端距电池片边沿2～3 mm，对于主栅线不是完整的矩形的电池片，焊接起点位置应调整到主栅线尖部结构的底端。

③ 以手指轻压互联条和电池片，避免相对位移，持电烙铁以均匀平稳的速度从上向下焊接(平均每条栅线3～5 s)。

④ 目测自检，质量不合格的进行返工。若返工时使用了助焊剂，应及时用酒精清洗，如焊接过程需换片，在流转单上做好记录，并交给相关人员更换。

⑤ 根据技术图纸用短互联条焊6片，用长互联条焊66片。

⑥ 焊接好的电池片放入流转盒中并用泡沫垫隔开。

⑦ 质量合格的填写流转单，流入下一道工序。

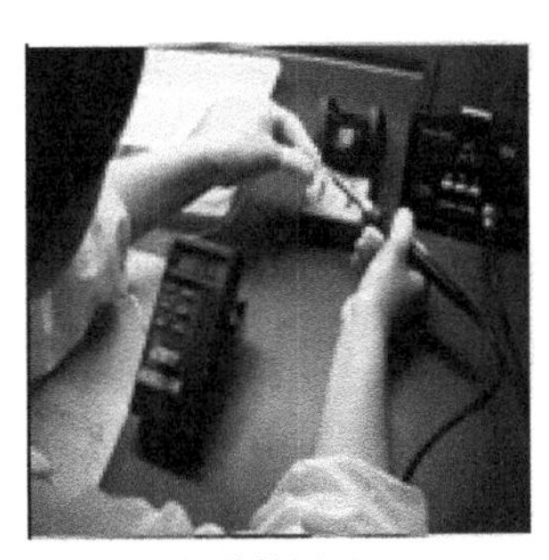

(a) 烙铁测温

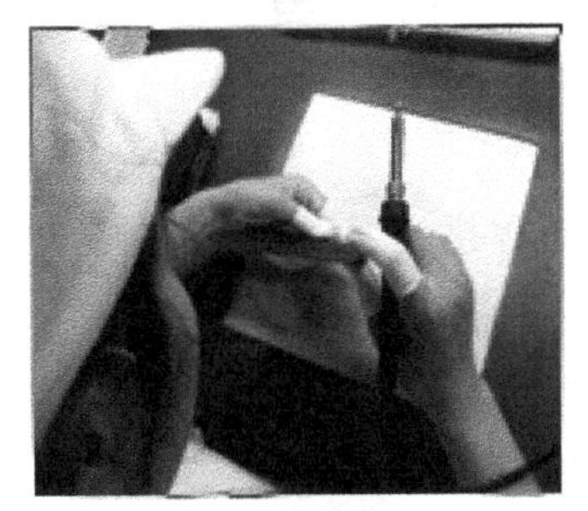

(b) 检查

(c) 焊接

(d) 单焊收尾

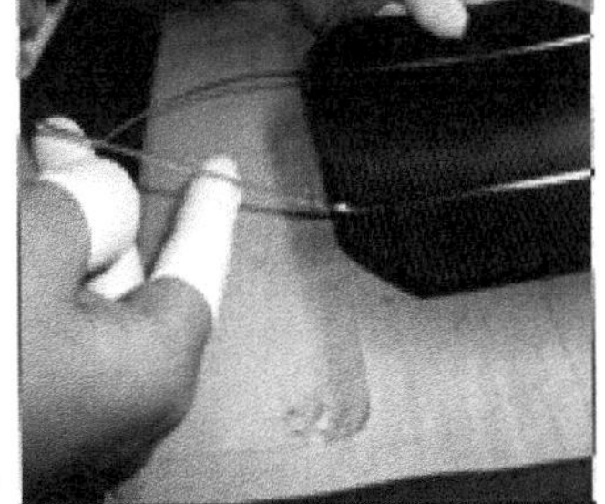

(e) 自检1

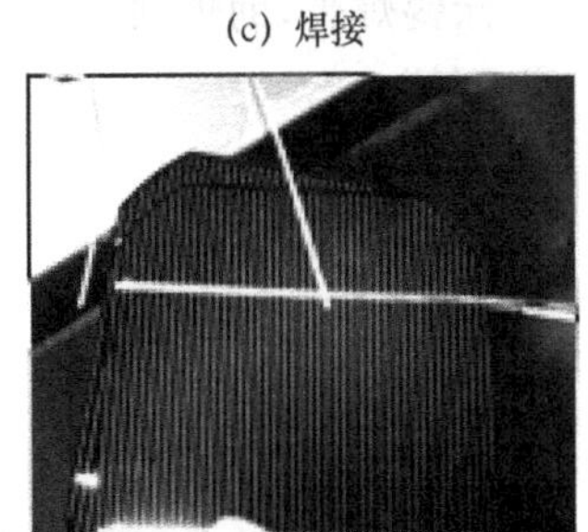

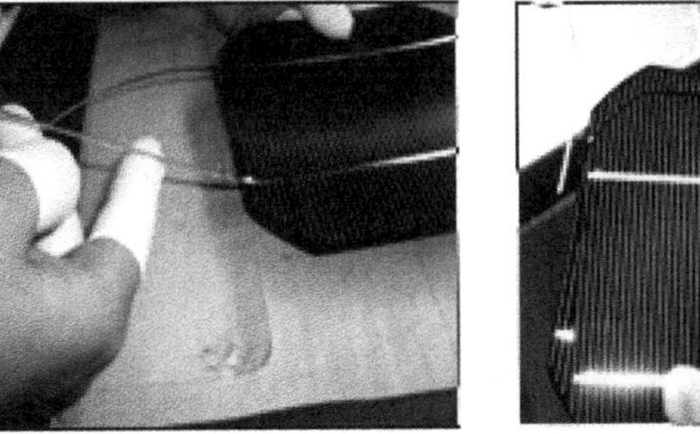

(f) 自检2

图4-14　单片焊接操作流程

5. 质量要求

由品质部 IPQC 按国家标准规定的抽检水平抽检，并判定产品是否达到下列质量目标：

① 焊接表面光亮，无锡珠和毛刺。

② 焊接起点距电池片边缘 2～3 mm。

③ 互连条要均匀、平直地焊接在主栅线内，焊带与电池片主栅线的错位小于 0.2 mm。

④ 无脱焊、虚焊、过焊，保证良好的电气性能。

⑤ 具有一定的机械强度，沿 45°方向轻拉互联条不会脱落。

⑥ 互联条需要弯折时，烙铁头超出电池片的距离大于 20 mm。

⑦ 电池片表面焊接后应洁净。

⑧ 单片完整，无碎裂现象。

⑨ 互联条与电池片能承受垂直向下 50 N 的拉力，不脱落，不变形。

6. 注意事项

① 互联条要与主栅线对齐，主栅线两侧漏白不得大于 0.2 mm。

② 电池片上不得粘有焊锡、助焊剂结晶等异物。

③ 待用互连条置于环氧树脂板上或四氟布上。

④ 握电烙铁的手带上手套，取电池片的手还需要带上指套。

⑤ 工作前要校准电烙铁温度，校准频率为 6 h/次。

⑥ 将超出范围的缺边、缺角片取出，交给工序组长处理。

⑦ 电池片表面温度低于 15 ℃时，不允许焊接。

⑧ 单片焊接时要小心烫伤；电池片要轻拿轻放，以免损坏。

⑨ 焊接前首先检查电池片有无不良；互联条裁剪平直。

⑩ 晾干的互联条在规定的时间内用完，防止助焊剂过度挥发影响焊接效果。

4.11 串　　焊

1. 目的

将焊接好的单片互联条平直地焊接到下一电池片的背电极（即正极）上，并保证电气和机械连接良好。正反面表面互联条光亮，无堆焊残留物。

2. 物料清单

① 单片焊接好的电池片，共计 36 片；

② 涂锡焊带，助焊剂；

③ 酒精；

④ 串接焊专用模板。

3. 设备与工具

① 恒温电焊台；

② 串接模板专用加热板。

4. 串焊操作流程

串焊时应穿工作衣、鞋，戴指套（或手套），以防止裸手接触到电池片，手部的汗液和油脂将会影响电池片和 EVA 的交联强度；要清理工作台面，保持环境整洁，防止电池片污损；每次更换烙铁头和每天开始焊接前必须检验恒温电烙铁的实际温度和标称温度是否相符，并做相应调整和记录，防止电烙铁温度性能变化影响焊接；每批次的电池片必须试焊，每天正式焊接前也应试焊，检查焊接质量，观察烙铁温度及焊接速度是否合适。

所需材料有单片焊接好的太阳电池片及互联条；设备有恒温电烙铁、焊接模板（加热板）、串焊操作台；辅助材料有指套（或手套）、转接模板、物料盒、镊子、斜口钳、助焊剂、酒精、焊剂杯、棉签、无纺布。

串焊的操作流程如图 4-15 所示。

① 从流转盒内取电池片，注意有无脱焊或破片等不良现象（按流程进行补焊或换片），电池片正极（反面）向上放入焊接模板相应位置。

② 使电池片的左下角紧贴模板定位条，根据兼顾底边直线度和相邻电池片间距均匀度的原则微调，互联条与背电极对正并均匀焊在背电极内。

③ 先焊正极互联条引出线，然后对正模板定位条，用手指轻压住互联条和电池片，避免相对位移，用电烙铁距电池片边沿 5～10 mm 处起焊，以均匀平稳的速度向下焊接，保证正反面焊接光亮。

④ 目测自检，质量不合格的进行返工，若返工时使用了助焊剂，应及时用酒精清洗。

⑤ 质量合格的作好流转单记录，从焊接模板将电池串转入至转接模板上，注意转入转接模板前应推移电池串至模板边沿，以防止碎片和电池串变形。

⑥ 放置电池串的转接模板摆放至暂存架。

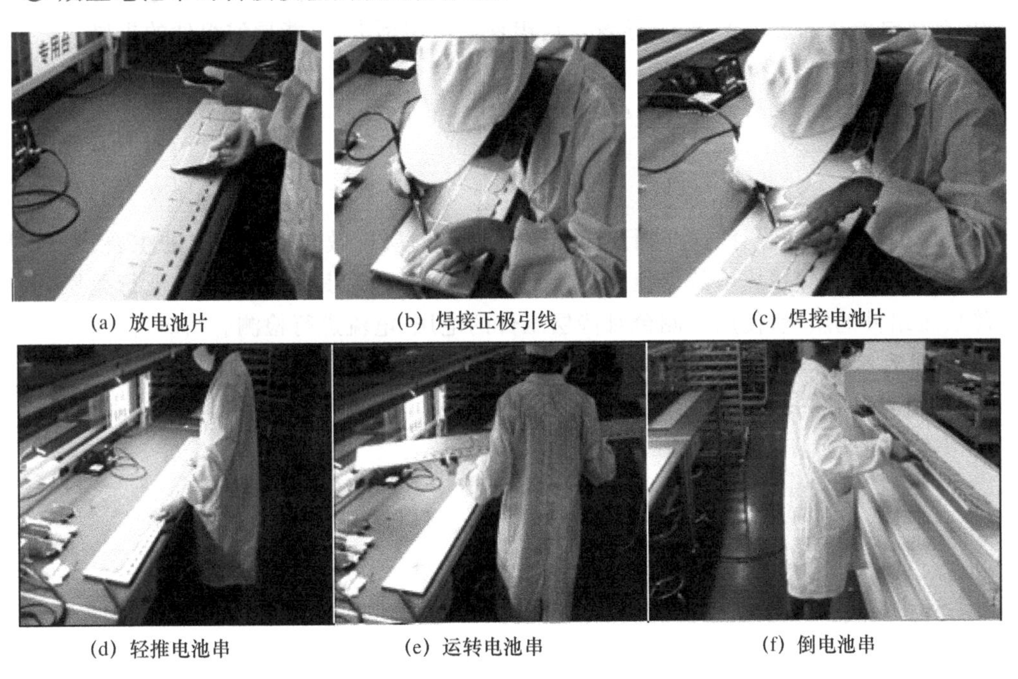

(a) 放电池片 (b) 焊接正极引线 (c) 焊接电池片

(d) 轻推电池串 (e) 运转电池串 (f) 倒电池串

图 4-15 串焊操作流程

5. 质量要求

由品质部 IPQC 按国家标准规定的抽检水平抽检，判定是否达到下述质量标准：

① 焊接表面光亮，无锡珠及毛刺。

② 要均匀、平直地焊在背电极内。

③ 无脱焊、虚焊和过焊，保证良好的电气性能。

④ 具有一定的机械强度，沿 45°方向轻拉互联条不脱落，向下可承受 50 N 的力。

⑤ 负极焊接表面仍然保持光亮。

⑥ 每一单串电池片的主栅线在同一直线上，位错小于 0.5 mm，电池串片间距为(2±0.5)mm。

⑦ 电池串中每单片均要求完整，无破裂、隐裂现象。

6. 注意事项

① 握电烙铁的手要戴汗布手套，取电池片的手指必须戴指套。

② 工作前均要校准电烙铁温度，校准频率为 6 h/次。

③ 不得将隐裂片焊入电池组件，应将有裂纹的电池片挑出，交给工序组长统一处理。

④ 电池片要轻拿轻放，以免损坏；由焊接模板倒向转接模板时稍往自身方向倾斜避免电池串滑到地上。

⑤ 忽视电池片的间距问题，导致电池串不直，影响了叠层的质量，层压后影响了组件绝缘性能。

⑥ 忽视烙铁头的平整和清洁，导致焊接焊带表面不光滑，并且容易产生焊锡渣。

⑦ 忽视焊接时间，时间过短可能导致电池片的虚焊，时间过长可能导致电池片的主栅线的破裂。

⑧ 忽视焊接温度，温度过低可能导致电池片的虚焊，温度过高可能导致电池片的裂片。

⑨ 忽视电池片的虚焊连接，会导致日后组件内电阻增大，可能导致组件的报废。

4.12 叠　层

1. 目的

将电池串按照工艺设计方案进行排列，为下一步的层压做准备。叠层的主要目的是用汇流带和焊带，将已经焊接成串的电池片进行正确连接，并利用其他辅助材料进行叠层；叠层后为保障层压组件的质量，使用中测台对待层压件的电压、电流进行检测。

2. 物料清单

① 钢化玻璃 1 块；

② 串接好的电池串 6 串；

③ 助焊剂；

④ 汇流条；

⑤ EVA 两张；

⑥ 背板一张；

⑦ 酒精；

⑧ EVA 及背板垫条；

⑨ 高温胶带；

⑩ 指套(或手套)。

3. 设备及工具

① 叠层台；

② 恒温电焊台；

③ 剪刀；

④ 尖口镊子；

⑤ 模板；

⑥ 四氟布垫条；

⑦ 直尺。

4. 工艺要求

① 根据生产安排由组长负责领取电池串并分发到各组叠层操作人员手中，领用时要成组领用，不允许出现混乱的情况。

② 领用的电池串通过承载推车运送，严禁人员直接拿取。

③ 叠层小组人员到指定的承载推车中领取电池串，同时一起取得流程单，将其放在叠层台指定位置。

④ 叠层前需要准备叠前工作，到钢化玻璃存放处取一块标准玻璃，移动至叠层台上，叠层人员负责再次确认钢化玻璃无明显缺陷，如有需要及时与线上 IPQC 和本工序组长联系处理。

⑤ 使用无尘布及酒精对玻璃面进行清洁，并保证酒精彻底挥发，注意玻璃毛面冲上。

⑥ 取一张裁切好的 EVA 平铺到玻璃表面上，EVA 四周均应盖住玻璃。

⑦ 将叠层模板放在 EVA 上，根据玻璃的边缘进行定位。

⑧ 再次清洗、检查电池串，处理方法同串焊工序，对于不平或者电池片无法自然按下的情况应进行返工。

⑨ 两人操作，拎住电池串两端的互联条，将电池串放到 EVA 上。

⑩ 以排列样板为基准，将电池串 6×6 排列，并用高温胶带固定。

⑪ 操作人员对电池串进行间距调整，电池片应处于自然伸直状态，由于叠层台玻璃面上的组件模板有公差，因此在对齐电池串的时候，应以一边为准进行调整。电池串若因串接片翘起，那么应该进行返工。

⑫ 焊接头部和尾部时，电烙铁的实际温度在 290～350 ℃。

⑬ 焊接顺序为先焊尾部，再焊头部。

⑭ 在尾部互联条下面靠紧电池片垫四氟布垫条，取 3 根 195 mm 长的汇流条按 6×6 电池串的互联条连接。汇流条位于互联条下方，距电池片边缘 3～5 mm。

⑮ 左手用镊子夹住焊点边缘并轻轻提起，右手用电烙铁焊接焊点，锡熔后拿开电烙铁，待锡冷焊后拿开镊子。

⑯ 以相同的方法完成尾部剩余的焊接。

⑰ 统一剪去多余的互联条和汇流条，将废弃物清除干净。

⑱ 取出四氟布垫条和叠层模板。

⑲ 在头部互联条下面紧靠电池片垫上四氟布垫条，取两根 220 mm 的汇流条按要求放在中间 4 组互联条的下方，以中心线两侧各一根，要求汇流条距电池片边缘 3～5 mm，焊接要求同第 15 条。

⑳ 将长 75 mm 的两根汇流条焊于 220 mm 汇流条两端，注意焊接时，要对齐，不能露头。

㉑ 两根长 330 mm 的汇流条，分别将两端电池片串的互联条并联引入，保证与电池片的间距为 35 mm，焊接要求同第 15 条。

㉒ 取出焊接用四氟布垫条和对位模板，将其放在指定位置。

㉓ 垫入第一根 EVA 垫条，注意将其卡入 75 mm 长的汇流条与电池片之间，边缘与电池

片边缘齐平。

㉔ 垫入背板垫条，注意将条形码朝向下卡入 75 mm 长的汇流条与 EVA 垫条之间，长边要与两根长 220 mm 的汇流条对齐。

㉕ 背板垫条上的条形码，需要与流程单上的条形码一致。

㉖ 将头部两条电池串的互联条沿背板垫条边对折，并用镊子将折叠处夹平。

㉗ 对折后对所有的汇流条进行必要的固定。注意整体叠层中，头部和尾部所有的汇流条必须保证平整，无弯曲歪斜现象，汇流条折叠到位，无短路现象。

㉘ 将最后两条 750 mm 长的汇流条焊接到 330 mm 的汇流条上，注意各汇流条间的间距。

㉙ 盖最上面一层 EVA，注意必须盖住玻璃。

㉚ 用剪刀按要求沿箭头方向进行剪切，此处只需要剪切规整。

㉛ 取一张背板，检查是否存在划伤、皱褶、污点等质量问题，如有与 IPQC 和工序组长联系更换。将背板盖到组件上，从割线处将汇流条引出，注意背板的正反面。

㉜ 将 4 根汇流条引出线放平，调整背板位置，要求四周必须盖住整个玻璃。

㉝ 使用麻纹胶带将 4 根汇流条引出线固定。

㉞ 上述操作完成后，通过叠层台滑道，将组件转至检测区，进行基本电性能检测。

㉟ 将最外侧的两条引出线，与测试台上的黑、红线鳄鱼夹相连，注意左"+"接红，右"－"接黑，若接反，数字测量表上无电压显示。

㊱ 将测试表切换到电压测试上，打开所有卤素灯，将测量值记录下来；再将测试表切换到电流测试上，记录测量数值。若电压小于 30 V 或电流小于 1 A，则说明组件半成品存在质量问题，需要进行检查和必要的返修。（注：平时应该做好组件电性能数据的记录工作，设定一个下限电流值，若叠层台所测数据小于该值，则应该检查组件的串接以及汇流条的焊接情况。）

㊲ 关闭所有卤素灯，将合格的组件半成品转移到中转车上，注意抬组件的手法。

㊳ 将所有的记录数据、操作人员、原材料的品牌型号，认真记录到《工艺流程单》中并与组件半成品一起流转到下一工序。

叠层的操作步骤如图 4-16 和图 4-17 所示。

① 将玻璃绒面向上放在叠层台上，检查有无污垢、划伤及气泡等，有不合格现象应立即向组长汇报，合格的清洗玻璃表面，如图 4-16(a)所示。

② 取一片 EVA，抖平，检查有无异物、污垢（若有，清除）或孔洞（若有，填补），绒面向上均匀覆盖玻璃，每边至少超出玻璃 5 mm，将叠层模板按要求放在玻璃两端，如图 4-16(b)所示。

③ 两手握转接模板靠身体侧，将电池串按极性倒在铺有 EVA 的玻璃上的相应位置，注意动作协调，防止电池串变形，如图 4-16(c)所示。

④ 检查电池片有无裂纹或严重虚焊、脱焊，若有及时返工。

⑤ 按设计要求调整电池串四边到玻璃边沿的距离（优先保证引出线端尺寸）和电池串之间的距离（抬起或前后拉动调整，再用工具微调），按要求用高温胶带固定，如图 4-16(d)所示。

⑥ 按设计要求贴序列号（注意方向），加锡焊接汇流条和引出线（汇流条在下，用镊子夹起，焊接部分保持光亮），再按设计要求将引出线引出，如图 4-17(a)所示。

⑦ 放置隔离 EVA、背板，卡住外汇流条，用高温胶带固定引出线，检查有无异物。

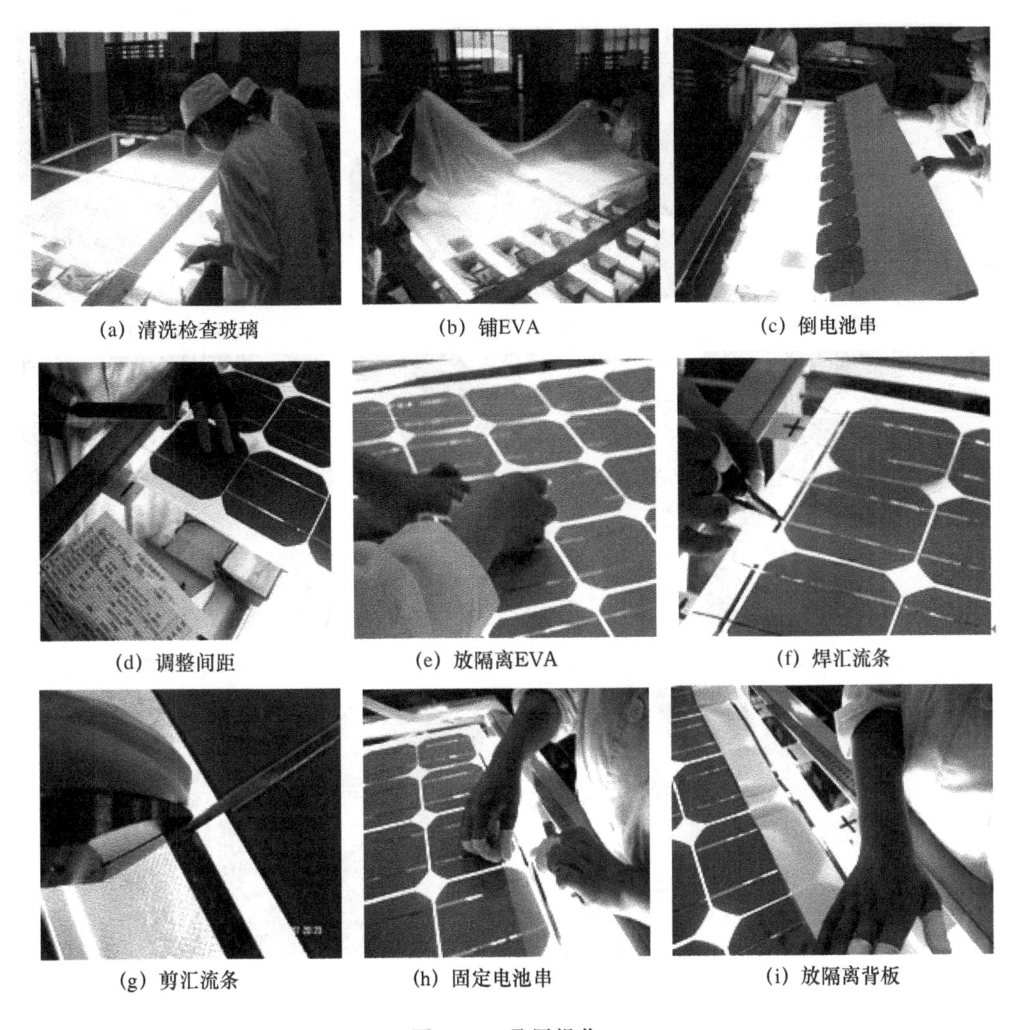

(a) 清洗检查玻璃 (b) 铺EVA (c) 倒电池串

(d) 调整间距 (e) 放隔离EVA (f) 焊汇流条

(g) 剪汇流条 (h) 固定电池串 (i) 放隔离背板

图 4-16 叠层操作一

⑧ 取一片 EVA，抖平，检查有无异物、污垢(若有，清除)或孔洞(若有，填补)，绒面向着电池片均匀覆盖玻璃，引出汇流条。

⑨ 取背板，检查有无污损、划伤、褶皱，若有标记，面向着电池片铺平(若无标记，根据技术要求)，均匀覆盖玻璃，引出汇流条。

⑩ 按引出线正负极夹好鳄鱼夹，打开碘钨灯，检测电流电压值是否符合要求，关闭碘钨灯，做好记录。合格的，填写流转单；不合格的，查明原因。

用白胶带固定组件四角(也可用电烙铁将组件背板和 EVA 四角焊牢)，用铅笔抄写序列号于引出线下方，检查确认合格后，放入指定地点，注意抬放时手不得挤压电池片，如图 4-17(h)所示。

5. 质量要求

① 拼接好的组件定位准确，串与串之间间隙一致，要求为 2 nm，误差为±0.5 mm。

② 串接条正、负极摆放正确，电池串与玻璃边缘间距均匀。

③ 叠层布局符合设计要求；汇流条选择要符合图样要求，汇流条平直，无折痕。

④ 尾部汇流条与电池片边缘间距 3～5 mm。

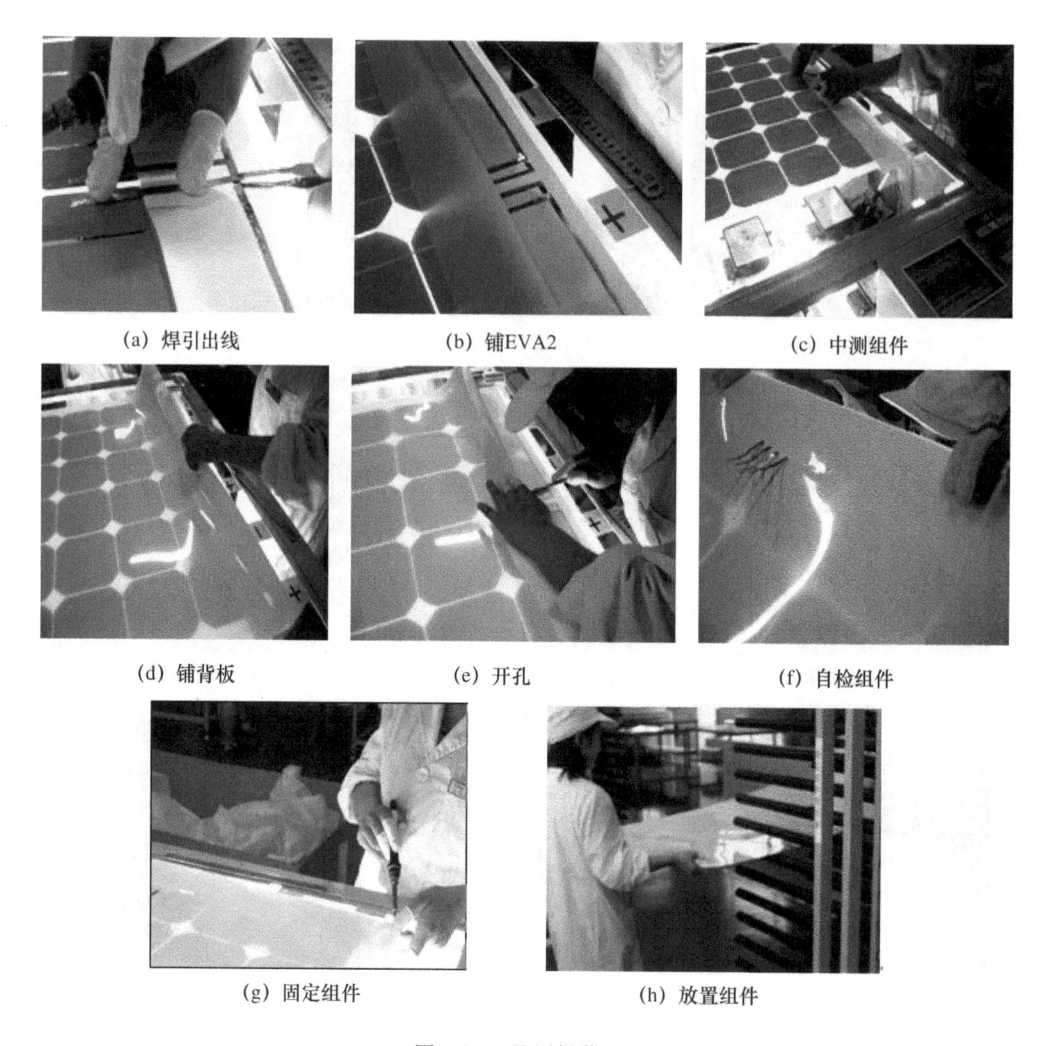

(a) 焊引出线　(b) 铺EVA2　(c) 中测组件

(d) 铺背板　(e) 开孔　(f) 自检组件

(g) 固定组件　(h) 放置组件

图 4-17　叠层操作二

⑤ EVA、背板要满盖玻璃，并且超出边界至少 5 mm 以上。

⑥ 叠层过程中，保证组件内部无杂质、污物、手印及焊带条残留。

⑦ 玻璃、背板、EVA 的“绒面”向着电池片。

⑧ 汇流条的焊接质量直接影响到组件层压后组件工作的最大功率，特别是如果有虚焊，层压过程中会产生汇流条脱落移位，从而直接影响组件的性能以及寿命。汇流条的平整度和外观也相当重要，因此一定要注意焊接的方法。

⑨ 电池串正负极摆放正确，汇流条平直光亮。

6. 注意事项

① 注意叠层过程中电池片背面朝上放置，极性不得排错。

② 不得使用暴露于空气中累计超过 24 h 的 EVA。

③ 不得有电池碎片或碎角进入组件。

④ 裸手不得直接接触 EVA。

⑤ 叠层操作人员是上一道工序的检验员，同时也是原材料的复核员。

⑥ 清洁电池片的过程同时也是一个检查的过程，对于电池的虚焊和裂纹一定要注意及时发现。

⑦ 不允许将汇流条按在垫条上焊接。

⑧ 对于某些无法确定是否会影响组件外观的 EVA 瑕疵，应等组件层压完成之后做相应记录，为日后遇到相似情况做好文档记录。

⑨ 电池片串应保持自然平直状态。

⑩ 汇流条应对齐按牢后再进行焊接，以免焊歪进行返工，焊接尽量使用镊子提起，总的原则就是在焊接牢的基础上保证美观。

⑪ 若原材料不清洁，有油污或污垢可能导致层压后组件出现气泡或者造成日后组件质量的下降。

⑫ 若没有对串好的电池片进行严格的检查，可能导致层压之后的组件出现色差，印刷不良，焊带偏离主栅线，片间距不一致等现象造成组件的不美观。

⑬ 若存在隐裂、虚焊、过焊的电池片，可能层压之后出现裂片导致组件降级或直接报废。

⑭ 若存在焊锡瘤，可能造成电池片的破裂。

⑮ 组件在叠层中，若将电池串的极性接反，会造成组件报废。

⑯ 组件内若混入汇流带残渣、焊锡渣、头发等杂物会造成组件质量的下降。

4.13 中　检

1. 目的

通过中检(也就是中期检查)，在组件层压前进行全面检查，防止前道工序造成的问题直接影响到组件的质量。中检后的层压工序是不可逆工序，因此中检非常重要。中检主要做外观检验，检验内容是异物夹杂等。

2. 设备及工具

① 中检测试台；

② 钢尺。

3. 工艺要求

① 将中转车上的组件转移到检测台上，用反光镜观测。

② 检查组件极性是否接反。

③ 检验组件内的所有间距是否符合图样要求。

④ 检验合格后，填写《工艺流程单》。

4. 检验内容

① 组件内序列号是否与《工艺流程单》上的序列号相一致。

② 流程单上的电流、电压值是否已填，相关操作人员是否已经签字确认，是否有错误等。

③ 组件引出的正负极是否与工艺要求一致。

④ 引出线长度是否符合工艺图样的要求，且不允许出现打折。

⑤ 背板是否有划痕、划伤、褶皱、凹凸，是否准确覆盖整块玻璃，正反面是否正确。

⑥ EVA 的正反面是否正确，大小是否合适，有无破损以及污物等。

⑦ 玻璃的正反面是否正确，气泡数量是否符合要求，有无超过标准的划伤等。

⑧ 组件内是否有锡渣、虚焊、破片、缺角、头发、纤维、异物、互联条与汇流条的残留物等。

⑨ 隔离板是否安放到位、错位，汇流条与互联条是否剪齐。

⑩ 条形码是否方向正确。

⑪ 间距(电池片与电池片、电池片与玻璃边缘、串与串、电池片与汇流条、汇流条与汇流条、汇流条与玻璃边缘)是否符合工艺图样要求。

5. 注意事项

① 注意杂质可能在反射镜上,这时需要明确杂质是在组件内还是在组件外。

② 玻璃内的杂质有时会被误认为是电池组件叠层异物,应加以识别。

4.14 层　压

1. 目的

层压的主要目的是将铺设好的电池组件放入层压机内,通过抽真空将组件内的空气抽出并层压,加热,使 EVA 熔化,将电池、玻璃和背板黏结在一起,组成密封组件。在层压过程中,组件中的 EVA 发生固化胶联变性,使层压后的组件具有一定的密封性和抗渗水性。

为了最大可能地提高组件的层压质量,层压参数的选择一定要适合。因此,了解层压的工作原理和参数层压的变化对 EVA 性能的影响是非常重要的,同时,了解层压机的性能也非常重要。

2. 物料清单

叠层后经检验合格的待层压组件。

3. 设备及工具

① 层压机;

② 四氟布(高温布);

③ 棉手套(或绝热手套);

④ 美工刀或加热式切割刀;

⑤ 宽 0.8 cm 胶带。

4. 工艺要求

层压的操作程序如图 4-18 和图 4-19 所示。

① 抬一块待层压组件放置在检查架上,取下流转单,检查电流电压值是否在允许的范围内,查看组件中电池片、汇流条是否有明显位移,是否有异物、破片等不良现象,如有则退回上道工序,如图 4-18(a)所示。

(a) 搬运

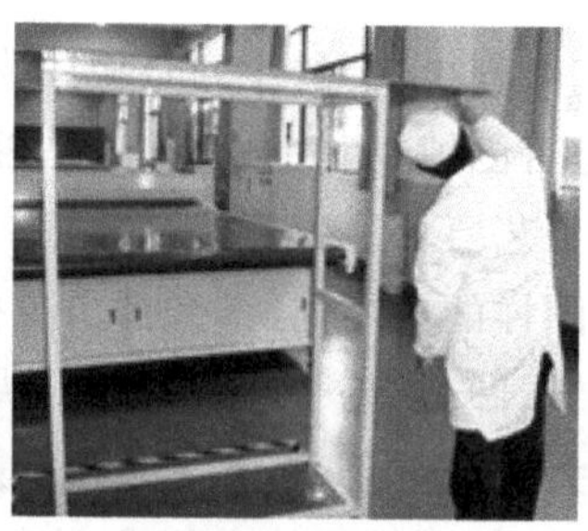

(b) 检查

(c) 放置组件

图 4-18　层压操作一

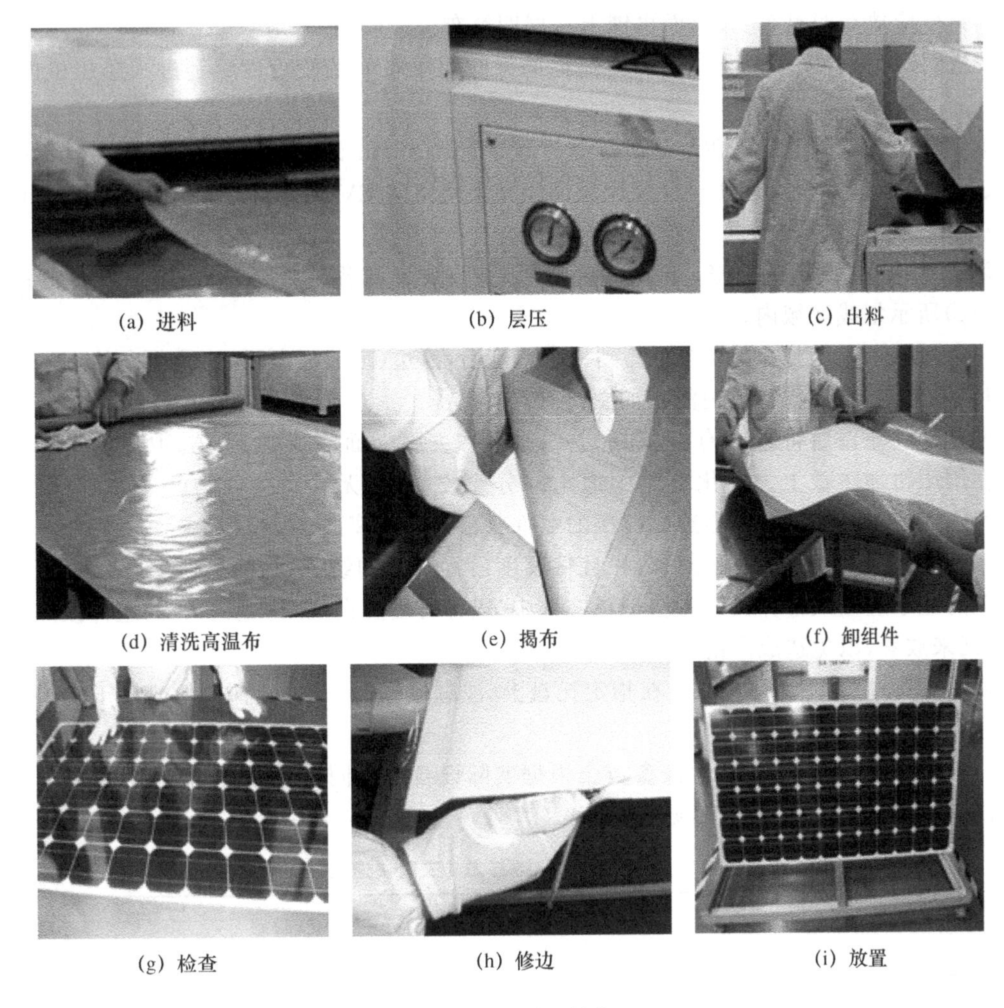

(a) 进料 (b) 层压 (c) 出料

(d) 清洗高温布 (e) 揭布 (f) 卸组件

(g) 检查 (h) 修边 (i) 放置

图 4-19 层压操作二

② 工作时穿工作服、工作鞋，戴工作帽、线手套 。

③ 操作前做好工艺卫生检查，每天在正式层压之前，应先检查层压台以及硅橡胶板是否清洁，并检查密封圈的气密性。

④ 开启真空泵的水冷循环电源，让层压机运行 2～3 个空循环，并且在空循环期间，将真空泵的气阀打开 5 min 左右，直到层压机正常工作为止。

⑤ 测试并确认设备各点温度与设备显示温度一致，通常测试整个机台的前、中、后三区每区取三个点，对于使用手持式测试仪的，建议重点检测油路系统的入口和出口以及机台的四周。

⑥ 确认紧急按钮处于正常状态。

⑦ 检查层压机的参数是否有变化，若有需调至设定参数．将叠层完的组件放入后，盖上一层四氟布，将层压机调至自动挡，关盖。由于目前所使用的层压机层压和固化是同时进行的，因此放入组件和关盖的速度应尽量快，以免 EVA 融化后将气泡封在内部无法使用抽真空的方法将气泡抽出。

⑧ 层压前操作检查组件内序列号是否与《工艺流程单》序列号一致及所有上道工序是否有相关人员确认签字。

⑨ 组件应放在四氟布上，上面再铺上一层四氟布。

⑩ 进料时，两名操作人员在设备两侧辅助掀起四氟布前端使组件顺利进入层压机内，如图 4-19(a) 所示。

⑪ 要求操作人员中一人在层压机运行过程中每隔 3 min 记录一次下室的真空度，另一个操作人员负责清理上一组电池组件层压后四氟布上残留的 EVA，并对已经冷却到一定程度的层压成品组件进行操作。

⑫ 出料时注意要在上盖与不锈钢挡板之间掀起四氟布的一端，手的活动范围如图 4-19(c)所示划线区域内。

⑬ 检查组件符合质量要求并冷却到一定程度后，修边(玻璃面向下，刀具斜向约 45°，注意保持刀具锋利，防止拉伤背板边沿)，如图 4-19(h)所示。

⑭ 层压机开盖后将组件拖出，取走上四氟布并去除上面残留的 EVA，取出另一张四氟布，盖在层压机加热板上。钢化玻璃的边角部分比较脆弱，无法经受硬物的碰撞，四氟布上 EVA 的残留物若不清楚干净会造成层压的组件背板有明显痕迹。

⑮ 在《工艺流程单》上做好记录，并且将温度已经降下的组件放在指定的位置。《工艺流程单》上的记录应输入计算机的相应记录文件中，以备日后查询之用。层压完的组件按照是否经过测试来放置，以免造成混乱。

⑯ 层压后的组件背面向上，放在指定托盘上(注意最底下一块正面向上)或放于指定固化架上。

⑰ 基本工艺参数样本(通常该参数会根据实际设备的不同进行必要的调整，基本上不会有两台设备有相同的工作参数)，见表 4-1。

表 4-1 层压机技术参数样本 (三段快速层压)

序号	项目	参数
1	温度设定	140 ℃
2	抽真空时间	390 s
3	上腔第一次充气时间	150 s
4	上腔第二次充气时间	560 s
5	上腔第三次充气时间	100 s
6	下腔充气时间	60 s

5. 层压检查

① 层压前检查。层压前应检查组件内序列号是否与流转单序列号一致；流转单上电流、电压值等是否未填或未测等，是否符合要求；检查组件极性(一般左正右负)；引出线长度不能过短(防止与接线盒连接时长度不够)、不能折弯；背板是否有划痕、划伤、褶皱、凹坑、是否完全覆盖玻璃、正反面是否正确；EVA 的正反面、大小、有无破裂、污物等；玻璃的正反面、气泡、划伤等；组件内的锡渣、焊花、破片、缺角、头发、黑点、纤维、互联条或汇流条的残留等；隔离背板是否到位、汇流条与互联条是否剪齐或未剪；检查间距是否符合设计要求(电池片与电池片、电池片与玻璃边缘、电池串与电池串、电池片与汇流条、汇流条与汇流条、汇流条到玻璃边缘等)。

② 层压中观察。层压过程中应打开层压机上盖，上室真空表为－0.1 MPa、下室真空表为 0.00 MPa，确认工艺参数符合要求后进料；组件被完全放入层压机内部后点击下降按钮；上、

下室真空表都要达到－0.1 MPa（抽真空）（如发现异常按“急停”，改手动将组件取出，排除故障后再试压一块组件）等待设定时间走完后上室充气（上室真空表显示）－0.00 MPa、下室真空表仍然保持－0.1 MPa开始层压；层压时间完成后下室放气（下室真空表变为0.00 MPa、上室真空表仍为0.00 MPa），放气时间完成后开盖（上室真空表变为－0.1 MPa、下室真空表不变）出料。

③ 层压后检查。层压后要检查背板是否有划痕、划伤，是否完全覆盖玻璃、正反面是否正确、是否平整、有无褶皱、有无凹凸现象出现；组件内有无锡渣、焊花、破片、缺角、头发、纤维、色差等；隔离背板是否到位、汇流条与互联条是否剪齐或未剪；间距（电池片与电池片、电池片与玻璃边缘、串与串、电池片与汇流条、汇流条与汇流条、汇流条到玻璃边缘等）；互联条是否有发黄现象；组件内是否出现气泡或真空泡现象；是否有导体异物搭接于两片电池片之间造成短路。

6. 质量要求

① 组件内单片无破裂、无裂痕、无明显位移，串与串之间距离不能小于1 mm。

② 焊带及电池片上面不允许有气泡，其余部分0.5～1 mm的气泡不能超过3个，1～1.5 mm的气泡不能超过一个。

③ 组件内部无杂质和污物。

④ 背板应无划痕、划伤。

⑤ EVA的凝胶率不能低于80%，每批EVA测量一次，每日需要检查一次。

⑥ 背板平整，凸点高度不能超过1 mm。

7. 注意事项

① 组件放入时应平稳迅速，且应摆放在层压机热板温度分布比较均匀的区域。

② 去边所用美工刀应定期更换。

③ 组件拖出时注意拖出速度不能太快，防止组件钢化玻璃边缘因碰撞而碎裂，特别需要4个顶角。

④ 层压后组件流程单必须粘到组件上，要注意不能粘错。

⑤ 组件叠放在一起是注意不要损坏以及丢失流程单。

⑥ 层压机必须有由专人操作，其他人员不得靠近层压机。

⑦ 每次层压时应注意四氟布有无残留EVA、杂质等，清理时防止高温布褶皱。

⑧ 层压前摆放组件，应平拿平放，手指不得按压电池片。

⑨ 放入组件后，迅速层压，开盖后迅速取出。

⑩ 更改任何工艺参数后，必须空走一遍操作流程检验设备是否异常，在试压一块组件后，才能批量执行。

⑪ 出现异常时，应按“层压机异常故障处理规程执行”。

⑫ 修边时要注意安全（人身安全和产品安全）。

⑬ 检查循环水位及水温、行程开关和真空泵是否正常。

⑭ 会区别手动和自动状态，防止误操作。

⑮ 出现异常情况按“急停”后退出，排除故障后，首先恢复下室真空；下室放气速度和层压参数设定后，不可随意改动。

⑯ 橡胶毯属贵重易耗品，进料前应仔细检查，避免利器、铁器等物混入划伤胶毯。

⑰ 开盖前必须检查下室充气和上室真空是否完成，否则不允许开盖，以免损伤设备。

4.15 组件装框

1. 目的

将层压好的组件镶上铝合金边框以增加组件的强度、密封性、可安装性，以便于组件的安装和使用，以及保证组件有足够的机械性能，最终保证组件的电性能输出。

2. 物料清单

① 层压好的电池组件；

② 铝边框一组；

③ 硅胶；

④ 酒精；

⑤ 清洁布。

3. 设备及工具

① 气动胶枪；

② 橡胶锤；

③ 装框机；

④ 装框工作台；

⑤ 剪刀。

4. 工艺要求

组件装框的操作流程如图 4-20 和图 4-21 所示。

① 按照图纸选择相对应的材料，铝型材，并对其检验，筛选出不符合要求的铝型材，将其摆放到指定位置，如图 4-20(a)所示。

② 对层压完毕的电池组件进行表面清洗，同时对上道工序进行检查，不合格的返回上道工序返工。

③ 用螺丝钉(素材将长型材和短型材作直角连接，拼缝小于 0.5 mm)将边型材和 E 型材作直角连接，并保证接缝处平整，如图 4-20(b)所示。

(a) 选材

(b) 拼框

(c) 拼框

图 4-20 组件装框

④ 在铝合金外框的凹槽中均匀地注入适量的硅胶，如图 4-21(a)所示。

⑤ 将组件嵌入已注入硅胶的铝边框内，并压实(45°拼角型材要先将素材和型材拼装卡紧)。

⑥ 用螺钉将铝边框其余两角固定，并调整玻璃与边框之间的距离，如图 4-21(b)所示。

⑦ 用补胶枪对正面缝隙处均匀地补胶。

⑧ 除去组件表面溢出的硅胶，并进行清洗。

⑨ 将组件移至装框机上紧靠一边，关闭气动阀，将其固定(45°拼角型材要用压角机将余下两角压紧)。

⑩ 打开气动阀，翻转组件，将组件抬到装框台上，用适当的力按压 TPT 四角，使玻璃面紧贴铝合金边框内壁，按压过程中注意 TPT 表面。

⑪ 用补胶枪对组件背面缝隙处进行补胶(四周全补)并用工具去除四角毛刺，如图 4-21(c)所示。

⑫ 按图纸要求将接线盒用硅胶固定在组件背面，并检查二极管是否接反。

⑬ 对装框完毕的组件进行自检(有无漏补、气泡或缝隙)。

⑭ 符合要求后在"工艺流程单"上做好记录，将组件放置在指定区域，如图 4-21(f)所示，待组件硅胶固化后流入下道工序(夏季 4 h，冬季 6 h)。

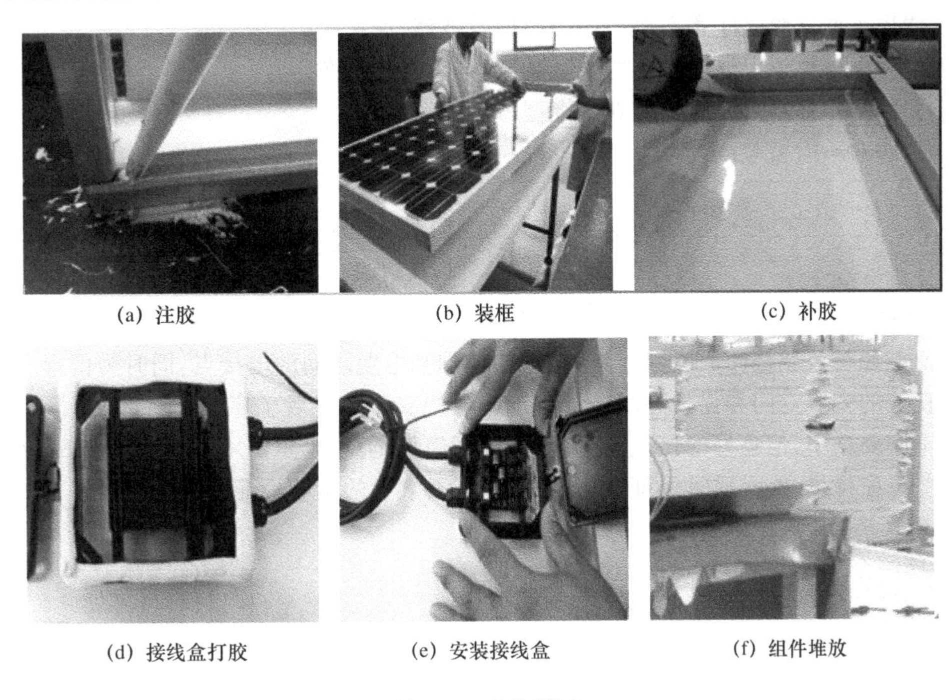

(a) 注胶 (b) 装框 (c) 补胶

(d) 接线盒打胶 (e) 安装接线盒 (f) 组件堆放

图 4-21 组件装框

5. 质量要求

① 组件铝合金边框背面接缝处高度落差小于 0.5 mm，接缝处缝隙小于 1 mm。

② 铝合金框两条对角线小于 1 m 的误差要求小于 2 mm，大于或等于 1 m 的误差小于 3 mm。

③ 铝合金边框四个安装孔孔间距的尺寸允许偏差±0.5 mm。

④ 外框安装平整、挺直、无划伤。

⑤ 组件内电池片边缘线与边框间距左右对称、上下协调。

⑥ 组件正面与铝边框无可视缝隙，背板与铝边框接缝处无缝隙。

⑦ 接线盒内引线根部必须用硅胶密封、接线盒无破裂、隐裂、配件齐全、线盒底部硅胶厚度 1～2 mm，接线盒位置准确，与四边平行，接线盒四周硅胶密封。

6. 注意事项

① 注意硅胶用量、打胶方法，同时工艺人员要考虑边框的特点，打胶过少影响装框质量，打胶过多造成浪费而且不美观。

② 打胶时尽量不要将硅胶弄到组件边框或玻璃上，以免给清洁组件增加困难，注意手要保持清洁。

③ 打好胶的边框放置时间不得超过 5 mm。

④ 若硅胶内有气泡等异常情况，则应及时通知 IPQC 和工序组长处理。

⑤ 开封后的硅胶应尽快用完。

⑥ 空硅胶桶应注意回收。

⑦ 抬未装框组件要轻拿轻放，注意不要碰到组件的四角。

⑧ 将已装入铝框内的组件从周转台抬到装框机上时应扶住四角，防止组件从框内滑落。

⑨ 清理正面硅胶时注意不要划伤铝边框及玻璃。

⑩ 组件电池片正上玻璃面不能残留硅胶，必须清洗干净。

⑪ 去除四角毛刺时注意不要划伤铝型材。

⑫ 接线盒不能翘起。

4.16 安装接线盒

1. 目的

方便电源与负载之间的电气连接；保护输出端和电缆之间的电接点，同时为偏置二极提供了一个良好的安装空间和保护环境。组件接线盒的安装及以后工序，对组件的质量影响相对于其他工序要略小，但良好的接线盒安装，要保证组件至少 25 年使用寿命的基础(最新的信息显示一些厂家提供 30 年质量保证，过长的质保需要大量的实验论证。)

2. 物料清单

① 接线盒；

② 硅胶；

③ 二极管；

④ 焊锡、助焊剂；

⑤ 棉手套。

3. 设备及工具

① 美工刀；

② 镊子；

③ 气动胶枪；

④ 塑料直尺；

⑤ 恒温电烙铁；

⑥ 剪刀。

4. 工艺要求

① 引出线必须与接线盒的电极极性链接正确，焊点光滑饱满，无虚焊、假焊、漏焊。

② 取一个接线盒，检查有无缺陷；在接线盒底部均匀并完整地打上一圈硅胶，注意硅胶的用量要适中。

③ 将组件的引出线两根汇流条竖起，在汇流条的四周均匀打上硅胶。

④ 将接线盒方孔对准对应的汇流条并套入，两手稍向下用力，将接线盒与背板黏合，利用硅胶将接线盒正确、美观的粘牢并固定在背板上。

⑤ 等硅胶接牢固后，正确完成电极引线的固定，用焊带安装专用工具将焊带接入接线盒卡口内。

⑥ 盖上盒盖，使盒盖与盒身准确卡接或拧上盒盖螺钉，并检查装配质量。

⑦ 将装订好的接线盒的组件稳放在指定位置，将硅胶完全凝固后方可移动。

⑧ 对装好的接线盒组件自检，包括检验组件序列号与《工艺流程单》是否一致等，防止人为疏忽造成的生产质量问题。

⑨ 准确填写《工艺流程单》，合格后转入下道工序。

⑩ 若接线盒内无二极管安装，需要用镊子将二极管管脚成型，焊接在接线盒的两个接线端子上。

5. 质量要求

① 接线盒由于背板之间必须用硅胶密封，硅胶厚度 1～2 mm。

② 二极管正负极连接正确，二极管的焊接以及其他焊接处焊点光亮、饱和。

③ 装配正确，接线盒位置准确，与四边平行，外形美观。

④ 装配完成，接线盒内不得留有任何杂物，硅胶上也不能粘连有任何杂物。

⑤ 若有焊接引线，引线电极必须准确无误地焊在相应位置，并要求可靠、牢固，不能出现虚焊、假焊。

6. 注意事项

① 硅胶涂抹适量，避免过多，造成浪费且胶边不美观。

② 安装接线盒时，应注意轻拿轻放，不要受外力重压，以免造成接线盒损坏。

③ 打开包装后，如果发现内部部件与工艺要求不相符，请立即停止使用并及时与 IPQC 和工序主管联系。

④ 在任何情况下，不能将一套连接器的正线极和负极线结合在一起，否则可能导致接线盒及电池组件的损坏。

⑤ 非维护原因，不要频繁插拔导线连接，以确保系统的防水密封性能。

本实例中的接线盒为压接式接线盒，其他方式接线盒根据安装要求进行安装，无论何种接线盒，原则上其四边与铝边框保持平行即可。

4.17 清　　洗

1. 目的

对已经基本生产完毕的组件进行必要的清理，达到清洁的目的。同时检查层压后工序的质量进行必要的补胶和修正，使组件更完美。清洗前先检查待清洗组件流转单上的装框记录，看是否符合硅胶固化时间要求，如图 4-22 所示。

图 4-22　组件清洗

2. 物料清单

① 待清洗的成品组件；

② 酒精；

③ 硅胶；

④ 清洁用布。

3. 设备及工具

① 手动胶枪；

② 美工刀；

③ 自制刮片(塑料或竹制品)。

4. 工艺要求

① 将电池组件放在工作台上，检查上一道工序的质量。

② 用美工刀刮去组件正面残余的 EVA 和硅胶(注意不要损伤铝合金和玻璃)。

③ 将酒精用喷壶喷洒在玻璃面上，用抹布擦洗组件玻璃棉及铝合金边框。

④ 将组件翻转，TPT 面朝上。用塑料刮片或橡皮去除 TPT 上黏结的残余 EVA 和污物，用抹布蘸酒精擦洗 TPT 表面，去除污迹，擦洗过程中要顺便检查 TPT 和边框结合部是否有漏胶的地方，否则需要补胶。

⑤ 清洗后对组件进行自检，检查组件是否洁净，TPT 是否完好，自检合格后填写操作记录和生产流程单。将清洗好的组件堆放在托盘上，注意一个托盘最多只能放 30 块组件。

⑥ 组件清洗完毕晾干后，要在 TPT 背板接线盒下方制定位置贴上商标标贴。把标贴从边缘撕开 1/5，先把撕开处对准位置粘贴在成品件上，左手往上拉粘贴纸，右手压住标贴正面往前推移贴好标贴，之后用左手掌反复摸压标贴，确认粘贴完好且无气泡。

5. 质量要求

① 组件表面包括 TPT、边框、玻璃面上不得有任何硅胶残留痕迹及其他的垃圾。

② 组件整体外观干净、整洁。

③ TPT 完好无缺，光滑平整，表面无其他斑迹。

6. 注意事项

① 确保工作台的表面清洁无杂物，清洗工具摆放有序。

② 搬运组件时，应注意轻拿轻放。组件叠放时，禁止拖拉，以避免组件角擦伤另一块组件的边框或 TPT。

③ 使用铲刀时，注意不能划伤组件及 TPT，也不能划伤自己。

④ 清理组件背面时严禁用硬物刮擦 TPT，以免使 TPT 被划伤。

⑤ 清洗过程中，严禁组件之间临时叠放，以免滑落或相互划伤。

4.18 组件终测试

1. 目的

检验生产的太阳电池组件成品外观并按电性能进行分类，保证符合合同要求的组件进入市场。

2. 物料清单

① 清洗好的组件；

② 标准组件；

③ 标签打印纸。

3. 设备及工具

① 太阳电池组件测试仪；

② 绝缘测试仪；

③ 打印机。

4. 工艺要求

组件测试操作如图 4-23 所示。

(a) 组件电性能测试

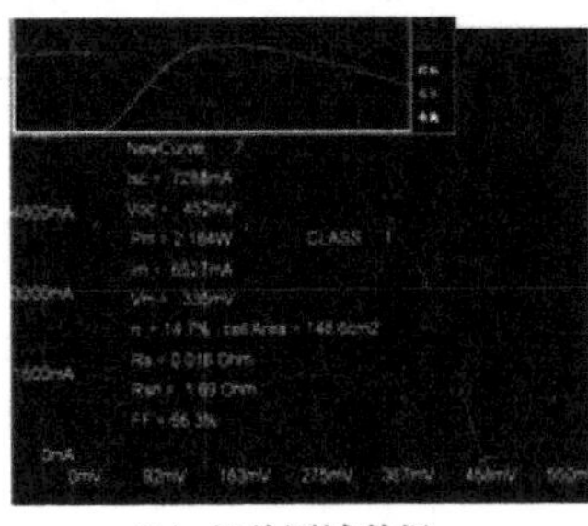

(b) 组件测试数据

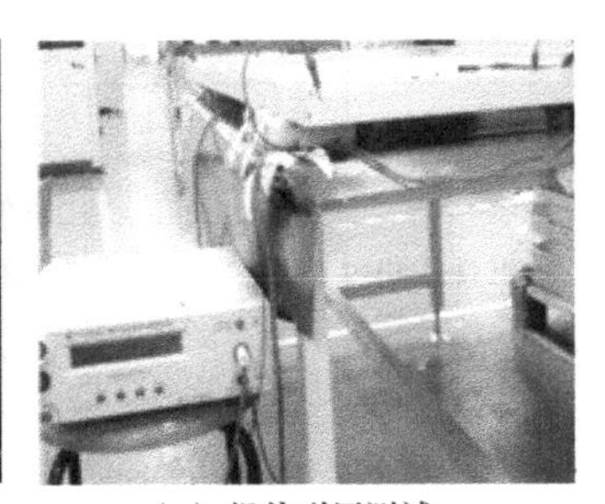

(c) 组件耐压测试

图 4-23　组件测试操作

① 按顺序打开总电源开关→计算机电源开关→组件测试仪电子负载电源开关→组件测试仪光源电源开关(机器预热 15 min,目的是让机器稳定一下)。

② 打开测试软件,开始校正标准组件。

③ 把待测组件相对应的标准组件放在测试仪上,将测试仪输入端红色的鳄鱼夹与组件的正极连接,黑色的鳄鱼夹与组件的负极连接。

④ 触发闪光灯(闪光灯是模拟太阳光做的),调整电子负载和光源电压,使测试速度和光强曲线匹配。

⑤ 触发闪光灯,调整电压修正系数和电流修正系数,使测试结果与标准组件的开路电压、短路电流数值基本相一致。

⑥ 校正结束,取下标准组件。

⑦ 将待测试的组件放上测试仪台面,取下流程单将测试仪输入端红色的鳄鱼夹与组件的正极连接,黑色的鳄鱼夹与负极连接。

⑧ 检查组件外观是否有不良。

⑨ 触发闪光灯,使测试速度和光强曲线匹配,一般测 2～3 次,在右侧对话框内输入该组件的序列号,单击“保存”按纽。

⑩ 取下组件进行绝缘测试,绝缘测试仪的一端将组件的输出端短接,另一端接组件的铝边框,漏电流为 0.5 mA,以不大于 500 V/s 的速率增加绝缘测试仪的电压,直到等于 2 400 V 时,维持此电压 1 min,观察组件有无击穿现象。

⑪ 在流程单上准确填写测试数据。

⑫ 把组件放置在指定地点。

⑬ 重复步骤⑦～⑫ 继续测试下一块组件。

⑭ 关机时按照步骤① 逆向关机(或按照机器使用说明书关机)。

5. 质量要求

(1) 外观检验标准

外观检验标准见表 4-2。

表 4-2 成品电池组件外观检验标准

项目		技术级别		
		A 级	B 级	C 级
组件正面外观	组件内电池片种类	一块组件内只有允许用同一种类的电池片（不允许单晶、多晶电池片同时在一个组件内出现）	一块组件内只允许用同一类的电池片（不允许单晶、多晶电池片同时在一个组件内出现）	一块组件内只允许用同一类的电池片（不允许单晶、多晶电池片同时在一个组件内出现）
	组件内电池片外观	满足没有崩边、缺角、隐裂、花边、栅线不良（允许整个组件内最多存在两片出现）等优质电池片的要求	允许有不多于三片存在崩边（崩边深度小于 0.5 mm，长度小于 1 mm），缺角（面积≤1 mm^2），隐裂、花片的面积不超过该电池片有效面积的 5%，划伤要求在 3 cm 以内，且不能多余 3 处	允许电池片存在崩边、隐裂、缺角、花边的情况，但缺角和崩口面积≤1.5 mm^2，而且不超过五处，划伤长度可超过 3 cm（缺角、隐裂面积可超过该电池片的有效面积的 5%）
	气泡	在 0.5 mm 面积内不允许超过 1 个气泡，整体组件不超过 3 个。气泡各个方向最长不超过 2 mm 单个气泡面积不大于 1 mm^2，玻璃上极浅划痕不超过 3 处，单个长度不大于 10 mm	在 0.3 m^2 面积内不允许超过一个气泡，整体组件不超过五个。气泡各个方向最长不超过 2 mm 单个气泡去哦总面积不大于 1 mm^2 平方玻璃上划痕不超过五处 长度不大于 15 mm	在 0.3 m^2 面积内不允许超过 3 个气泡，整体组件不超过 8 个气泡各个方向不超过最长不超过 3 mm，单个其阿婆总面积不大于 1 mm 平方，玻璃上无深度划痕。
组件正面外观	电池片排列	排列均匀，没有并片，片、串间的距离偏差为正负 0.5 mm，并确保电池方阵距组件边框距离均匀，偏差在±1.5 mm以内	排列可存在不均匀性，没有并片。片、串间的距离最大偏差为±2 mm 以内	电池片、串间的距离偏离可大于±1 mm，电池方阵距组件边框距离偏差大于 2 mm 可以出现并片
	组件颜色（对单晶硅电池组件的要求）	将组件平放在桌面上，检验人员站在距离组件 2 mm 远的地方查看，组件表面电池片颜色没有明显色差、跳色电池片颜色一致，电池片上任何地方出现单一色差，最大范围是 10 mm×10 mm 以内	将组件平方在桌面上，检验人员站在距离组件 2 mm 远的地方查看组件表面颜色可有偏差，但同一片电池片上，色斑面积不超过 10%，允许不多于 3 片电池片可以出现单一色差最大区域 10 mm×10 mm 和色差最大区域 5 mm×5 mm 共两处	将组件平方在桌面上，检验人员站在距离组件 2m 的地方查看，组件表面电池片颜色可有明显的色差、跳色，严重化片、脏片面积可超过 3 cm^2
	内部垃圾	不允许有锡渣、头发异物等垃圾，允许不在同一电池片上少于 3 个不超过 0.5 mm 的分散垃圾，垃圾不得造成组件内部短路	允许不超过五处锡渣、头发异物垃圾垃圾面积小于 4 m^2，垃圾不得造成组件内部短路	允许有不造成组件内部短路的垃圾
	条形码粘贴	要求条形码清晰，位置正确	要求条形码清晰，不遮挡电池片	要求条形码清晰

续表

项目		技术级别		
		A级	B级	C级
组件背面外观	背板外观	背板无划伤、无褶皱、无鼓包、无无责及大于1 mm的凸起，凹陷	背板允许有不超过2 mm的轻微褶皱或有引线引起的轻微凸起，但无划伤、鼓包、明显污渍	允许有划破聚酯薄膜层的划伤(但划伤处必须用白色硅胶补胶，背板为黑色或其他颜色，用对应的颜色的硅胶补胶)
	硅胶	上胶饱满均匀		
	接线盒	接线盒无位置偏移，黏结胶溢出可见并且均匀，盒内封装件引出线背板开口完全被胶密封，二极管极性一致，数量正确，接线端子完整	允许接线盒位置偏移，但要小于1 cm，角度偏移小于五度，黏结胶溢出可见并且均匀，盒内封装件引出线背板开口完全被硅胶密封，数量方向正确，接线端子完整	允许接线盒有位置、角度的偏移。黏结胶溢出可见，盒内封装件引出线的背板开口完全被胶密封。二极管极性一致，数量方向正确，接线端子完整
	引出线	引出线正负极正确，公母头与电缆间的拉拔符合要求		
铝合金边框	尺寸	符合工艺图样要求		
	外观	要求铝型材表面清洁干净，没有污垢，划伤与字迹，接缝良好无毛刺，边框变形不大于3 mm	要求铝型材表面有不少于3处的没有破坏氧化层的划伤，接缝良好，没有可能引起人员伤害的毛刺，边框变形不大于5 mm	铝型材接缝良好

① 对于成品组件完全满足A级太阳阳能电池组件外观标准要求的，则该组件为A级组件。

② 只要有一项不符合A级太阳电池组件外观标准要求，则该组件为B级组件。

③ 只要有一项不符合B级太阳能电池组件外观标准要求，符合C级组件要求，则该组件为C级组件。

④ 不符合C级太阳电池组件外观标准要求的，一律做不合格品处理。

(2) 电性能检验标准

成品电池组件电性能分档见表4-3。

表4-3 成品电池组件电性能分档

序号	功率等级\W	功率分级范围\W
1	205	大于或等于205
2	200	大于或等于200且小于204.99
3	195	大于或等于195且小于199.99
4	190	大于或等于190且小于194.00
5	185	大于或等于185且小于188.99
6	180	大于或等于180且小于184.99
7	175	大于或等于175且小于179.99
8	小于170	小于或等于174.99

(3) 光伏组件的电性能参数

光伏组件的电性能参数主要有:短路电流、开路电压、峰值电流、峰值电压、峰值功率、填充因子和转换效率等。

① 短路电流(I_{sc}):当将光伏组件正负极短路,使 $V=0$ 时,此时的电流就是电池组件的短路电流。短路电流的单位是 A(安培)。短路电流随着光强的变化而变化。

② 开路电压(V_{oc}):当光伏组件的正负极不接负载时,组件正负极间的电压就是开路电压。开路电压的单位是 V(伏特)。光伏组件的开路电压随电池片串联数量的增减而变化,一般 36 片电池片串联的组件开路电压为 21 V 左右。

③ 峰值电流(I_m):峰值电流也叫最大工作或最佳工作电流。峰值电流是指光伏组件输出最大功率时的工作电流。峰值电流的单位是 A(安培)。

④ 峰值电压(V_m):峰值电压也叫最大工作电压或最佳工作电压。峰值电压是指光伏组件输出最大功率时的工作电压。峰值电压的单位是 V。组件的峰值电压随电池片串联数量的增减而变化,一般 36 片电池串联的组件峰值电压为 17~17.5 V。

⑤ 峰值功率(P_m):峰值功率也叫最大输出功率或最佳输出功率。峰值功率是指光伏组件在正常工作或测试条件下的最大输出功率,也就是峰值电流与峰值电压的乘积:$P_m=I_m\times V_m$。峰值功率的单位是 Wp(峰瓦)。光伏组件的峰值功率取决于太阳辐照度、太阳光谱分布和组件的工作温度,因此光伏组件的测量要在标准条件下进行,测量标准为欧洲委员会的 101 号标准,其条件是:辐照度 1 000 W/m^2;光谱 AM1.5;测试温度 25 ℃。

⑥ 填充因子(FF):填充因子也叫曲线因子,是指光伏组件的最大功率与开路电压和短路电流乘积的比值:$FF=P_m/I_{sc}\times V_{oc}$。填充因子是评价光伏组件所用电池片输出特性好坏的一个重要参数,它的值越高,表明所用太阳电池片输出特性越趋于矩形,电池的光电转换效率越高。光伏组件的填充因子系数一般为 0.5~0.8,也可以用百分数表示。

⑦ 转换效率(η):转换效率是指光伏组件受光照时的最大输出功率与照射到组件上的太阳能量功率的比值。即:

$$\eta=P_m/A\times P_{in}$$

其中,P_m 为光伏组件的峰值功率,A 为光伏组件的有效面积,P_{in} 为单位面积的入射功率。$P_{in}=1\,000\ \mathrm{W/m^2}=100\ \mathrm{mW/cm^2}$。

6. 注意事项

① 测量不同的组件须用与之功率、规格对应的标准组件进行校准。

② 开机测量前应对标准组件重新校正;测试环境应在 $T=(25\pm2)$ ℃,密闭环境下。

③ 测试仪输入端与组件的正、负极应连接正确,接触良好。

④ 测试时人眼不可直视光源,避免伤害眼睛。

⑤ 绝缘测试时,手不可触摸组件,以防电击;保持组件表面清洁,抬时注意不要划伤型材和玻璃。

⑥ 不可以将红色的鳄鱼夹与黑色的鳄鱼夹夹在一起。

⑦ C 级以下的产品均需要维修,除无法接受的低劣产品,如玻璃放反等情况是没有办法进行维修或者是维修成本高于生产材料成本,方可报废。

4.19 包　　装

1. 目的

便于组件的销售、运输、储存。

2. 物料清单

包装箱、打包带、瓦楞纸板、护角、美工刀、托盘、美纹胶带、塑料保护膜、装箱单。

3. 设备及工具

打包机、包装台、工具柜、缠膜台；工具有剪刀、美工刀、十字螺丝刀、一字螺丝刀、封箱器、手动打包机、手动胶枪。

4. 工艺要求

组件包装的操作流程如图 4-24 所示。

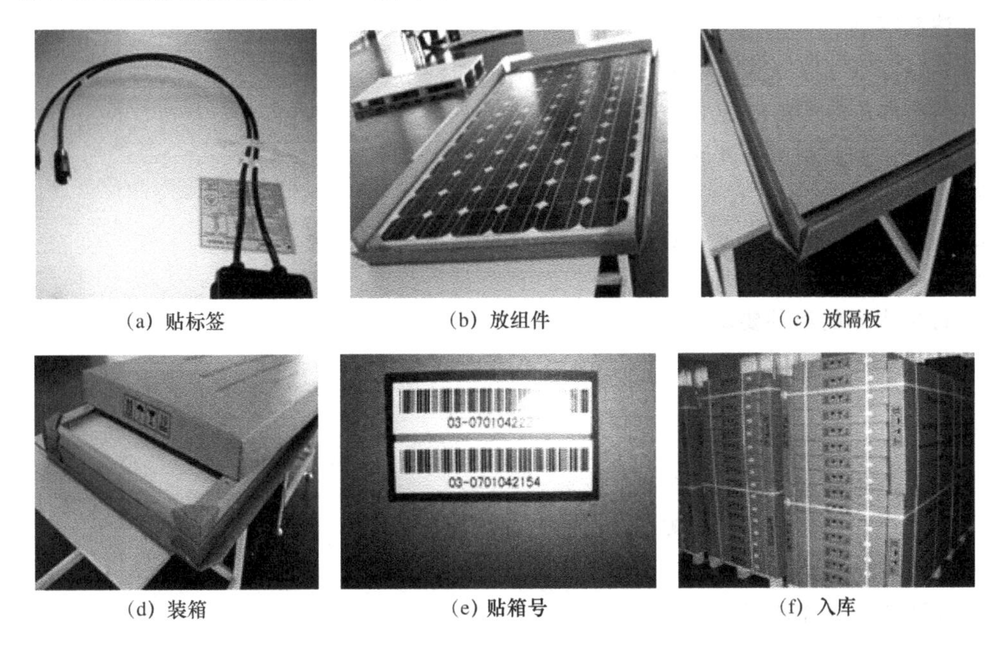

(a) 贴标签　(b) 放组件　(c) 放隔板

(d) 装箱　(e) 贴箱号　(f) 入库

图 4-24　组件包装

① 按检验规范对组件进行检查；将对应的标签贴在距接线盒 30 cm 处(或根据客户要求)，抹平，不能有气泡。

② 将清洗完毕的组件装上引出线，引出线自然弯成弧状，距末端 10 cm 处用美纹纸固定。

③ 每个包装箱内装入两块组件，组件之间用瓦楞纸板隔开，组件四个角用护角包住装入包装箱。

④ 装箱之前记录所装入组件的序列号，将包装箱抬上打包机工作台面打包。

⑤ 将装箱完毕的组件堆放到指定托盘(按客户要求堆放)并贴上标签，取纸制护角(护角长度为从托盘顶部到最上面一层纸箱的高度)卡在堆放好纸箱的四个角，如图 4-24(d)所示。

⑥ 将 PE 膜绑在托盘的一个纸筒上，再用 PE 膜将货物与托盘缠绕在一起，PE 膜放出所绕边长的 1/2～2/3，向上呈 45°角均匀、用力拉伸到一个边长，把 PE 膜贴在纸箱上，从货物的低、中、高三个不同高度分别按三层、二层、三层的层数缠绕并封顶。

⑦ 绕完货物后用力将 PE 膜拉断,使 PE 膜自身黏结在一起。

⑧ 将缠绕好的一摞放在指定地点。

⑨ 包装总体铭牌贴于规定位置。

⑩ 在总体包装外用塑料保护膜缠绕包装要求均匀美观,保证包装与外界有间体的防水隔离。

5. 质量要求

① 不允许有任何杂物带入包装箱内。

② 组件的背面必须贴有标签和合格证。

③ 装入箱内的组件条形码、功率与记录内容必须相符无误。

④ 包装箱无明显破损和裂痕,包装箱印刷的字样清晰,颜色一致。

⑤ 包装箱胶带密封整齐,打包规范。标签的粘贴要牢固、整齐、美观、无气泡。

⑥ 缠绕膜缠绕完包装箱后,包装箱不可再有外露部分。

6. 注意事项

① 组件与托盘摆放整齐,不允许在地面上拖动。

② 打包带必须打在指定位置,注意组件防滑。

③ 包装边角折叠处需要折叠到位,以免箱体发生变形。

④ 打包带收紧力适当。

⑤ 组件包装应轻拿轻放,组件包装箱摆放整齐。

⑥ 组件装箱时 TPT 面向外,玻璃对玻璃。

⑦ 打包入库的组件要做好记录。

习题四

1. 太阳能组件生产工艺流程是什么?
2. 简述单片焊接的操作流程。
3. 串焊有何质量要求?
4. 简述叠层操作流程。
5. 简述层压检查的内容。
6. 简述组件测试注意事项。
7. 在生产过程检验中,划片检验有何要求?
8. 在生产过程检验中,叠层检验有何要求?

第 5 章　光伏组件来料检验及常规试验操作

5.1　光伏组件来料检验

5.1.1　晶体硅电池片

1. 检验内容及检验方式

(1) 检验内容：电池片厂家、纸箱包装及内包装、电池片外观、尺寸、厚度、电性能、可焊性、细栅线印刷。

(2) 检验方式：品管抽检(按厂家自定的抽样规则抽样)，生产外观全检。

2. 工具设备

单片测试仪，千分尺，游标卡尺，烙铁，刀片，橡皮。

3. 材料

涂锡带，TPT，EVA，玻璃。

4. 检验方法

(1) 外观检验等级

外观检验需要全检，电池片外观异常图例如图 5-1 所示。一般按外观异常程度，将电池片分为以下 4 类。

① A 类片分选标准，必须符合下列任何一项：

• 电池片翘曲度应小于 2 mm。

• 电池片正面颜色均匀，无明显色差，无明显划伤，颜色均一；电池片上任何地方出现单一色差，最大范围是 10 mm×10 mm，属于色差范围之内；电池片正面允许有污点，但不会影响电池片的颜色效果；电池片正面不允许有水纹印。

• 电池片正面栅线清晰、完整，无明显断线，无明显结点：电池片正面细栅线断线数量小于或等于 1 个，每条断线间长度小于 0.5 mm；电池片正面细栅线结点数量小于或等于 2 个，结点长度和宽度超出部分均小于 0.5 mm。

• 崩边：电池片正面不允许出现崩边现象；电池片背面崩边深度小于 0.5 mm，长度小于 0.5 mm，且数量不超过 2 个。

• 背电极和背背电场较完整，无凸起的铝珠，无脱层现象。

• 正背面印制图案无偏离现象。

② B 类片分选标准，符合下列各项：

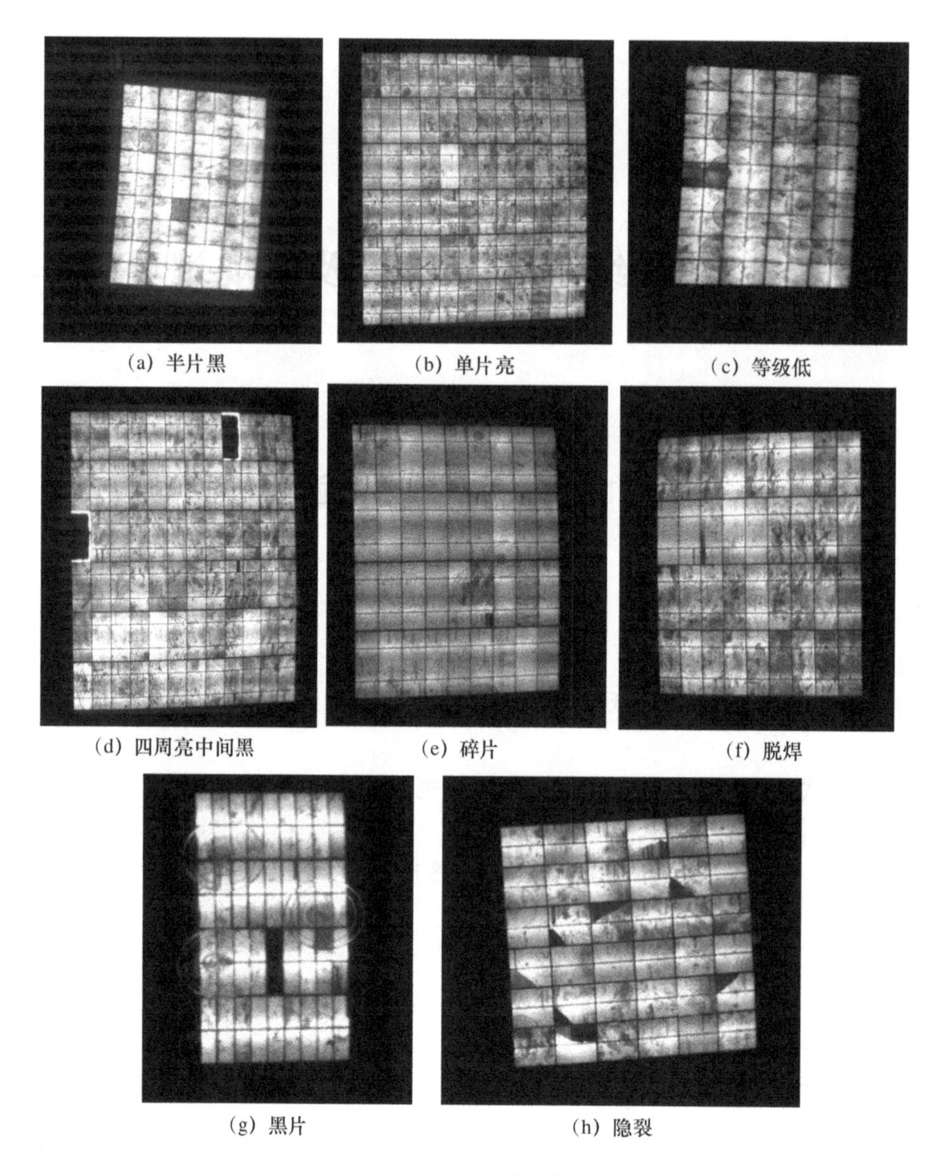

图 5-1 电池片外观异常图例

• 电池片翘曲度应小于 3.5 mm。

• 电池片正面颜色较均一，可以有轻微色差或轻微的划伤：电池片上可允许有 1 个浅色色差区域，每处色差面积不超过 10 mm^2，或允许有 2 个深色色差区域，每处面积不超过 5 mm^2；电池片出现划伤，长度不超过 1 cm；阴影面积不超过 1 cm^2，数量不超过 2 处。

• 电池片正面细栅线出现少量断线或结点：电池片正面细栅线断线数量不超过 2 个，每条断线长度小于 0.5 mm；电池片正面细栅线结点数量不超过 3 个，每个结点长度和宽度均小于 0.5 mm。

• 崩边：电池片正面允许有细微崩点，背面印刷不均匀，不允许有脱层且崩点数量不超过 2 个；电池片正面崩边深度小于 0.5 mm，长度小于 0.5 mm，且数量不超过 2 个；电池片背面崩边深度小于 0.5 mm，长度小于 1 mm，且数量不超过 3 个。

• 电池片正面细栅线结点数量不超过 3 个，每个结点长度和宽度均小于 0.5 mm；背电极和背电场缺损总面积不超过 3 mm²；不均匀面积不超过 0.5 mm²，数量不超过 3 个；不允许有铝珠。

• 正背面印制图案允许轻微的偏高。

• 蓝边均匀无明显颜色不一。

• 表面清洁度无明显指纹、水印等污渍，无大于直径 0.3 mm 的颗粒。

③ C类片分类标准，符合下列一项或者多项：

• 电池片正面颜色均一，可以有明显的色差或较明显的划伤。电池片上可允许有 3 个浅色色差区域，每处色差面积要求不超过 15 mm²，或允许有 4 个深色色差区域，每处色差面积不超过 1 mm²。电池片出现划伤，划伤程度发光发亮且不超过 3 cm，不超过 1 处。

• 电池片正面细栅线出现限量断线或结点。电池片正面细栅线断线数量不超过 4 条，每条断线间长度小于 1 mm；电池片正面细栅线结点数量不超过 5 个，每个结点长度和宽度均小于 0.5 mm。

• 崩边：电池片正面崩边深度小于 0.5 mm，长度小于 0.5 mm，且数量不超过 3 个；电池片背面崩边深度小于 0.5 mm，长度小于 1 mm，且数量不超过 4 个。

• 背面印制不均匀和鼓包：背电极和背电场缺损面积不超过 mm²；不均匀的面积不超过 1 mm，且数量不超过 5 个，鼓包数量不超过 3 个。

• 正背面印制图案允许有偏离现象，不超过 0.5 mm 且倾斜度小于 15 ℃。

• 蓝边均匀，单边宽不超过 0.5 mm。

• 表面清洁度：污渍面积总和不超过 3 cm²，无大于 0.3 mm 直径的颗粒。

④ D类片分选标准，符合下列任何一项：

• 电池片有明显色差和划伤，且电池片色差面积超过以上要求的；电池片划伤程度发光发亮且长度超过 3 mm。

• 严重花片、脏片，总面积超过 3 cm²。

• 电池片正面细栅线出现大量断线或结点。电池片正面细栅线断线数量大于 4 条，每条断线长度大于 3 mm；电池片正面细栅线结点数量大于 5 个，每个结点长度和宽度均大于 0.5 mm。

• 崩边：崩边总数量大于 5 个，或者崩边深度大于 0.5 mm，长度大于 0.5 mm。

• 背面印制面积缺损总面积大于 2 cm²。

• 不允许有缺角、隐裂、孔透等。

(2) 电性能检测

经过外观检测后的电池片，应对其电性能好坏进行必要的分类。电性能参数中，排在第一位的是效率。除了进行效率的分档外，还对其 I_{sc}、U_{oc}、R_s、R_{sh} 等参数进行必要的细分，这样才能保证组件功率的最大化。事实上，现在许多电池片生产厂家已经给客户定制包装、分档此类电池片。

现行常见的做法是对 I_{sc} 再进行细分，通常对同类效率的电池片按短路电流每 0.02 A 为一档进行分类包装。通过这种方法选择的电池片，封装后电池组件能够保证电流以同一状态运行(理论认为，在电源串联等效电路中，电流的大小取决于最小电流的电池，这样可以解决个别电池造成的短路问题，使整个组件功率达到最大，同时各电池的性能也比较匹配。

(3) 尺寸

符合厂家提供要求±0.5 mm 尺寸。

表 5-1 多晶硅太阳电池的尺寸要求

尺寸/mm	103×103	125×125	150×150	156×156
尺寸公差/mm	±1.0	±1.0	±1.0	±1.0
垂直度	90°± 0.3°			
厚度偏差/μm	±30			
总厚度偏差/μm	60			

表 5-2 单晶硅太阳电池的尺寸要求

尺寸/mm	103×103	125×125	150×150	156×156
直径/mm	135.0	150.0 或 165.0	203.0	203.0
尺寸公差/mm	±1.0	±1.0	±1.0	±1.0
垂直度	90°± 0.3°			
厚度偏差/μm	±30			
总厚度偏差/μm	60			

注:① 厚度偏差:电池厚度的测量值与标称厚度允许的最大差值。

② 总厚度偏差:在一系列点的厚度(包含电极厚度)测量中,被测电池的最大厚度与最小厚度的差值。

(4) 弯曲度

正放电池片于工作台上,以塞尺测量电池的弯曲度,"125 片"的弯曲度不超过 0.75 mm,电池的弯曲变形,一般情况下,用电池的弯曲度来衡量。

(5) 可焊性

用符合该电池片的互联条,使用 60 W 烙铁,温度 320~380 ℃。将互联条撕开后,主栅线上留下均匀的银锡合金,则认为该电池片具有可焊性。

(6) 细栅线印刷

用橡皮在同一位置来回擦 10 次,栅线不脱落则认为合格。

(7) 减反射膜与基体材料的附着强度的测试

采用胶带试验测定黏合性的方法,胶带附着强度不小于 44 N/mm,减反射膜不脱落。

(8) 热循环试验

经−40~85 ℃温度循环 5 次后,电池的外观性能符合要求,电池的转换效率衰减不超过 3%,电极应无变色现象。

(9) 电极的附着强度和电极/焊点的抗拉强度试验

电极的附着强度和电极/焊点的抗拉强度试验采用同一方法。将一根长 150 mm,宽 1.7 mm 的焊锡条引线焊接在电池电极上,焊接长度为 10 mm,焊接质量以不虚焊为准,在与焊接面成 45°角对引线施加拉力,逐渐加大拉力,在拉力不低于 2.49N 的情况下持续 10 s 以上。

5. 注意事项

① 开封时,不能用刀片从直接碰到电池片的地方划,应选择从硬隔板处下刀。

② 不能用裸手接触电池片。(手上有汗液,会破坏 PN 结,而汗液中含有 NaCl,会和表面的减反射膜产生反应,导致短路漏电,并降低电池片和 EVA 的黏结强度。

③ 要轻拿轻放。

5.1.2 EVA 薄膜

1. 检验内容及检验方式

(1) 检验内容:生产厂家、规格型号、外包装情况、保质期限、外观、厚度均匀性、测试 EVA 与玻璃黏结强度、EVA 与背板的黏结强度、交联度、软化点。

(2) 检验方式:品管抽检,生产中再抽检,生产人员外观检查。

2. 检验工具

千分尺,卷尺,美工刀,拉力器,交联度测试仪,烘箱,电子秤等。

3. 材料

TPT 背板,小玻璃,碎电池片。

4. 检验方法

(1) 来料确认生产厂家、规格型号、外包装情况、保质期限。

(2) 检查外观,确认 EVA 表面现象,EVA 表面无折痕、无污点、平整、半透明、无污迹、压花清晰(检验要求依据品质部检验规范)。

(3) 根据供方技术标准进行几何尺寸检查(宽度、厚度±0.05 mm),用精度 0.01 mm 测厚仪测定,在幅度方向至少测五点,取平均值,厚度符合协定厚度,允许公差为±0.03 mm,用精度 1 mm 的钢尺测定, 幅度符合协定厚度,允许公差为±3.0 mm。

(4) 新的厂家来料要求对方提供层压参数范围。

(5) 取样 EVA 做陪片,测试 EVA 与玻璃、背板的黏结强度(冷却后)。

① EVA 与玻璃:在陪片背板中间划开宽度 1 cm,刀片划开一点,然后用拉力计拉开(拉力不小于 20N 为合格)。

② EVA 与 TPT:将拉下的 EVA 与 TPT 小条用刀开口,一端夹住,另一端用拉力计拉开(拉力不小于 20N 为合格)。

(6) 取样 EVA,做 EVA 的交联度试验:

取 0.5 g 已交联过的 EVA 样放入 120 目不锈钢网袋里,放置于沸点 140 ℃的二甲苯中沸腾回流 5 h 后取出,放于干净的器皿中晾干(大约 10 min)后,放入烘箱(温度约 120 ℃)中烘 3 h取出(交联度=未溶样的重量/原样重×100%)。

(7) 测试 EVA 的软化点:在层压机升温时,可裁一块 EVA 放于加热板上,观察 EVA 软化情况。

(8) 测 EVA 的均匀性:

① 裁剪一片 EVA,不加其他材料,放入层压机中进行层压,观察层压后的 EVA 表面均匀情况(如均匀则合格,如不均匀或有洞则不合格或层压参数有问题)。

② 取相同尺寸的 10 张胶膜进行称重,然后对比每张胶膜的重量,最大与最小之间不得超过 1.5%。

(9) 透光率检验:

① 取胶膜尺寸为 50 mm×50 mm,用 50 mm×50 mm×1 mm 的载玻玻璃,以玻璃/胶膜/玻璃三层叠合。

② 将上述样品置于层压机内,加热到 100 ℃,抽真空 5 min,然后加压 0.5 Mpa,保持 5 min,再放入固化箱中,按产品要求的固化温度和时间进行交联固化,然后取出冷却至室温。

③ 按 GB2410 规定进行检验。

(10) 耐紫外光老化检验。将胶膜放置于老化箱内，连续照射 100 h 后，目测对比，胶膜应无发黄、卷曲等变化。

(11) 交联度检测。要求交联度大于 75%或符合客户要求。

(12) 收缩率检验。将样品胶膜 200 mm×200 mm 放在烘箱内，炉温为 120 ℃，保持恒温 3 min，纵向尺寸变化不超过 5%，横向尺寸变化不超过 2%。

5. 检验规则

按厂家出厂批号进行样品抽检，有一项不符合检验要求，对该批号产品进行全检，如果仍有不符合相关检验要求的，判定该批次为不合格来料。

6. 注意事项

(1) 初次使用新设备时，应先采用模拟板层压试验，确认工艺条件合适后，再投入正式生产。

(2) 不要用手直接接触 EVA 胶膜表面，不要让产品受潮，以免影响黏结性能或导致气泡的产生。

(3) 抽检之后将 EVA 密封包好。

(4) EVA 不要长时间裸露于空气中，以免吸潮及沾上灰尘。

(5) 记录好取样时的温度及湿度。

5.1.3 TPT 背板

1. 检验内容及检验方式

(1) 检验内容：厂家、规格型号、外包装情况、保质期限、厚度均匀性、外观、背板与 EVA 的黏结强度、背板层次黏结强度。

(2) 检验方式：抽检，生产过程中再抽检，生产人员外观全检。

2. 检验工具

千分尺，卷尺，美工刀，拉力器等。

3. 材料

玻璃，EVA，碎电池片。

4. 检验内容

(1) 来料确认

来料确认生产厂家、规格型号、外包装情况、保质期限。

(2) 外观检验

在较好的自然光或自然散射光下，用肉眼进行观察外观缺陷，应满足以下条件：① 整卷塑料纸密封态正常；② 表面无褶皱、无明显划伤。

(3) 尺寸检验

① 背板厚度用准确度 0.01 mm 的测厚仪测定，在长度方向上每间隔 20 cm 取一点，至少测 5 点，取平均值，测得的厚度应符合协定厚度，允许公差±0.30 mm。

② 宽度用准确度为 1 mm 的钢尺测定，纵向方向每间隔 20 cm 取一个值，测得的宽度应符合协定宽度，允许公差为±3.0 mm。

(4) 性能检验

① 抗拉强度检验

a. 取背板，用台虎钳夹住背板(宽 10 mm)，用测力仪纵向拉伸背板直到其变形，记录测力仪的读数。

b. 用同样的方法,检查横向情况。

要求:纵向抗拉强度≥170 N/10 mm,横向抗拉强度≥170 N/10 mm。

② 抗撕裂强度检验

a. 取背板,用台虎钳夹住背板(宽 10 mm),用测力仪垂直于 TOT 平面拉伸 TPT 直到其断裂,记录测力仪的读数。

b. 同样的方法,检查横向情况。

要求:纵向抗撕裂强度≥140N/10 mm,横向抗撕裂强度≥140N/10 mm。

③ 背板剥离强度检测

a. 取两块尺寸为 300 mm×20 mm 胶膜作为试样,分别按背板→EVA→EVA→玻璃的顺序排列。

b. 按产品的固化工艺要求进行固化。

c. 取背板/EVA,宽度为 10 mm,用测力仪拉,拉力方向垂直于玻璃板,均匀拉动,TPT 与 EVA 分离,记录所用拉力强度。

要求:纵向剥离强度≥20 N/cm,横向剥离强度≥20 N/cm。

④ 层间剥离强度检验

要求背板各层间黏结强度≥4 N/cm(1 N/cm=1 000 Pa)。检测方法:用壁纸刀在样品表面划出相互垂直的线条,线条间距 2 mm,划痕穿透表面复合层;用表面黏结强度≥4 N/cm 的胶带成 45°角粘贴于已经划线的样品表面并压平。胶带宽度为 20 mm。

⑤ 尺寸稳定性检验

a. 取两块 50 mm×100 mm 的背板作为样品。

b. 将烘箱温度设定到 150 ℃。

c. 将背板样品放入烘箱内。

d. 升温直到 150 ℃并计时,30 min 后,关闭烘箱电源,取出背板样品。

e. 背板冷却后测量其尺寸。背板长和宽的收缩率为

$$S = \frac{L_0 - L}{L_0} \times 100\%$$

其中,S 为收缩率;L_0 为加热前试样的长度,单位为 mm;L 为收缩后试样的长度,单位为 mm。要求:纵向收缩率≤2%,横向收缩率≤1.25%。

5. 判定标准

① 外观检验按 GB/T 2828—2008 系列标准一般检验水平一级抽检,要求合格质量水平(AQT)=1.5。

② 尺寸、性能检验要求为 Ac∶Re=0∶1。

6. 注意事项

(1) 不要用手直接接触背板表面(手上汗液会降低背板与 EVA 的黏结强度)。

(2) 背板不能打折,破损。

(3) 没有用完的包好。

(4) 防潮。

5.1.4 钢化玻璃

1. 检验内容及检验方式

(1) 检验内容：厂家、外观、厚度、尺寸、钢化强度、规格型号、包装。

(2) 检验方式：抽检，生产过程中外观全检。

2. 检验工具

千分尺，卷尺，1 040 g 钢球，冷光灯。

3. 材料

EVA，TPT 背板，碎电池片。

4. 检验方法

(1) 来料确认生产厂家、规格型号、外包装情况。

(2) 检查外观，确认玻璃表面现象：

① 无霉点、水纹、结石、裂纹、缺角的情况发生。

② 钢化玻璃表面允许每平方米内宽度小于 0.1 mm，长度小于 20 mm 的划伤数量不多于 4 条；每平方米内宽度 0.1～0.5 mm，长度小于 12 mm 的划伤不超过 1 条。

③ 钢化玻璃允许每米边上有长度不超过 10 mm，自玻璃边部向玻璃板表面延伸深度不超过 2 mm，自板面向玻璃另一面延伸不超过玻璃厚度 1/3 的爆边。

④ 钢化玻璃内部不允许有长度小于 1 mm 的集中的气泡。对于长度大于 1 mm，但是不大于 6 mm 的气泡每平方米不得超过 6 个。

• 圆形气泡：

$L \leqslant 0.5$ mm 的不计，但不能密集存在；

$0.5\ \text{mm} \leqslant L < 1.0$ mm 的气泡，每平方米玻璃≤4 个；

$1.0\ \text{mm} \leqslant L < 2.0$ mm 的气泡，每平方米玻璃≤2 个；

$2.0\ \text{mm} < L$ 的气泡，不允许存在。

• 线形气泡：

宽度在 0.5 mm 以内，长度在 5 mm 以内的线形气泡≤2 个/m^2；

宽度在 0.5 mm 以上不允许存在。

⑤ 表面不得有烧焦现象，玻璃的边不得存在完全未倒角的部分。

(3) 根据供方技术标准检查几何尺寸及允许偏差。玻璃边长 L 允许偏差应符合以下规定：$L < 1\,000$ mm 时，允许公差±0.5 mm，$1\,000\ \text{mm} < L < 2\,000$ mm 时，允许公差±0.5 mm，厚度(3.2±0.2)mm。对角线误差为两对角线长度之差且在 0.2%以内。

(4) 玻璃的弯曲度不应超过 0.25%。测量时，将玻璃垂直放置，不施加外力，沿玻璃非花纹面放置 1 000 mm 长的直尺，用符合要求的塞尺测量钢化尺尺边与玻璃板之间的最大间隙。玻璃弓形弯曲时，测量对应弦长的弦高；多波形时，测量对应两波峰间的波谷深度，按下式计算弯曲度：

$$C = h/L \times 100\%$$

其中，C 为弯曲度；h 为弦高或波谷的深度，单位为 mm；L 为弦长或波峰到波峰的距离，单位为 mm。

(5) 表面清洁度：玻璃表面无异物粘连，无水汽、水痕、手印和任何油污。

(6) 取样玻璃，测试耐冲击强度(将 1 040 g 钢球从玻璃正上方 1～1.2 m 处，自由落体砸在玻璃上，玻璃不碎裂即为合格，仅限一次)。

(7) 取样 EVA 做黏结强度试验，黏结强度大于 20N 为合格。

(8) 厚度值取 6 个点(长各取 2 个点，宽各取 1 个点)。

(9) 钢化玻璃在可见光波段内透射比不小于 90%。

5. 判定标准

(1) 每批次抽检 10 片。

(2) 外观检验：按国家标准 GB/T 2828—2008 一般检验水平一级抽检，AQL=1.5。

(3) 尺寸检验：Ac(合格判定数) ∶ Re(不合格判定数)=0 ∶ 1。

6. 注意事项

玻璃应避光、避潮，平整堆放，用防尘布覆盖玻璃。相对湿度小于 45%，玻璃要清洁无水汽、不得裸手接触玻璃两表面。钢化玻璃四边角应小心保护，玻璃正反两面要注意保护，不能划伤。

5.1.5 涂锡铜带

1. 检验内容及检验方式

(1) 检验内容：生产厂家、规格、型号、外包装情况、保质期限、外观、厚度均匀性、重量、可焊性、折断率、电阻率、耐腐蚀性及抗拉强度。

(2) 检验方式：品管抽检，生产外观全检。

2. 检验工具

钢尺，放大镜，老虎钳，烙铁，电池片千分尺，游标卡尺，台秤，欧姆表。

3. 材料

电池片。

4. 检验方法

(1) 目视检查外包装、保质期限、规格型号及厂家。

(2) 外观检验。采用 GB/T 2828—2008 系列标准中正常检验一次抽样方案 AQL==1.5。要求如下：

① 每一个包装都应标示制造名称或商标、生产日期或型号(包括生产料号)、重量、产品保质期。

② 表面应光洁，色泽均匀。

③ 表面不允许有露铜、脱锡、黑斑、锡瘤、毛刺、锈蚀、裂纹、伤痕等现象。

④ 表面呈光亮金属状。

(3) 互联条、汇流条的宽度检验方法。标称尺寸为 0.8～2.0 mm 时，公差范围为±0.05 mm；标称尺寸为 3.8～5.0 mm 时，公差范围为±0.1 mm。同一条焊带测量时至少取 3 点的平均值。

(4) 互联条、汇流条厚度检验。标称尺寸为 0.08～0.25 mm 时，公差范围为±0.015 mm。同一条焊带测量时至少取 3 点的平均值。

(5) 互联条、汇流条长度检验 。标称尺寸为 160～280 mm，公差范围为 0～+3 mm。

(6) 汇流条、互联条弯曲度检验。取来料规格长度为相同的涂锡带 10 根，弯折 180°，向一个方向弯折 7 次，检验折断率，折断次数不得低于 7 次。要求直尺距涂锡焊带距离 L/涂锡焊带长度≤1/100。

(7) 浸锡层材质、可焊性检验。这些参数应不定期抽测,不做常规检验。其中,可焊性的检验方法如下:取长度约为 15 cm 的涂锡焊带,做成卷曲状,置于(235±5)℃的焊锡浸入3 cm,约 3 s 取出,浸渍过的表面覆盖一层光滑明亮的焊料层,且只允许有少量分布的诸如针孔,不润湿或弱润湿区之类的缺陷,其缺陷不应集中一块,且缺陷面积小于浸锡面积的 5%。

(8) 用欧姆表测试电阻率(标准)≤0.017 25 $\Omega mm^2/m$。

(9) 抗腐蚀性能。将带材喷稀 NaCl 溶液,晾干,置入温度为(35±2) ℃,相对湿度为 90% 的恒温恒湿箱内试验 48 h 后取出。用 20~50 倍放大镜观察,无明显变化则可认为无腐蚀,当产生白色或白灰色斑点及其他腐蚀迹象时则同视为腐蚀。将带材放入温度为 35 ℃的 5%盐水中,恒温 12~24 h,晾干 1 h,过 12 h 后用 20 倍放大镜观察焊带,当产生白色或白灰色斑点及其他腐蚀迹象时则同视为腐蚀。

(10) 抗拉强度及伸长率测定。将镀锡铜带按正常焊接工艺对电池片进行单片焊接,并用拉力计对焊接的焊带进行拉力检测。要求拉力>2.5N 时焊带与电池片焊接部仍焊接牢固,不能剥离。

5. 检验规则

以每一个主要(基材)原料合同定货量为一批,但不能少于 100 g。每批产品应由供方质检部门进行检验,填写产品质量证明书。需方应对收到的产品按本标准的规定进行检验。如检验结果与本标准的规定不符,需在 15 日之内通知供方,由供需双方协商解决。如有争议由法定质量检验部门仲裁检验。各项检验结果中,若有一项不合格,应从该批产品中取双倍试样对不合格项目进行复检。若复检结果仍不合格,则判定该批产品为不合格。

5.1.6 接线盒

1. 检验内容及检验方式

(1) 检验内容:生产厂家、型号规格、外观、材质、连接器抗拉力、引线于卡口及二极管管脚的咬合力、盒盖的咬合力、二极管反向耐压、接触电阻。

(2) 检验方式:品管抽检,生产过程中生产人员外观全检。

2. 检验工具

拉力计,耐压测试仪,欧姆表。

3. 材料

涂锡带。

4. 检验方法

(1) 外观

① 检查接线盒厂家、型号规格(目测)。

② 盒盖与盒体锁定后要借助工具才能开启。

③ 无变形扭曲。

④ 剥线不得有断股现象,线的端部绝缘皮必须剪断。

⑤ 电缆线绝缘层不得有划伤、缺损、老化脏污、油污等外观缺陷。

⑥ 电缆线连接,黑线接负极,红线接正极。

(2) 检验方法

① 每批次接线盒抽取 10 套进行尺寸检验。

② 电缆线与盒体的连接力要求不小于 20 kg。

③ 引出电缆线长与外径、内径符合工艺图样要求。

④ 连接器正、负极接插到位后，连接力不得小于 120 N。

⑤ 正极、负极标识能承受 10 N 以上的破坏拉力。

⑥ O 形密封圈质地有弹性，无杂质。

⑦ 引线卡口咬合力不小于 50 N。

⑧ 盒盖咬合力满足连续安装、拆卸三次，仍需要专用工具才能打开为合格品。

⑨ 检查二极管数量及规格要求，以及接线盒内部标识是否正确(目测)。

⑩ 连接器抗拉力测试：将连接器接到接线盒上，然后将接线盒夹住，用拉力计夹住连接器施加拉力(大于 100N 为合格)。

⑪ 引线卡口咬合力：将汇流条装进卡口，用拉力计夹住施加拉力(大于 40N 为合格)。

⑫ 二极管管脚咬合力：用拉力计夹住二极管施加拉力(大于 20 N)。

⑬ 盒盖咬合力：连续开播三次，仍需专用工具才能打开为合格。

⑭ 二极管耐压测试：用耐压测试仪来测试(1 000 VDC)。

⑮ 接触电阻：用欧姆表测试连接器连接后的接触电阻(小于 5 mΩ)。

5. 判定标准

(1) 来料≤280 个：外观检验按 GB/T 2828—2008 系列标准中一般检验水平一级抽检；AQL=1.5。

(2) 来料>20 个：外观检验按 GB/T 2828—2008 系列标准中一般检验水平一级抽检；AQL=2.5。

(3) 尺寸检验：Ac∶Re=0∶1。

5.1.7 铝型材

1. 检验内容及检验方式

(1) 检验内容：规格尺寸、表面硬度、氧化膜厚度、型材弯曲度、外观、材质。

(2) 检验方式：品管抽检，生产人员外观全检。

2. 检验工具

卷尺，硬度计，膜厚仪，塞规，游标卡尺，平台(加工好的型材可以使用)。

3. 检验方法

(1) 来料确认

来料确认生产厂家、规格型号、外包装情况(型材不涂油，其包装、运输、储存参照 GB/T3199 执行，包装形式由双方合同约定，最好外包塑料薄膜运输。

(2) 检查外观

正常视力，在自然散射光条件下，不使用放大器，被检型材放在距观察者眼睛 0.5 m 处，进行长达 10 s 的观察：

① 型材表面平整，不允许有裂纹、起皮、凸点、腐蚀和气泡等缺陷存在。

② 型材表面不存在氧化不良，如局部明显色差、麻点。

③ 对于面积性的缺陷，如压坑、磨损、没有深度的面积不大于 5 mm^2，有深度小于 0.2 mm 的面积小于 2 mm^2。

④ 型材表面允许有轻微的压坑、碰伤、擦伤存在，其允许深度见表 5-3。

表 5-3 型材划痕允许值

划痕		深度/长度	0≤L≤5 mm	5≤L≤10 mm	10≤L≤20 mm	20≤L≤40 mm
	装饰面	≤0.2 mm	4 个/根	2 个/根	1 个/根	不允许存在
		>0.2 mm	不允许存在			
	非装饰面	≤0.2 mm	4 个/根	3 个/根	2 个/根	1 个/根
		0.2≤L≤0.5 mm	3 个/根	2 个/根	1 个/根	不允许存在

⑤ 模具挤压痕的允许深度见表 5-4。

表 5-4 模具挤压痕深度允许值

合　金	模具挤压痕深度
6063	≤0.03 mm
6063 A	

(3) 颜色、色差

按 GB/T 14952.3 执行。电解着色膜色差至少应达到 1 级,有机着色膜色差至少应达到 2 级,一次性抽样,若不合格,不加抽。但可由供方逐根检验,合格者交货。

(4) 根据技术图纸进行几何尺寸检验

具体尺寸见相对应图纸。长度检验使用最小刻度为 1 mm 的钢卷尺测量,厚度检验使用卡尺或与此同等精度的器具测量型材的任意部位,测量结果的算术平均值即为厚度值,并以毫米(mm)为单位,精确到小数点后 2 位。

(5) 取样做硬度测试

硬度>13,可用韦氏硬度计进行检测。用硬度计在一根型材内表面进行测试。测试 3～5 个点的硬度,取平均值为测试硬度。

(6) 取样做膜厚测试

氧化膜厚度>15 μm,测定方法按照 GB/T 8014 和 GB/T 4957 规定方法进行。检测出不合格品数量达到规定上限时,应另取双倍数量型材复验,不合格数不超过规定的允许不合格品数上限的双倍为合格,否则判整批不合格。但可由供方逐根检验,合格者交货。

(7) 边框内径测量

如是螺丝孔,则根据设计尺寸及螺钉具体尺寸,尺寸偏差要在许可范围内;如是拼角素材,则要根据设计尺寸及素材实际尺寸检测。

(8) 型材弯曲度/扭拧度测量

将型材放置于平台上(平台要基本水平)观察,将型材紧贴在平台上,借自重使其到稳定时,沿型材长度方向测量得到的型材底面与平台最大间隙要求≤1.5 mm。

(9) 局部变形检测

型材端头允许有因深加工产生的局部变形,其纵向长度不允许超过 5 mm。

注:以上各项缺陷不允许相对集中,总计装饰面不允许超过 4 个/m,非装饰面不允许超过 6 个/m。

(10) 氧化膜的耐蚀性、耐候性和耐磨性试验

参照国标 GB/T 5237.2—2000 相关规定,氧化膜的耐蚀性采用铜加速醋盐雾试验(CASS)和滴碱试验检测,CASS 试验按 GB/T 10125 规定的方法执行。CASS 试验结果按

GB/T 6461 定。

滴碱试验：在(35±1)℃下，将大约 10 mg、100 g/L、NaOH 溶液滴至型材试样的表面，目视观察液滴处直至产生腐蚀冒泡，计算其氧化膜被穿透时，也可用仪器测量氧化膜穿透的时间。

氧化膜耐候性试验按 GB/T 16585 规定的方法进行，太阳能电池组件对耐蚀、耐磨、耐侯性要求较高。一次性抽样，若不合格，不加抽，并判整批不合格。

(11) 力学性能检验

型材的拉伸试验按 GB/T 228 的规定执行。型材的维氏硬度试验按 GB/T 4340 的规定执行。韦氏硬度试验采用钳氏硬度计测量。6063-T5，6063A-T5G 型材的室温力学性能应符合表 5-5 的规定。

表 5-5　型材力学性能检验要求

合金	合金状态	壁厚/mm	拉伸试验			硬度试验		
			抗拉强度/MPa	规定非比例伸长应力/MPa	伸长率/%	试样厚度/mm	维氏硬度HV	韦氏硬度HW
6063	T5	所有	≥160	≥110	≥8	≥0.8	≥58	≥8

4. 注意事项

(1) 不能碰伤型材。

(2) 型材内径和螺钉(素材)尺寸不能有太大偏差。

5.1.8 硅胶

1. 检验内容及检验方式

(1) 检验内容：生产厂家、规格型号、外包装情况、保质期限、材质、与背板的黏结实验、延伸实验、固化时间、与 EVA 的化学性能试验。

(2)检验方式：品管抽检，生产中跟踪。

2. 检验工具

胶枪，美工刀，秒表，紫外线箱，高低温交变箱，拉力计。

3. 材料

各种背板，各种 EVA，小玻璃，型材。

4. 检验方法

(1) 来料确认生产厂家、规格型号、外包装情况、保质期限和产品说明书。

(2) 外观：在明亮环境下，将产品挤成细条状进行目测，产品应为细腻、均匀膏状物或黏稠液体，无结块、凝胶、气泡。各批之间颜色不应有明显差异。一般硅胶为白色或乳白色，无刺激性气味，不许有塌糊或固化现象。打开底部密封塞，观察底部硅胶有无固化及空洞现象。

(3) 固化时间：将产品用胶枪在实验板上成细条状，立即开始计时，直至用手指轻触胶条出现不沾手指时，记录从挤出到不沾手所用的时间(10 min≤所用时间≤30 min)。

(4) 拉伸强度及伸长率：按 GB/T 528 标准规定方法进行，拉伸强度≥1.6 MPa，伸长率≥300%，做硅胶的延伸实验——在玻璃表面均匀打出一条硅胶，记录打出时间、用手触摸不粘手时间、测固化时间；待固化后，记录固化时间、硅胶条粗细、原始长度、拉伸后长度≥300%。

(5) 剪切强度：按 GB/T 7124 标准规定方法进行，剪切强度≥1.3MPa。

(6) 硬度：按 GB/T 531 标准规定方法进行。

(7) 取样做所用背板的黏结实验：在不同的背板上各打一条硅胶，固化后，观察黏结情况。

(8) 在层压后的不同 EVA 上打出硅胶，带硅胶固化后，置于室温条件下放置并观察(该试验需时间比较长)。

(9) 挤出性：硅胶在温度为(23±2)℃、相对湿度为(50±5)%的环境下静置 4 h 以上，设定口径 3 mm 的胶嘴在 0.3 MPa 的气源压力下测试，记录挤出 20 g 产品所用的时间(s)。取 3 次实验数据的平均值作为试验结果。要求挤出时间≥7 s/20 g。

5. 注意事项

(1) 储存注意温湿度。

(2) 使用中注意气压不能过大。

(3) 每次开瓶尽量用完，用不完要密封好。

5.1.9 助焊剂

1. 检验内容及检验方式

(1) 检验内容：生产厂家、外包装情况、保质期限、pH 值、可焊性。

(2) 检验方式：取样检。

2. 检验工具

pH 试纸。

3. 材料

涂锡带，电池片。

4. 检验方法

通常生产组件的企业较难对助燃剂进行检测，比较现实的是对生产日期、包装进行确认。也可以要求供应商提供本批次的检验报表。

(1) 外观

应透明、无杂质、无沉淀。

(2) 物理稳定性

① 用振动或搅拌的方法使助焊剂充分混匀，各取 50 mL 的试样分别放于 2 支 100 mL 的试管中，按如下条件分别处理：

• 盖严，放入冷冻箱中冷却到(5±2)℃。

• 打开试管盖，将试样放到无空气循环的烘箱中，温度在(45±2)℃。

② 保持 60 min，分别在上述温度下观察助焊剂是否有分层现象。

(3) 不挥发物含量

① 取 6 g(误差：±0.002 g)的助焊剂，标为 M_1，放在直径 50 mm 的扁形称量瓶中。

② 放入热水浴中加热，使大部分溶剂挥发，再将其放入(110±2)℃通风烘箱中干燥 4 h，然后取出冷却至室温称重。

③ 反复干燥和称重，直至称量误差保持在±0.05 g 之内时可认为恒量，此时试样质量为 M_2。

④计算不挥发物含量(%)=$M_2/M_1 \times 100\%$。

(4) 密度

按 GB/T 4472—2011 化工产品密度、相对密度的测量通则测定助焊剂在 23 ℃的密度时，测量值应在其标称比密度的(100±1.5)%范围内。

(5) 卤化物

① 试剂制备。

• 铬酸钾溶液:浓度为0.01,将1.94 g铬酸钾(分析纯)溶解于去离子水中,并稀释至1 L,摇匀备用。

• 硝酸银溶液:浓度为0.01,将1.70 g硝酸银(分析纯)放入棕色容量瓶中,用去离子水溶解,并稀释至1 L,备用。

• 异丙醇(分析纯)。

② 铬酸银试纸制备。将宽2~5 cm的滤纸带浸入浓度为0.01铬酸钾溶液,取出后自然干燥,再浸入浓度为0.01硝酸银溶液中,最后用去离子水清洗。此时纸带出现均匀的桔红-咖啡色。将纸带放在黑暗处干燥后切成20 mm×20 mm的方片,放于棕色瓶中保存备用。

③ 试验步骤。将一滴(约0.05 mL)助焊剂滴在一块干燥的铬酸银试纸上保持15 s,将试纸浸入清洁的异丙醇中15 s,以除去助焊剂残留物,试纸干燥10 min后,目视检查试纸颜色的变化。

(6) 水萃取液电阻率

① 取5个100 mL烧杯,清洗干净。再装入50mL去离子水。选择合适的仪器电极,在水温为(23±2)℃条件下测得的电阻率应不小于$5\times10^5\,\Omega\cdot cm$,并用去离子水洗过的表面器皿盖好,以免受到污染。

② 分别在3个烧杯中加入0,(100±0.005)mL助焊剂试液,其余两个烧杯为空,用来核对。同时加热5个烧杯至沸点,并沸腾1 min后冷却。将冷却的带盖烧杯放入温度为(23±2)℃的恒温水槽内,使其达到热平衡。

③ 用去离子水彻底清洗测试电极,然后浸入只装有助焊剂的烧杯中,测试电阻率,记录读数。

④ 用去离子水彻底清洗测试电极,然后浸入只将装有核对用去离子水的烧杯中,测试电阻率,记录读数。

⑤ 用上述相同方法依次对剩下的助焊剂试液和核对用离子水进行测试,并记录数据。

注意:当核对用去离子水的电阻率小于$5\times10^5\,\Omega\cdot cm$时,说明去离子水已被污染,试验应全部重做。

(7) 来料确认

来料确认生产厂家、外包装情况、保质期限、pH值。

(8) 闻气味

闻气味可初步断定是用何种溶剂。例如,甲醇味道比较小但很呛,异丙醇味道比较重一些,乙醇就有醇香味,虽然说供应商也可能用混合溶剂,但要求供应商提供成分报告。

(9) 确定样品

应要求供应商提供相关参数报告,并与样品对照,交货时应按原有参数对照,出现异常时应检查比重、酸度值等。

(10) pH值

用pH试纸检测(pH5~6,弱酸)。

5. 注意事项

(1) 经常检测 pH 值。

(2) 使用时不要溅入眼睛、口鼻中及皮肤上。

(3) 不用时将助焊剂密封保存,防止挥发增加酸性。

5.1.10 旁路二极管

1. 检验内容及检验方式

(1) 检验内容:生产厂家、型号规格、外观、材质、二极管反向耐压、接触电阻。

(2) 检验方式:品管抽检,生产过程中生产人员外观全检。

2. 检验工具

晶体管特性测试仪,红外线测温仪,欧姆表。

3. 材料

二极管。

4. 检验方法

(1) 外观

① 二极管极性标识印刷是否正确、清晰。

② 二极管引出脚不允许出现发黑、漏锡情况。

(2) 判定基准

① 外观检验按 GB/T 2828—2008 系列标准一般检验水平一级抽检:AQL=0.65。

② 其他检验内容按每批次抽取 10 个接收标准 Ac∶Re=0∶1。

(3) 检验内容

① 二极管的起始电压,使用晶体管特性测试仪检测。

② 二极管的反向击穿电压,使用晶体管特性测试仪检测。

③ 结温,把二极管放在 75 ℃烘箱中至热稳定,在二极管中通过的组件实际短路电流,热稳定后(1 h),测量二极管的表面温度,根据以下公式计算实际温度:

$$T_{\mathrm{j}} = T_{\mathrm{case}} + \mathrm{RUI}$$

其中,R 为热阻系数,由二极管厂家给出;T_{case} 为二极管表面温度(用红外线测温仪测得);U 为二极管两端压降(实测值);I 为组件短路电流(即实验电流);T_{j} 为结温,计算出的 T_{j} 不能超过二极管规定的结温范围。

5.1.11 四氟布

1. 检验内容及检验方式

(1) 检验内容:生产厂家、型号规格、外观、材质、四氟布耐温性。

(2) 检验方式:品管抽检,生产过程中生产人员外观全检。

2. 检验工具

温度测试仪。

3. 材料

四氟布。

4. 检验方法

主要是外观检验,要求外观无拆痕、无破损、表面光滑。

5.2 太阳能电池组件常规试验操作

5.2.1 剥离强度试验

(1) 取样 EVA 做陪片,测试 EVA 与玻璃、背板的黏结强度(冷却后)。

(2) 按平时一次固化工艺进行固化。

(3) EVA 与玻璃剥离强度:在陪片背板中间划开宽度 1 mm,刀片划开一点,然后用拉力计拉开(拉力不小于 20 N 为合格)。

(4) EVA 与 TPT 剥离强度:将拉下的 EVA 与 TPT 小条用刀开口,一端夹住,另一端用拉力计拉开(拉力不小于 20 N 为合格)。

5.2.2 交联度试验

交联度实验的原理是 EVA 胶膜经加热固化形成交联,采用二甲苯溶剂萃取样品中未交联部分,从而测定出交联度。在生产线上随机抽取试样,抽样数量为每批(100 卷)不少于 3 个。

固化方法为在层压机内一次固化。具体操作如下:

(1) EVA 胶膜试样裁取 100 mm×200 mm,编好号。

(2)层压机设定温度为 138 ℃,待层压机升温到达设定温度并恒温 10 min 以上。

(3)打开层压机,将准备好的试样放入层压机内,按玻璃/胶膜/TPT 层压,层压时间按厂家提供参数设定。

(4)固化完成后,取出冷却。

取出固化好的胶膜,用剪刀将胶膜剪成 3 mm×3 mm 以下的小颗粒。剪取 120 目的不锈钢丝网 60 mm×120 mm,洗净后烘干,先对折成 60 mm×60 mm,两侧再折 5 mm×2,做成 40 mm×60 mm 的袋,称重为 W_1(精确到 0.001 g)。将试样放入不锈钢丝网袋内,试样量为 1.0 g 左右,称重为 W_2(精确到 0.001 g)。用 22 号细铁丝封住袋口做成试样包,称重为 W_3(精确到 0.001 g)。试样包用细铁丝悬吊在回流冷凝管下的烧杯中,烧杯内加入$\frac{1}{2}$杯的二甲苯溶剂,加热至 140 ℃左右,使溶剂沸腾回流 5 h,回流速度保持在 20~40 滴/min。回流结束后,取出试样包冷却并去除溶剂,然后放入 140 ℃的烘箱内烘 3 h,取出试样包,在干燥器中冷却 20 min,称重为 W_4(精确到 0.001 g)。通过下式计算结果。

$$C = [1-(W_3-W_4)/(W_2-W_1)]\times 100\%$$

其中,C 为交联度;W_1 为空袋重量,单位为 g;W_2 为装有试样的袋重,单位为 g;W_3 为试样包重,单位为 g;W_4 为经溶剂萃取并干燥后的试样包重,单位为 g。

5.2.3 耐压绝缘试验

(1) 检验装置

有限流装置的直流绝缘测试仪。

(2) 检验步骤

在周围环境温度、相对湿度不超过 75%的条件下,进行以下检验:

① 将组件引出线短路后接到直流绝缘测试仪的正极。

② 将组件暴露的金属部分接到直流绝缘测试仪的负极。

③ 以不大于 500 V/s 的速度增加绝缘测试仪的电压，直到等于 1 000 V 加上两倍的系统最大电压，维持此电压 1 min，如果系统的最大电压不超过 50 V 时，应以不大于 500 V/s 的速度增加直流绝缘测试仪的电压，直到等于 500 V，维持此电压 1 min。

④ 在不拆卸组件连接线的情况下，降低电压到零，将绝缘测试仪的正负极短路 5 min。

⑤ 拆去绝缘测试仪正负极的短路。

⑥ 按照步骤①和步骤②的方式连线，对组件加一不小于 500 V 的直流电压，测量绝缘电阻。

(3) 技术要求

① 组件在检验步骤③中，无绝缘击穿(小于 50 μA)或表面无破裂现象。

② 绝缘电阻不小于 50 MΩ。

5.2.4 玻璃钢化程度破碎试验

(1) 试样从制品中随机抽取。

(2) 试验步骤：

① 将钢化玻璃试样放在相同尺寸的另一块试样上，并用透明胶带纸沿周边粘牢。

② 在试样的最长边中心线上距离周边 20 mm 左右的位置，用尖端曲率半径为(0.2±0.05)mm 的小锤或冲头进行冲击，使试样破碎。

③ 除去距离冲击点 80 mm 范围内的部分，然后将碎片最大的部分，用 50 mm×50 mm 的矩形在钢化玻璃表面上画出。

④ 试样在 50 mm×50 mm 区域内的碎片数必须超过 40 个，且允许有少量长条形碎片，其长度不超过 75 mm，其端部不是刀状，延伸至玻璃边缘的长条形碎片与边缘形成的角不大于 45°。

5.2.5 组件生产过程检验

为确保对生产过程中的产品进行有效质量控制，品管部或组件车间是用于太阳电池组件的检验。组件车间各工岗负责按标准生产并自检，品管员负责抽检并做好检验记录。

(1) 划片：首批检验合格后方可批量生产，2 h 复检一次。不考虑电池片原始公差，划片尺寸精度为±0.5 mm，用游标卡尺测量。借助放大镜目测切断深度为电池片厚度的 2/3。掰片后，电池片不得有大于 1 mm^2 的缺角。用手拿电池片距眼睛一尺左右的距离目测，横断面不得有锯齿现象。电池片不得有裂纹。

(2) 分选：由品管员每个工作日均衡时间抽检，各工岗负责自检。具体分挡标准按作业指导书要求；确保电池片清洁无指纹、无损伤；所分组件的电池片无严重色差。

(3) 单焊：由品管员每个工作日均衡时间抽检，各工岗负责自检。互联带选用必须符合设计文件；保持烙铁温度在 320～350 ℃之间(特殊工艺须另调整)，每日对烙铁温度抽检三次；当把已焊上的互连带焊接取下时，主栅线上应留下均匀的银锡合金；互连带焊接光滑，无毛刺，无虚焊、脱焊，无锡珠、堆锡、喷锡、漏白线等现象；焊接平直、牢固，用手沿 45°左右方向轻提焊带不脱落；焊带均匀的焊在主栅线内，焊带与电池片主栅线的错位不能大于 0.5 mm，最好在 0.2 mm以内，单片无短路现象，互联条焊接起点距电池片边缘大约 2 mm；电池焊接表面清洁干净，无污垢、焊锡珠、毛发等异物。电池片的颜色基本一致，无明显花斑，无针孔，不得有裂纹、划痕,无明显崩边,同一块组件内不得混入两种电池片;对因在焊接时使用助焊剂造成的发白、水渍现象,要及时用酒精进行清洗。

(4) 串焊:由品管员每个工作日均衡时间抽检,各工岗负责自检。焊带均匀的焊在主栅线内,焊带与电池片的背电极错位不能大于0.5 mm;每一单串各电池片的主栅线应在一条直线上,错位不能大于1 mm;每一单串各电池片的底边在同一直线上,错位<0.5 mm;互连带焊接光滑,无毛刺,无虚焊、脱焊、过焊、翘起,无锡珠、拉尖现象,保证良好的电性能;具有一定的机械强度,沿45 ℃方向轻拉互联条,不脱落;负极焊接表面仍然保持光亮;电池片表面保持清洁,焊接表面无异物;单片完整,不允许有破损,暗裂,针孔现象。保持焊接工装表面清洁,无焊锡,烙铁氧化物等杂物。

(5) 叠层:由品管员每个工作日均衡时间抽检,各工岗负责自检。叠层好的组件定位准确,串与串之间间隙一致,误差±0.5 mm;串接条正、负极摆放正确;汇流条选择符合图纸要求,汇流条平直,无折痕划伤及其他缺陷;EVA、TPT要盖满玻璃。玻璃无划伤、无崩边、无杂质,EVA平整清洁,无杂物,无变色现象,背膜清洁干净无污物,无划伤。拼接过程保持组件中无杂质、污物、纸屑、手印、焊锡、焊带条等残余部分;焊接好的组件定位准确,胶带黏结平整牢固,不可贴到电池片上;玻璃、TPT、EVA的“毛面”向着电池片;组件序列号号码贴放正确,与隔离TPT上边缘平行,隔离TPT上边缘与玻璃平行;组件内部单片无破裂,无针孔,无缺角,不得有裂纹,无明显崩边,表面无助焊剂。涂锡带多余部分要全部剪掉,剪后的互联条,汇流带端面整齐,无歪斜,无漏剪现象;电流电压要达到设计要求;所有焊接点应平直牢固,无虚焊,漏焊,无短路隐患;不同厂家的EVA不能混用;生产跟踪单要填准确,做好工艺卫生。

(6) 层压:由品管员每个工作日均衡时间抽检,各工岗负责自检。太阳能电池极性排列正确;引出线应平直,无漏焊,无短路隐患;剪后的互联条、汇流带端面整齐,无歪斜;电池片无裂纹,无缺角现象,表面无明显的助焊剂。组件电池串间距及在板面中的位置要均匀;组件内单片无破裂、无裂纹、无明显位移,串与串之间距离不能小于1 mm;焊带及电池片上面不允许有气泡,其余部位0.5~1 mm^{2}的气泡不能超过3个,1~1.5 mm^{2}的气泡不能超过1个;组件内部清洁干净,不能有纸屑、焊锡、互联条等异物,钢化玻璃和背膜层间无明显杂质,庇点及脱层变色现象;EVA的凝胶率不能低于75%,每批EVA测量二次,TPT、EVA、玻璃黏结度符合标准;层压工艺参数严格按照内部设定参数;背面平整,凸点不能超过1 mm,不能存在鼓泡、折皱、划伤现象;组件内部不应该存在真空泡及EVA未溶,胶带突起等现象;玻璃正反两面无划伤现象,内部无裂纹现象;修边时,TPT与玻璃边缘齐平,允许偏差−0.5 mm;电池板的厚度适宜,能够装框。

(7) 装框:由品管员每个工作日均衡时间抽检,各工岗负责自检。外框安装平整、挺直、无划伤及其他不良、无硅胶;边框密封要严,边框边角处不得露缝,不得有毛刺;铝合金边框两条对角线小于1 m的误差小于2 mm,大于或等于1 m的误差小于3 mm;铝合金边框4个安装孔孔间距的尺寸允许偏差±0.5 mm;接线盒无破裂、隐裂、配件齐全;旁路二极管的极性正确,标识清晰;接线盒内插线必须牢固,接触良好;接线盒底部硅胶厚度1~2 mm;接线盒位置准确,与四边平行,接线盒四周硅胶密封;组件与铝边框之间不能有缝隙;拼角边框四角毛刺要去除干净;铝边框拼角美观,接缝处缝隙小于0.5 mm,高度落差小于0.5 mm。

(8) 清洗:由品管员每个工作日进行均衡抽检。玻璃表面无残留EVA、硅胶及其他灰尘等脏物;铝边框干净无污物;背板无残留EVA及其他污物;玻璃、背板及铝边框无划伤及其他不良。

(9) 组件测试：电性能全检。测试前先检查外观等，确认无任何问题后，再进行测试；测试时，测试曲线、功率等要符合要求，电池板的各项电气参数符合标准，允许偏差为设定值的±3%；按照仪器操作的作业指导书进行测试，每两小时对测试仪进行校正一次。

(10) 耐压测试：抽检。将组件引出线短路后接到测试仪的正极，组件暴露的金属部分接到测试仪的负极，以不大于 500 V/s 的速率加压，直到 1 000 V+2 倍的系统最大电压，维持 1 min；如果开路电压小于 50 V，则所加电压为 500 V，无绝缘击穿（小于 50 μA），或表面无破裂现象。

(11) 包装入库前检查：由品管员每个工作日均衡时间抽检，各工岗负责自检，组件表面及层间应无裂纹、油污、疵点、擦伤、气泡；互联条、汇流条排列整齐，不变色，不断裂；单体电池及串并连焊点应无虚焊、脱焊和碎裂；密封材料应无脱层、变色现象，层间气泡应在标准允许范围之内；铝边框应用硅胶填满，与组件接缝处无可视缝隙；接线盒应与 TPT 连接牢固，接线盒内，组件"+，-"引线标识清楚准确，连接牢固，密封圈没有脱落；铝边框应平直、无毛刺，表面氧化层无划伤现象；标签的粘贴牢固、整齐（与相应的边平行）；连接器安装牢固，应能承受组件自重；背板及玻璃无划伤；包装符合合同要求，松紧适度，不得损坏包装箱；组件的序列号与包装箱外贴箱号一致。

5.3 太阳能电池组件成品检验

太阳能电池组件合格品是指无明显缺陷，符合设计文件要求的产品。这类产品或许存在轻微缺陷，但这些轻微缺陷不影响组件的输出功率、使用寿命、安全及可靠性，不影响用户对产品的使用。

1. 外观检验

对于太阳能电池组件的电池片，必要时可使用放大镜检验，要求无扩大倾向的裂纹，也不允许有 V 形缺口。300 mm 钢直尺、游标卡尺检测电池片缺损，要求每块电池片不超过 1 个；每块组件不超过 3 个面积小于 1 mm×5 mm 的缺损。

对于太阳能电池组件的栅线检验，采用 300 mm 钢直尺检验。首先不允许出现主栅线缺失的情况，对于缺失长度在 3 mm 以下的副栅线总量不得超过 10 mm。主栅线与副栅线间断点应小于 1 mm，不能允许有两个平行断条存在。主栅线与串联带之间脱焊的长度，电池片前端应小于 5 mm，电池片后端应小于 10 mm。串联条偏离主栅线长度应小于 20 mm，偏离量应不大于主栅线宽度的 1/3，且总偏离数量应少于 5 处。

采用 300 mm 钢直尺检验汇流带和串联带。汇流带边缘未剪切的串联带长度应不大于 1 mm，串联带边缘未剪切汇流带的长度不大于 2 mm。相邻单体电池间距离应不小于 1.5 mm，汇流带和电池之间、相邻汇流带间的距离应不小于 2 mm，汇流条、互联条、电池片等有源区距组件玻璃边缘的距离应不小于 7 mm。串联条与汇流条的焊接应浸润良好，焊接可靠。

太阳能电池组件检验包括异物检验，要求成品中不能有头发与纤维。其他异物应宽度不大于 1 mm，面积不大于 15 mm^2，整块组件中异物数量不能超过 3 个。

位于边缘 5 mm 内，且距电池片、汇流条等有源元件 7 mm 以上的气泡属于合格范围。不在此范围内的气泡，要求单个气泡最长端应不超过 2 mm，整块组件不能超过 3 个气泡。组件背部不得存在有"弹性"的可触及气泡，不能延伸到玻璃边缘，不能连通两导电部件。

对于成品的玻璃检验要求不允许存在裂痕或碎裂,表面划伤宽度不能大于 0.1 mm,长度不超过 30 mm,每平方米不超过 3 条划伤。玻璃中长度在 0.5～1.0 mm 的圆气泡,每平方米不得超过 5 个;长度在 1～2 mm 的圆气泡,每平方米不得超过 1 个;宽度小于 0.5 mm,长度在 0.5～1.5 mm 的线泡,每平方米不得超过 5 个,长度在 1.5～3 mm 的线泡,每平方米不得超过 2 个。

检验 EVA 和背膜,要求无明显缺陷及损伤,返工(修)后不能产生背表面塌陷,背表面不存在褶皱。

对于边框检验,要求几何尺寸符合设计要求,边框凹槽内硅胶填量达 2/3。手感牢固、可靠,无松垮感。要求合格品划痕单个长度小于 30 mm,宽度小于 0.2 mm,每米划痕个数小于 2 个。

太阳能电池组件成品检验表面污染要求不存在除电池印刷浆料和浸锡粘连以外的沾污,每片电池片沾污面积≤20 mm^2,沾污片不超过 3 片。每块组件上使用相同材料、相同工艺制造的电池片,减反射膜和绒面成片缺失总面积小于 1 cm^2,且每个组件少于 5 个电池片有此类缺陷。整块组件颜色没有明显的反差,无形成有色沉淀的水渍。

太阳能电池组件成品检验接线盒,应按图纸要求,接线盒与边框间固定牢固,与背膜间黏结胶条无间断,有少量黏胶挤出。接线盒与背膜间无明显间隙,接线盒不得翘起。引出线插入插片的深度应大于 5 mm,输出极性正确,接头和电缆无损坏。

2. 电气性能检验

电气性能检验要求选用氙灯光源,光谱为 AM1.5,环境温度为(25±2)℃,辐照度为 1 000 W/ m^2的环境下进行。测试时,要按照设备操作规程使用设备,使用工作标准电池组件校对设备使工作标准电池组件的测试值与标称值相差在±0.5%以内。测试分挡,每两小时用工作标准电池组件标定 1 次设备,保证测试质量,电参数应符合设计文件的要求。

3. 包装、贮存和运输

① 包装。采用纸质材料包装箱包装,每箱两块。产品外包装箱上应依照产品设计文件,标明规定的信息。

② 运输。使用集装箱运输。

4. 储存

产品储存环境应满足下列条件:温度不高于 35 ℃;相对湿度不大于 70%;无腐蚀性气体。储存过程中应有防撞击、防挤压、防潮湿等措施,保证先进先出。

5.4 太阳能电池组件常见质量问题案例分析

为了提前了解组件生产中常见的质量问题,这里我们对太阳能电池组件常见质量问题进行简单介绍,便于了解太阳能电池组件常见质量问题,从而在工作中采取措施,减少组件故障率,提高生产效率,降低成本。

1. 电池片色差

电池片色差如图 5-2 所示。电池片存在色差会影响组件整体外观。其产生的原因可能是分选失误,在分选时应注意从同一角度看电池片颜色(正视)。电池片色差也可能是其他工序换片时造成。因此,要求由专人负责换片,以破片换好片时尤其要注意电池片颜色,以减少此类问题的出现。

2. 电池片缺角

电池片缺角如图 5-3 所示。电池片缺角会影响组件整体外观、使用寿命及电性能等。产生的原因可能是标准不明确或是焊接收尾打折太深或离电池片太近。

图 5-2 电池片色差

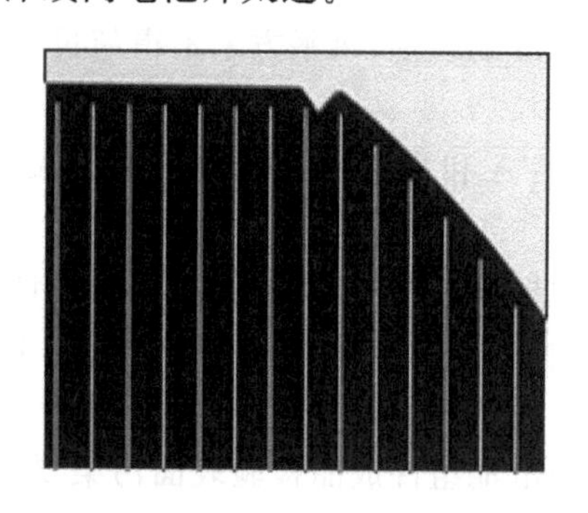

图 5-3 电池片缺角

3. 电池片栅线印刷问题

电池片栅线印刷问题如图 5-4 所示。电池片栅线印刷错误会影响组件外观及电性能，具体分为主栅线缺失、细栅线缺失和栅线重复印刷三类问题。

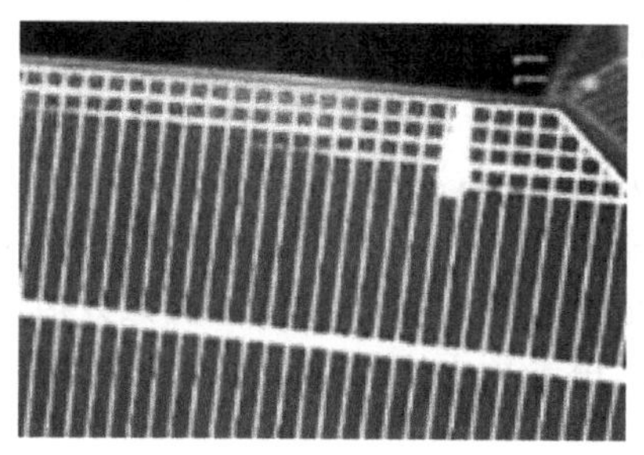

(a) 栅线重复印刷

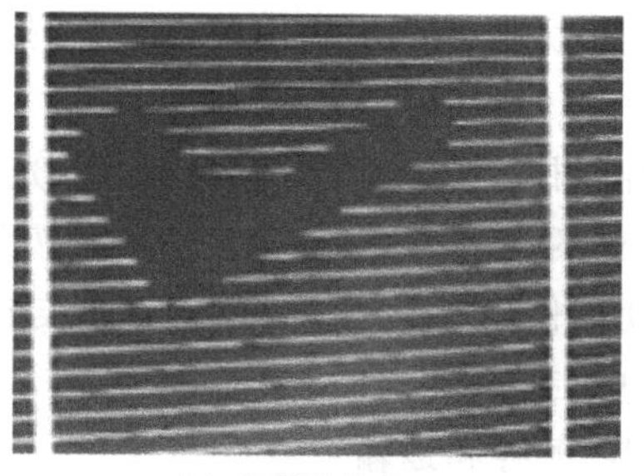

(b) 细栅线缺失

图 5-4 电池片栅线印刷问题

4. 电池片表面脏

电池片表面脏如图 5-5 所示。电池片表面脏会影响组件使用寿命。可能是由于裸手接触原材料，残留汗液造成；也可能是由于电池片制作过程没有清洗干净；或是由于工作台面有污染物，粘在电池片上。

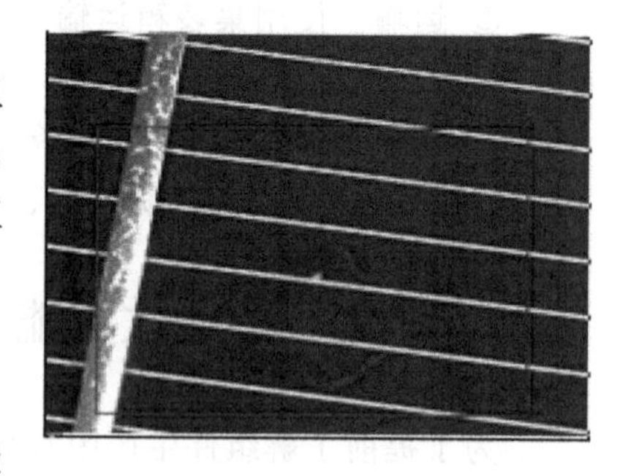

图 5-5 电池片表面脏

5. 焊接不良

焊接不良分为多种情况：

① 虚焊。虚焊会影响组件电性能及使用寿命。可能造成的原因包括烙铁头不良；电烙铁温度不均衡；电烙铁焊接温度低；焊接力度轻、焊接速度快；电池片主栅线氧化；涂锡带或助焊剂可焊性不好；涂锡带、电池片或助焊剂储存过期；涂锡带锡层薄。在生产过程应注意避免此类问题的出现。

② 过焊。过焊也会影响组件电性能及使用寿命。可能造成的原因包括电烙铁焊接温度过高；焊接力度重或焊接速度慢；重复焊接；材料可焊性不好；电烙铁温差大。

③ 侧焊。侧焊也会影响组件电性能及使用寿命。可能造成的原因包括焊接手势不对；烙铁头不平；涂锡带厚度不均匀。

④ 堆锡。堆锡会影响组件层压质量，易造成组件破片。可能造成的原因包括焊接力度太重；焊接收尾处没有将焊锡带走；涂锡带表面锡层溶化速度过快。

⑤ 焊花。焊花会影响组件外观。可能造成的原因包括串焊力度太重；串焊时烙铁温度过高；串焊模板槽深不够，如图 5-6 所示。

⑥ 焊接偏移。焊接偏移如图 5-7 所示，它会影响组件外观、电性能及使用寿命。可能造成的原因包括互联条太软；互联条扭曲变形；焊接手势不对。

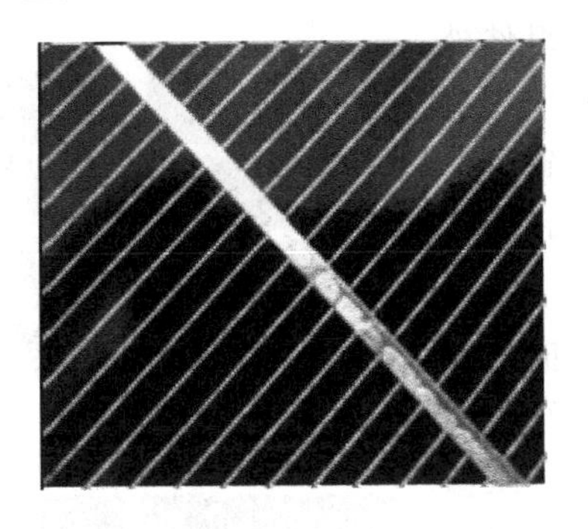

图 5-6 焊花

图 5-7 焊接偏移

⑦ 脱焊。脱焊会影响组件电性能及使用寿命。可能造成的原因包括焊接手势太轻或速度太快；烙铁焊接温度太低；没有浸泡助焊剂；电池片或涂锡带可焊性不够。

6. 异物

组件中有异物会影响组件整体外观、电性能和使用寿命。产生的原因包括生产现场控制不当、工作台面未能保持整洁；车间内有员工整理头发；工作时没有按照要求戴工作帽、穿工作服；工作人员的责任心不强；个别员工戴围巾进入操作现场；随便让无关人员进出车间。

7. 电池片氧化

电池片氧化会影响组件外观、使用寿命及电性能。产生的原因包括电池片裸露空气中时间过长，应注意调整工序间的生产均衡；加助焊剂焊接后没有清洗，导致氧化，应注意焊接后将助焊剂清洗干净；电池片来料时间太长，保存条件不符合要求，在开封后未能及时用完，应注意先来先用，保持仓储环境。

8. EVA 未溶

EVA 未溶会影响组件外观、电性能及使用寿命。可能造成的原因包括 EVA 自身问题（EVA 收缩过大、厚度不均匀），此时应更换 EVA；没有找到合适的工艺参数（温度高、层压时间长、上室压力大等），此时应试验合适的层压参数。

9. 层压后组件内气泡

层压后组件内气泡会影响组件外观及使用寿命。可能造成的原因包括 EVA 过保质期，应注意仓库先进先出原则，领料时注意查看进货时间；EVA 保管不善而受潮，应注意改善仓储环境；EVA 熔点过高；橡胶毯有裂痕或破损；下室不抽真空；不层压导致或层压压力小；层压机密封圈破损；真空速率达不到；工艺参数不符（抽真空时间短、层压温度高），将参数调试合适；EVA 上沾有酒精未完全挥发，应注意待 EVA 上的酒精完全挥发再使用；电池片上残留助焊剂和 EVA 起反应，应注意将电池片上的助焊剂清洗干净；互联条上的涂层（金属漏洞）；焊接工艺问题（虚焊）导致；玻璃和 EVA 边缘受到污染；绝缘层的结构问题（不是所有背材都能做绝缘条）；异物导致气泡。

10. 焊接破片

焊接破片会影响组件外观、电性能及使用寿命。可能造成的原因包括电池片自身隐裂；互联条太硬，不同电池片应用不同规格的互联条；焊接手势太重，平时要以正确的方式多加练习，找到合适的手势；电烙铁温度过高，应找到合适工艺参数，通过大量试验、生产；堆锡；电池片焊好后积压过多；焊接收尾处打折太深或离电池片太近。

11. 层压后破片

层压后破片如图 5-8 所示。层压后破片会影响组件外观、电性能及使用寿命。可能造成的原因包括电池片自身隐裂，叠层应在灯光下仔细检查；焊接时打折过重导致电池片隐裂，应调整焊接方法；层压前，操作人员抬组件时压倒电池片，进料时不注意，抬组件时应护住四角，不要压到背板上；异物、锡渣、堆锡在电池片上导致层压后破片，应保持工作台面整洁、各自工序自检、互检；上室压力过大经常出现破片而且在同一位置，应定时检查层压机，调整层压参数；互联条太硬，应选择合适的互联条；叠层人员剪涂锡带时用力过大，电池片产生隐裂，应注意手势及力道；充气速度不合适，应调节充气速度；叠层人员在倒电池串时产生碰撞，导致电池片隐裂；引出线打折压破。

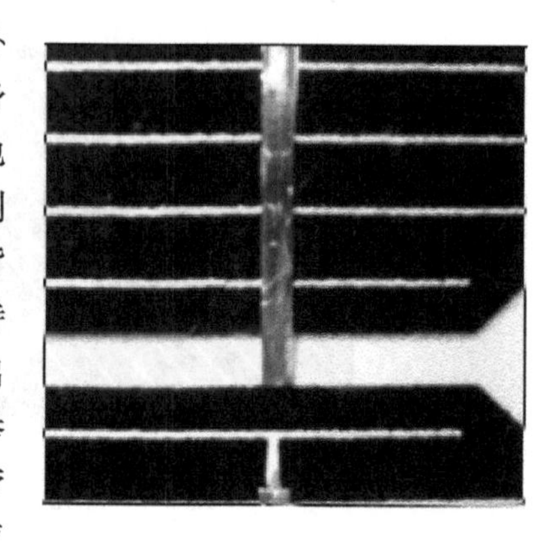

图 5-8 层压后破片

12. EVA 交联度不符合要求

EVA 交联度不符合要求会影响组件使用寿命。可能造成的原因包括机器温度过高或过低，应调试合适的温度和层压时间；层压时间过长或短；机器温度不均衡经常点温或加注导热油；EVA 自身交联剂质量问题；EVA 储存不当，受光或受热。

13. EVA 脱层

EVA 脱层影响组件使用寿命。可能造成的原因包括玻璃内部不干净，应将玻璃预先清洗；EVA 自身问题；层压时间过短或没有层压，应检查设备或延长层压时间；冷热循环后 EVA 脱层，配方不完善。

14. EVA 发黄

EVA 发黄如图 5-9 所示。EVA 发黄会造成透光率下降，影响组件采光，影响电性能及使用寿命。可能造成的原因包括 EVA 自身问题；EVA 与背材之间的搭配性不协调；EVA 与玻璃之间的搭配性不协调；EVA 与硅胶之间的搭配性不协调。

15. 层压后组件位移

层压后组件位移影响组件外观、电性能及使用寿命。可能造成的原因包括串与串之间位移，叠层时没有固定好，间隙不均匀，串焊时应尽量焊在一条直线上；汇流条位移，可能由于层压抽真空造成，可考虑分段层压（有些层压机有此功能），也可能是由于互联条太软造成，需要更换合适的互联条；整体位移，没有固定或层压放置组件时有倾斜，仔细检查有无固定，往层压机上放置时注意不要倾斜。

16. 焊带发黄发黑

焊带发黄发黑如图 5-10 所示。焊带发黄发黑影响组件整体外观、电性能及组件使用寿命。可能造成的原因包括助焊剂的腐蚀性强或焊带自身抗腐蚀性不强；EVA 的配方体系与焊带不符；焊带表面镀层的致密程度不够。

图 5-9　EVA 发黄

图 5-10　焊带发黄

17. 背板划伤

背板划伤影响组件外观及使用寿命。可能造成的原因包括层压后抬放、修边、装框、测试、清洗及包装都有可能；装框拆框导致，拆框时应注意保护背板；背板本身存在划伤，裁剪时应注意检查及叠层时检查。

18. 背板褶皱

背板褶皱如图 5-11 所示。背板褶皱影响组件外观。可能造成的原因包括层压过程导致，此时应检查设备温度过高；EVA 收缩率大，此时应更换参数；背板自身质量软，此时应更换背板或调整参数。

图 5-11　背板褶皱

19. 背板鼓包

背板鼓包影响组件外观。大量鼓包出现在片与片之间，可能是 EVA 收缩率大，此时应检查该批次 EVA；如果是互联条质地软造成，此时应更换合适的互联条。

20. 背板脱层

背板脱层影响组件使用寿命，可能造成的原因有背板的毛面部分黏结效果不好，此时应更换背板；上室压力小，应注意调整层压设置参数；如果是因为不层压导致，此时应检查设备；如果因为 EVA 的黏结强度不够，此时应调整参数或更换 EVA；如果组件太热时修边或用手拉角，也可能造成背板脱层，应注意组件应冷却到室温再修边，在组件热的时候，禁止用手拉组件的角。

21. 背板凹坑

背板凹坑如图 5-12 所示。背板凹坑影响组件外观、电性能及使用寿命。可能造成的原因包括 EVA 粘在橡胶毯上，应检查橡胶毯，及时清理；若因为高温布没有清理干净，应仔细清洗高温布（正反面及上大布的正反面）；上室粘有其他硬物。

图 5-12　背板凹坑

22. 背板起泡

背板起泡影响组件外观及使用寿命。可能造成的原因包括电池片背膜引起；3M 胶带引起，可能由于 3M 胶带质量不好；返工次数太多或时间长，则应减少返工，调整返工层压参数；层压之后在电池片背面有气泡，经过一段时间后产生，则应注意背板，仔细检查。

23. 背板自身脱层

背板自身脱层影响组件外观及使用寿命。可能造成的原因是背板自身的黏结强度不够或背板耐热不够。

24. 玻璃表面划伤

玻璃表面划伤如图5-13所示。玻璃表面划伤影响组件外观、使用寿命及安全性能。可能造成的原因包括抬玻璃时两块玻璃摩擦，玻璃之间应有隔离物，抬时应注意平拿平放；叠层时摩擦造成，应注意在叠层台上要有垫子撑起玻璃；刀片划伤，则注意刀尖不要在玻璃上划、清洗注意刀尖磨损程度，及时更换；装框拆框时导致，拆框时应将组件用缓冲物垫好、并用气枪将玻璃表面的沙粒吹干净；测试后汇流条打折导致摩擦，应将汇流条处用胶带粘起来或垫缓冲物；层压返工时摩擦尽量减少；玻璃本身有划伤没有检出，叠层前、层压前应仔细检查。

图5-13 玻璃表面划伤

25. 玻璃内部划伤

玻璃内部划伤影响组件外观及电性能。可能造成的原因包括层压返工时刀片划伤，则注意刀片的角度；抬玻璃时两片玻璃摩擦，玻璃之间应有隔离物，应注意抬玻璃时要平拿平放；玻璃自身存在划伤(包括内部)。

26. 测不出功率

可能造成的原因包括组件整体正负极接反，应检查是否接线盒没有夹好或二极管全部装反。

27. 功率低

功率低可能的原因包括破片，应注意在层压前后和装框前检查电池片是否有破片；个别电池串正负极接反，因此要求叠层人员细心和有责任心；组件被流转单或其他物体遮挡住；标准件没有校准好，此时应重新校准标准件；组件温度高，应降低组件温度及室内温度；氙灯光源不够，此时应更换氙灯；二极管个别装反。

28. *I-V* 曲线异常

I-V 曲线异常可能的原因包括组件中存在破片；电池片中高低挡(电流)混用，生产过程中应禁止高低挡混用；电流电压修正参数不符，此时应重新修正参数；检测设备出现故障。

29. 型材问题

型材问题会影响组件外观及使用寿命。可能造成的原因包括型材划伤，可能由于来料检查不仔细，装框清洗包装过程中划伤；型材拼接有出入，可能由于加工时尺寸没有控制好，产生误差；型材变形，可能由于型材加工过程中没有拉直，型材的硬度不够。

30. 型材与组件接缝处漏缝

型材与组件接缝处漏缝影响组件外观及使用寿命。常见问题包括上表面有缝，可能由于没有将硅胶溢出，或没有将型材内部硅胶充足；反面有缝，可能由于补胶没有补好或硅胶与背板之间黏结性不好，应检验硅胶与背板之间的黏结性。

31. 接线盒问题

接线盒问题会影响组件电性能及使用寿命。常见问题包括密封圈脱落，水汽易从盒盖渗入，造成组件短路；盒盖脚断掉，可能由于安装不牢，易被拉掉，水汽易渗入；接线盒没有盖紧，安装不牢，易脱落，水汽易渗入；连接插头没有插接到位，和接线端子形成点接触，电阻大，易断路；安装螺丝没有拧紧，引线易脱落，造成断路；正负极接反，系统安装时出现故障。

32. 接线盒安装问题

接线盒安装易出现的问题包括位移，位移后，边缘硅胶变少，易渗水，因此生产时接线盒放上后先不要按紧，装好引线并用角尺校准后再按紧，如盒子高于型材，四角要垫高；接线盒底部硅胶少，可能由于黏结不好，打胶不均匀，易渗水，应注意注胶方式、胶量及安装方式。

33. 接线盒安装引线问题

接线盒安装引线出现问题包括汇流条上有胶带，会导致绝缘过热，引起氧化及其他反应；引出线根部密封，水汽易沿着汇流条渗入组件内部；插入接线端子内的汇流条尺寸过窄、过短，通电面积减少，电阻加大，易导致过流，发热，长时间使用易烧坏接线端子；汇流条插入接线端子后过紧，无热胀冷缩的余地，反复如此，电阻会变大，长期使用可能会断。

34. 标签问题

标签出现的问题包括贴斜，影响美观；有气泡，长期使用，气泡会增大，最终会脱落；标签破，外观标志不美观；没有安装说明书，资料不完整；标签不正确，会给客户造成误导。

35. 包装

包装出现的问题包括包装盒变形，纸箱承重不够，上面组件的重量基本压在最下面组件，易将组件压破；缠绕膜破损，在运输过程中的安全性受到影响，防水性能也受到影响；护角保护不到位，运输时安全受到影响；打包带松、包装不牢，包装带松紧度不好或包装时没有靠紧包装机的靠山；缠绕膜没有拉紧，安全受到影响，整堆组件易倒塌。

36. 硅胶问题

硅胶问题包括硅胶固化后发黄，硅胶与 EVA 的搭配性不协调；硅胶固化后与背板不黏结，硅胶与背板不融合；硅胶固化后与接线盒不黏结；在使用中，胶枪停下之后，硅胶仍在溢出，气源压力过大，硅胶底部固化，硅胶四周固化。

37. 玻璃自爆

玻璃自爆如图 5-14 所示。玻璃自爆可能造成的原因包括玻璃自身热应力不够；玻璃本身内部有杂质颗粒；玻璃钢化程度不够；加热板不平；加热板上有硬物；堆放不规范；组件放置数量过多。

图 5-14 玻璃自爆

5.5 太阳能电池组件返工技术要求

根据检验产品的不合格程度，处理方法也各不相同，对于虽有外观缺陷但不影响组件电性能和使用年限又在合格品检验范围之内的产品可以放行；检验规范内未提到，但又影响组件外观或电性能，检验人员暂时无法确定的产品采取隔离待定；对于外观或电性能上超出合格品检验范围，影响使用和销售的组件应进行返工；因组件无法进行返工或返工会造成产品成本的大幅度提高，可降低价格进行销售；对于产品因外观或电性能严重损坏而无任何使用价值的不合格品应进行报废处理。本节主要介绍简单的返工工艺。

1. 焊接返工

(1) 单片焊接工序返修工艺

若单片焊接工序出现中段虚焊而要求返工，返修操作如图 5-15 所示，单片焊接工序出现的焊条偏移返修方法与此类似。

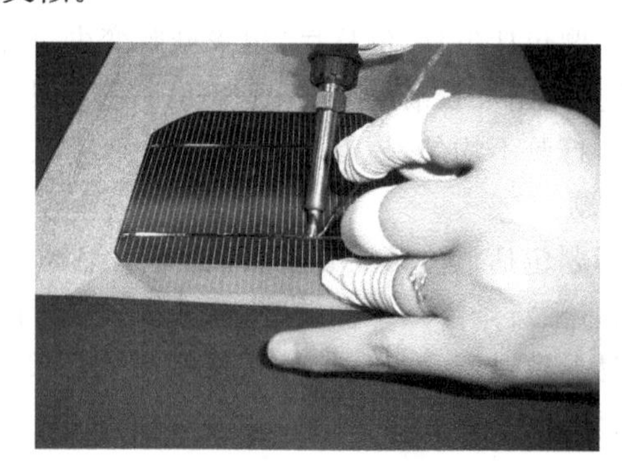

图 5-15　中段虚焊返修

返工时，应把电烙铁的温度设定低于焊接温度 10 ℃左右，左手大拇指和食指轻拉起互连带，无名指压住电池片，右手握电烙铁距电池片底端 0.5～1 cm 处，用电烙铁将互联条从电池片上均匀的从下向上拆下；互联条取下后放置废料盒内，用烙铁将主栅线上残留的银锡合金抹平(快而轻)，注意不能把残余的银锡合金刮到电池片表面的细栅线上；再用新的互联条重新焊接，焊接时速度比第一次稍快。

对于两端虚焊问题的返修操作，用棉签沾上适量的助焊剂，涂抹于虚焊处的互联条上，等焊剂晾干后，用烙铁从虚焊处进行补焊，焊好后检查电池片有无破片、过焊等情况，使用助焊剂后用适量的酒精清洗。

(2) 破片返修

破片返修操作操作如图 5-16 所示。

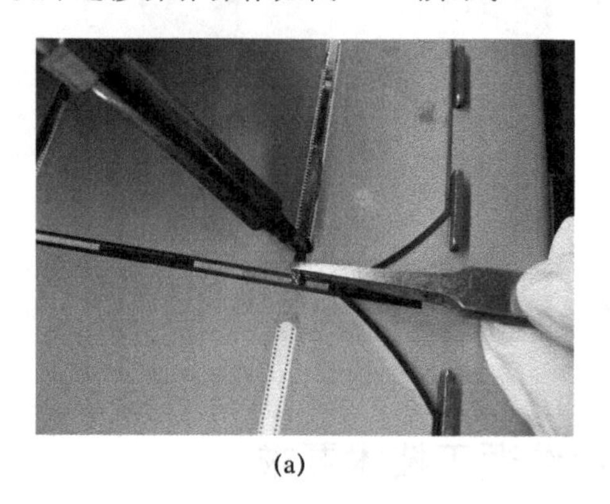

(a)

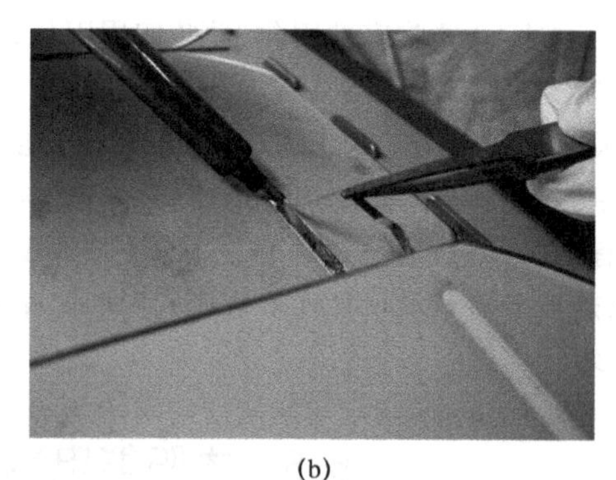

(b)

图 5-16　破片返修操作

先把电烙铁的温度设定低于焊接温度 10 ℃左右，左手用镊子捏住互联条，用电烙铁将互联条均匀的从焊接起始端向末端移动，从电池片上卸下连条，卸好后，把主栅线上残留的银锡合金用烙铁抹平(快而轻)，更换电池片。由于卸下导致互联条弯曲，可用手矫正互联条，用棉签沾上少量的助焊剂，涂抹在已焊过的互联条上，待助焊剂晾干后加少量的焊锡进行焊接(速度稍快)。焊接时使用了助焊剂，要用适量的酒精清洗。

2. 叠层返工

叠层前发现破片需要返修，将电池串移到串焊模板上，根据串焊返修工艺返修。

叠层完后的破片返修，先把电烙铁的温度设定低于焊接温度 10 ℃左右，用白纸或高温布垫在破片的下方，按照串焊的破片操作步骤进行返修。使用酒精后，一定要等其完全挥发后才能覆盖 EVA 和背板，然后再流入下一道工序。

极性连反的返修操作，用镊子将汇流条与互联条连接处卸下，如图 5-17(a)和(b)所示，注意拆卸时不要将 EVA 烫溶化，如图 5-17(c)所示。将电池串移至转接模板，按照极性要求重新摆放电池串，根据技术工艺要求，重新加锡焊接，如图 5-17(d)所示。

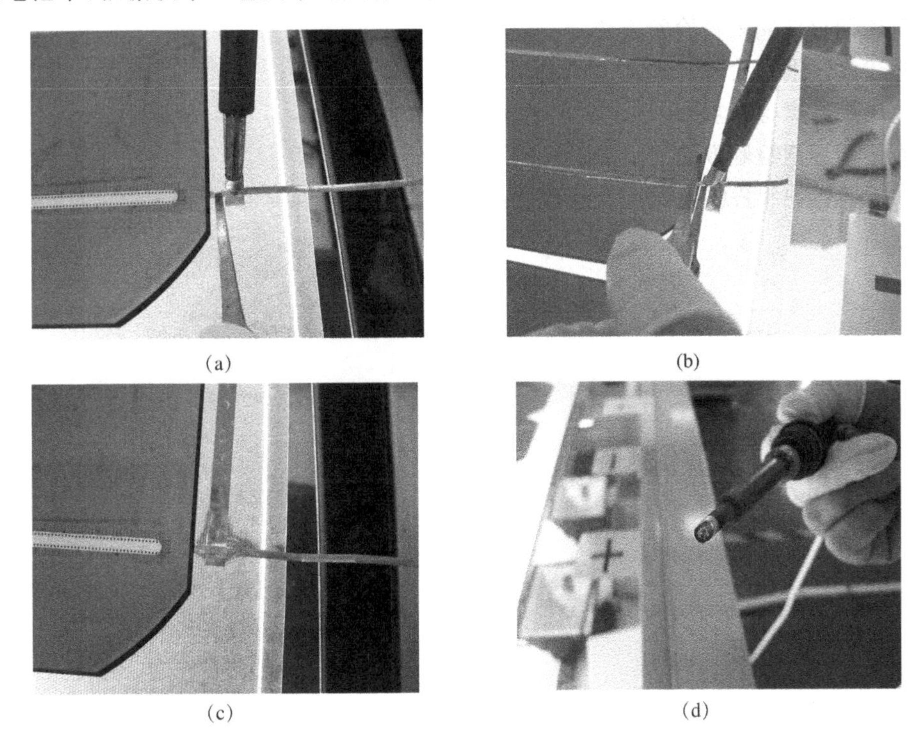

(a)　(b)　(c)　(d)

图 5-17　极性连反返修操作

3. 层压返工工艺

层压返工操作时需有较好的经验人员才能进行。层压返工分为整体返工法和局部返工法。整体返工法将组件在层压机内(温度 120～135 ℃)加热 5～10 min，然后将背板整体揭掉，对不良部位返工。局部返工法将所需换片的位置划开，用热风枪等加热设备将其局部加热，然后将背板局部揭掉对不良部位进行返工。

叠层处返工先将组件清理干净，然后填补 EVA、电池片，再测电流电压是否正常，如果正常覆盖整张 EVA、背板。

对于返工后再次层压的重点是工艺参数的选择，层压温度与时间应低于第一次层压。

4. 装框返工工艺

对于自攻螺钉拼框组件，应先将带拆组件的四角螺钉拆去，用刀片划开背板与型材之间的补胶，用力扳动型材(平行用力，成 45°弧线形)，来回多次用力，用刀片再向型材内部深划，尽可能划开硅胶，感觉松动后用力将型材扳掉。操作时应注意禁止从型材一端用力，不能划伤背板。

对于 45°拼角组件，应先用角磨机或锯子从型材的角上将型材锯开，再重复上面的步骤。操作时应注意不能锯到玻璃，拆框前用气枪将组件表面吹净。

习题五

1. 晶体硅电池片来料检验有哪些注意事项？
2. 简述做 EVA 的交联度试验方法。
3. TPT 背板来料检验内容有哪些？
4. 简述钢化玻璃来料检验方法。
5. 简述涂锡铜带检验规则。
6. 简述接线盒检验规则。
7. 简述助焊剂检验方法。
8. 太阳能电池组件常规试验操作有哪些？

第 6 章　车间管理

车间管理的核心内容是安全、质量、成本、交货周期。电池组件生产因其特殊性，上述四个内容体现得更为具体。本章所列内容和表格，未必符合所有公司的良性运转，需要读者根据自己所在公司的实际生产情况做必要的调整。

6.1　生产管理

6.1.1　工序人员分配

工序人员分配需要明确人员所在岗位的操作技能和工作时间，对于单焊、串焊、叠层工序来讲，其对技术的掌握程度要求比其他工序高得多。因此该部分的工人熟练程度是最为重要的；而层压机及组边框、包装、检测等岗位操作难度不大，但检测岗位的异常识别工作对经验要求较高，反而需要更有工作经验的员工。因此我们将所有工序按其工作的技能、经验、培训时间等因素进行分类，见表 6-1，以供各位管理者参考。这里需要特别说明的，有些岗位可能会因为设备的自动化程度不同而有所变化。

表 6-1　岗位技能分析

工序名称	技巧	理论知识	实践经验	操作能力	培训时间	重要程度	劳动强度
检片	★★☆	★☆	★★☆	★★☆	★★☆	★★☆	★★☆
单焊	★☆	☆	★★☆	★★☆	★★☆	★★☆	★
串焊	★☆	☆	★★☆	★★☆	★★☆	★★☆	★
叠层	★★☆	☆	★★★	★★★	★★☆	★★★	★★★
裁互联条	☆	☆	☆	☆	☆	★☆	☆
裁 EVA、背板	★	☆	☆	☆	☆	★☆	☆
中检	★	★★	★★☆	★★☆	★★☆	★★☆	★
层压	★☆	★☆	★☆	★★☆	★☆	★★☆	★
去边	☆	☆	★☆	★☆	☆	★☆	★☆
装框	☆	☆	★☆	★☆	☆	★	★
打胶	★★☆	☆	★★☆	★★☆	★☆	★★	★
装接线盒	★★☆	★☆	★★☆	★★☆	★☆	★★	★
清洁	☆	☆	☆	☆	☆	☆	☆

续表

工序名称	技巧	理论知识	实践经验	操作能力	培训时间	重要程度	劳动强度
EL 检测	☆	★★☆	★★☆	★☆	★★	★★	★
I-V 检测	★	★★☆	★★☆	★☆	★★	★★★	★★
包装	★	☆	★☆	★☆	☆	★	★★☆

注：最高级等级为“★★★”，最低等级为“☆”，其中★比☆更难。

综上因素，按正常生产而言，生产 1MW 所需要人员数量及分配见表 6-2。

表 6-2 1MW 所需要人员数量及分配

工序名称	每班/人	总人数/人	工序组长/人	总计/人	备注
检片	2	6	0	6	根据电池片情况也可合并到 IQC
单焊	4	12	0	12	
串焊	3	9	0	9	
叠层	6	18	3	21	
裁互联条	1	1	0	1	
裁 EVA、背板	2	3	0	3	3 人制，1 人替班
中检	1	3	0	3	
层压	3	9	3	12	
去边	1	3	0	3	或由层压人员负责
装框	3	9	0	9	
打胶	1	3	0	3	
装接线盒	1	3	0	3	
清洗	2	6	0	6	
EL 检测	1	3	0	3	
高压绝缘测试	1	3	0	3	
I-V 检测	3	9	3	12	
包装	4	4	1	5	
生产主管	0	0	1	5	
品质巡检	2	6	0	6	
品质主管	0	0	1	1	
工艺员	1	3	0	3	
工艺主管	0	0	1	1	
按三班制总计人数				126 人	

6.1.2 日常管理

1. 生产管理制度

生产管理制度是生产部门最基本的管理制度，是为了规划、加强车间的管理工作，进一步提高员工工作技能和个人素质，达到公司要求的生产效率和产品质量的目的制定的。通常生产管理制度需要反映出公司的管理理念，因此各公司的生产管理制度有其特殊性。

通常生产管理制度包括工作制度、工艺管理及卫生制度、安全制度、奖罚制度等,以下列举了一个实例,仅供参考。

(1) 工作制度

工作制度一般包括以下几条:

• 员工应当服从所属管理人员的领导,按照各岗位的技术要求、质量要求认真工作。所有员工不得消极怠工,工作中不得有个人情绪,有问题应及时向车间管理人员讲述,管理人员应当认真对待,并为员工保密。

• 班组长对员工提出的问题应及时答复,最长不得超过半个工作日。车间主任、副主任对员工提出的问题应及时答复,重大问题不得超过工作日,各级对无法或无权答复的问题应及时上报。任何人不得在员工中拉帮结派,应当团结和帮助同事。

• 员工如发现工作中的问题和隐患应当及时向组长或车间领导报告,技术、工艺问题也可向工艺员汇报。严重问题应当立即报告,并采取相应的控制措施。

• 工作人员应当按照规定正确使用、保养、保管各种工具、设备,遵守设备操作规程。

• 违反规定造成设备、工具损坏,应当赔偿。

• 未经车间领导同意,非本岗位操作人员不得使用、操作该岗位设备工具。未经车间领导同意不得将设备、工具等物品出借给外部门人员。未经批准,公司物品不得带出公司大门。

• 物品应按规定放置,工作台面不得放置与工作无关的物品。

不得在工作场所大声喧哗、谈天说地、嬉闹、看报纸或与工作无关的书籍、听音乐、吃零食、打瞌睡等。不得在工作场所接打私人电话,如有个人紧急或重要事情,需向车间领导说明,并得到同意。

• 工作时间私人会客需经组长或车间领导同意,在规定的场所会客,一般情况,会客时间不超过5 min。工作中的交流应文明礼貌,使用规范用语。对非本部门人员的非工作交流应礼貌拒绝。非工作需要不得进入他人工作岗位,不得进入其他班组、其他部门。与其他部门的联系原则上由车间领导进行,如具体工作需要与其他人员直接联系的,应告知车间领导并取得同意。

• 工作上严禁一切弄虚作假行为。

(2) 工艺管理制度及卫生制度

工艺管理制度及卫生制度一般有以下几项:

• 工艺文件(含作业指导书、临时操作说明等)应当由公司规定的技术人员和管理人员编制或修改、核对、审批,并经相应的程序发放至相关工作岗位及相关人员。

• 工艺人员、工艺监督人员、工艺检查人员、生产管理人员、设备管理人员、品质管理人员等应当按工艺文件的规定进行相关工作。

• 作业人员应当正确使用工艺文件中规定的工具、设备。作业人员应当严格遵守工艺文件规定的作业程序。工艺技术人员、检查人员、品质管理人员、作业人员应当正确理解、熟练掌握工艺文件中的工艺要求。

• 与工艺相关的所有人员均有权利对工艺文件提出异议,有义务对工艺文件提出合理化建议,但在工艺文件修改前,应当按文件规定执行。重大、紧急情况可暂停作业,同时向工艺员、车间管理人员、品质管理人员或上级主管报告。

• 进入生产场所的人员应当遵守工艺文件中相关岗位的着装(含工作衣、鞋、帽、手套、指套等)和卫生规定。作业人员应当严格遵守着装规定、工艺卫生规定、工具设备使用摆放规定。

• 用餐后上班前应当仔细清洁工作台桌。各岗位应当保持工作台面及所属地区、特别是物品存放区的整洁。

• 按规定放置材料。废物、废料应严格区分放置；严禁乱扔杂物、垃圾；严禁随地吐痰、倒水，严禁在工作场所抽烟。

（3）安全制度

安全制度一般包括以下几项：

• 操作人员应当熟练掌握并执行所有设备的操作规程。特别是电气开关的操作应当严格按规定的方式和程序进行。

• 使用电烙铁、热风枪、热塑轮等发热设备时，较长时间不用或离开工作岗位时应切断电源。对于易造成人身伤害的工具、设备应当严格按规定放置、保管、维护。

• 层压机、装框机、型材切割机、冲压机等应当由规定的人员操作，其他人员未经许可不得操作。

• 班组长在下班之前、吃饭前应当检查本工段的设备、工具安全，特别是电气、发热设备和工具的安全。

• 设备管理人员或特别指定的生产人员在下班后按规定切断相关电源。

• 危险品（特别是易燃、易腐蚀品）的使用、存放应由专人操作，严格按规定执行。

（4）奖罚制度

奖罚制度主要有以下几项：

对于违反本制度的相关规定，情节、后果轻微者，给予批评或口头警告处分；情节、后果较轻者，给予书面警告或处以 5～50 元的罚款处理。

• 对于违反本制度中的规定，情节、后果严重者，或情节、后果较轻但每月累计 2 次者，给予严重书面警告，并处以 50～200 元的罚款处理。

• 对于违反本制度中的规定，情节、后果特别严重者，或情节、后果严重但每月累计 3 次（及以上）者，处以 200～500 元罚款处理或予以辞退。

• 每月考核或评估一次，对于遵守本制度优秀者，每次予以 20～200 元的奖励并通报表彰。特别优秀者或贡献较大者，给予 200 元以上的奖励并通报表彰。

• 奖罚制度中的第一、第二项由车间主任决定后，报公司主管领导审核；第三、第四项由车间主任报主管领导汇报并提议后，由主管领导决定。对于其他部门人员的处罚决定，由主管领导与其他所属部门领导协商解决。

2. 交接班管理

一个良性的生产管理，必须有一个完善的交接班制度，通过交接班可以传递生产信息和总结生产经验，使不同的班组间实现横向沟通。常见的交接班记录表见表 6-3。

表 6-3　交接班记录表

工作现场	桌面卫生		仪器保养	
	地面卫生		货架	
	物品摆放		其他	
工作质量				
工作产量				
需要交接内容				
交班人：	接班人：		时间：	

3. 考勤制度

考勤制度是公司规章管理制度中重要的组成部分，通过考勤管理，严肃工作纪律，有效提升员工的敬业精神，并使员工的工资核算做到有法可依，具体需要结合公司实际情况，制定具体的管理制度。

通常管理制度包括以下几部分内容：工作时间、打卡制度、加班管理、请假制度、休假方案、工资考勤扣除等，这些内容各公司的具体情况会有较大差异，这里不提供相应的样本。常见的考勤表见表 6-4。

4. 激励与奖罚

企业内良好的激励制度可以有效地提高员工工作热情和生产效率，可以发动员工的主人翁责任感，发动全员的力量。激励的方法很多，有晋升激励机制、薪酬激励机制、年薪激励机制等。

激励通常要保持以下 5 个基本原则：① 给员工分配的工作要适合他们的工作能力和工作量；② 论功行赏；③ 通过基本和高级的培训计划，提高员工的工作能力，并且从公司内部选拔有资格担任领导工作的人才；④ 不断改善工作环境和安全条件；⑤ 实行并推广合作态度的领导方法。

奖罚是生产中，对生产劳动或工作做出优异成绩的劳动者给予激励，对影响产品质量的劳动者给予惩罚的方法。奖罚通常有精神奖罚和物质奖罚两种。精神奖罚有授予光荣称号，颁发奖状和奖章；口头警告、书面警告等。物质奖罚有给予奖金、奖品等实物的奖励；现金罚款。

通常奖励和惩罚并举，但建议奖励应大于惩罚。激励和惩罚也可以和后面提到的6S管理工作相结合。

6.1.3 生产统计

1. 生产日报表

生产日报表是生产部门每天必须上报的生产数据汇总。该数据反映一个工作日生产的基本信息，有些企业将成本也一并合在内进行统计。报表结构详见表 6-5。

2. 生产月报表

生产月报表通常有《产成品月报表》和《原材料使用月报表》《原材料月报表》通常是本月盘点清库的数量，《产成品月报表》详见表 6-6。

6.1.4 生产控制

1. 生产通知单

生产通知单是生产控制的第一步，是将生产计划分解成实际生产需要的第一步，是将销售信息转成产品的书面通告。对于生产部门没有生产通知单是不能生产的，有些公司生产通知单会由专门的生产计划部门来形成书面通知，有些则直接由销售部门来下发，不管怎么安排，生产通知单基本上都是生产控制的第一步，由生产通知单，技术部门出具生产用料清单，生产部门按需领料直至根据生产通知单的时间期限交付合格的产成品。

生产通知单的形式见表 6-7。

表 6-4　考勤表

姓名	1	2	3	4	5	6	7	8	9	10	11	12	13	14	15	16	17	18	19	20	21	22	23	24	25	26	27	28	29	30	31	合计										
																																早班	中班	夜班	加班	旷工	事假	病假	产假	婚假	丧假	出勤
备注	出勤:√　旷工:×　迟到:△　工伤:★　早班:早　夜班:夜　中班:中　加班:加　婚假:婚　产假:产　病假:病　丧假:丧　事假:事																																									

表 6-5　组件生产日报表

______年____月____日

<table>
<tr><td rowspan="2">组件型号</td><td rowspan="2">产品批号</td><td colspan="2"></td><td colspan="3"></td><td colspan="3"></td><td colspan="2">装边框</td><td colspan="2">清理</td><td colspan="2">检测</td><td colspan="2">包装</td><td rowspan="2">待处理</td><td rowspan="2">报废</td><td colspan="4">入库</td></tr>
<tr><td></td><td></td><td></td><td></td><td></td><td></td><td></td><td></td><td>产量</td><td>累计</td><td>产量</td><td>累计</td><td>产量</td><td>累计</td><td>产量</td><td>累计</td><td>A 级</td><td>累计</td><td>B 级</td><td>累计</td></tr>
<tr><td></td><td></td><td colspan="2"></td><td colspan="3"></td><td colspan="3"></td><td></td><td></td><td></td><td></td><td></td><td></td><td></td><td></td><td></td><td></td><td></td><td></td><td></td><td></td></tr>
<tr><td></td><td></td><td colspan="2"></td><td colspan="3"></td><td colspan="3"></td><td></td><td></td><td></td><td></td><td></td><td></td><td></td><td></td><td></td><td></td><td></td><td></td><td></td><td></td></tr>
<tr><td></td><td></td><td colspan="2"></td><td colspan="3"></td><td colspan="3"></td><td></td><td></td><td></td><td></td><td></td><td></td><td></td><td></td><td></td><td></td><td></td><td></td><td></td><td></td></tr>
<tr><td></td><td></td><td colspan="2"></td><td colspan="3"></td><td colspan="3"></td><td></td><td></td><td></td><td></td><td></td><td></td><td></td><td></td><td></td><td></td><td></td><td></td><td></td><td></td></tr>
<tr><td></td><td></td><td colspan="2"></td><td colspan="3"></td><td colspan="3"></td><td></td><td></td><td></td><td></td><td></td><td></td><td></td><td></td><td></td><td></td><td></td><td></td><td></td><td></td></tr>
</table>

备注：

表 6-6 产成品(　　)月报表

计划单号	批号	组件型号	组件规格	产品的总数	合格数	合格率	不合格品	报废品	备注
合计									

表 6-7 生产通知单

日期：________

From：

To：

完成时间：

序号	规格	瓦数	数量/块	备注

备注表单

材料	规格	特殊要求	备注
电池片			
玻璃			
EVA			
TPT			
纸箱			
接线盒			
铝合金边框			
标签			
包装			

生产计划员：

审　　核：

批　　准：

2. 生产配料

通常生产通知后，生产部门需要根据技术工艺的要求或由技术部门出具生产配料清单，各生产工艺按配料清单和生产数量确认备料数量及分配到每日的工作数量。表例具体详见表 6-8。

3. 工艺流程卡

工艺流程卡也可称为工序流程卡，是用来记录生产过程信息的手段，通过详细记录工艺流程中的关键信息，及时分析和处理生产过程中的异常。同时对批量信息的统计可对工艺调整提供数据参考意见，工艺流程卡可用来统计员工的工作量、单位损耗等信息，因此工艺流程卡记录对生产、技术、质量等部门来说是极为重要的。表 6-9 为手动生产线设计的表格，对于自动生产线，因为各厂家的实际选择设备的性能和功能有较大差异，本节不提供参考表格。

表 6-8 生产配料表

组件型号	产品型号	批量/块	电池型号	η/%

主要原材料信息

No	原材料名称	原材料供应商	规格型号	单位	单耗	需求数量	备注
1	太阳电池片			片			
2	钢化玻璃			片			
3	互联条			kg			
4	汇流条			kg			
5	EVA			m^2			
	EVA 垫条			m^2			
6	TPT			m^2			
	TPT 垫条			m^2			
7	铝合金长边框			根			
8	铝合金短边框			根			
9	密封硅胶			支			
10	接线盒			个			
11	条形码			个			
12	铭牌			张			
13	包装箱(内)			个			
14	包装箱(外)			个			
15	托盘			个			

表 6-9 工艺流程卡的格式

批　号　　　　　　　　　　　　　　　　　　　　条形码

组件功率　　W　电池片厂家　　　　　　　　　　电池片功率　　　　电池片规格

<table>
<tr><td rowspan="2">分选</td><td>日期</td><td>时间</td><td colspan="2">操作员</td><td colspan="3">颜色等级</td><td colspan="2">描述</td></tr>
<tr><td></td><td></td><td colspan="2"></td><td colspan="3"></td><td colspan="2"></td></tr>
<tr><td rowspan="2">单焊</td><td>日期</td><td>时间</td><td colspan="2">操作员</td><td colspan="5">换片记录</td></tr>
<tr><td></td><td></td><td colspan="2"></td><td colspan="5"></td></tr>
<tr><td rowspan="2">串焊</td><td>日期</td><td>时间</td><td colspan="2">操作员</td><td colspan="5">换片记录</td></tr>
<tr><td></td><td></td><td colspan="2"></td><td colspan="5"></td></tr>
<tr><td rowspan="3">叠层</td><td>日期</td><td>时间</td><td colspan="2">操作员</td><td>材料</td><td>背板</td><td>EVA</td><td>玻璃</td><td>换片记录</td></tr>
<tr><td></td><td></td><td></td><td></td><td>型号</td><td></td><td></td><td></td><td></td></tr>
<tr><td>电压</td><td>V</td><td>电流</td><td>A</td><td>批号</td><td></td><td></td><td></td><td></td></tr>
<tr><td rowspan="2">中检</td><td>日期</td><td>时间</td><td>检验员</td><td colspan="3" rowspan="2">□合格□不合格</td><td rowspan="2">返工说明</td><td colspan="2" rowspan="2"></td></tr>
<tr><td></td><td></td><td></td></tr>
</table>

续表

<table>
<tr><td rowspan="2">层压</td><td>日期</td><td>时间</td><td>操作员</td><td>设备号</td><td>抽空时间</td><td>层压时间</td><td>压力</td><td>显示温度</td><td>其他状态说明</td></tr>
<tr><td></td><td></td><td></td><td></td><td></td><td></td><td></td><td></td><td></td></tr>
<tr><td rowspan="2">检测隐裂</td><td>日期</td><td>时间</td><td>操作员</td><td>设备号</td><td colspan="3" rowspan="2">□合格 □不合格</td><td colspan="2">其他状态说明</td></tr>
<tr><td></td><td></td><td></td><td></td><td colspan="2"></td></tr>
<tr><td rowspan="2">装框</td><td>日期</td><td>时间</td><td>操作员</td><td colspan="2">设备设计编号</td><td>硅胶型号</td><td>操作员</td><td>接线盒型号</td><td>操作员</td></tr>
<tr><td></td><td></td><td></td><td colspan="2" rowspan="3"></td><td></td><td rowspan="3"></td><td></td><td></td></tr>
<tr><td rowspan="2">清洗</td><td>日期</td><td>时间</td><td>操作员</td><td>硅胶批号</td><td>接给盒厂家</td><td>接线员</td></tr>
<tr><td></td><td></td><td></td><td></td><td></td><td></td></tr>
<tr><td rowspan="2">耐压测试</td><td>日期</td><td>时间</td><td>操作员</td><td colspan="2">电压</td><td>V</td><td>□合格
□不合格</td><td colspan="2">不合格内容描述</td></tr>
<tr><td></td><td></td><td></td><td colspan="2">漏电流</td><td>mA</td><td colspan="3"></td></tr>
<tr><td rowspan="2">外观测试</td><td>日期</td><td>时间</td><td>操作员</td><td colspan="3">□合格 □不合格</td><td colspan="3">不合格内容描述</td></tr>
<tr><td></td><td></td><td></td><td colspan="3"></td><td colspan="3"></td></tr>
<tr><td rowspan="2">组件测试</td><td>日期</td><td>时间</td><td>操作员</td><td colspan="2">□合格 □不合格</td><td></td><td colspan="3">不合格内容描述</td></tr>
<tr><td></td><td></td><td></td><td colspan="2">功率</td><td>W</td><td colspan="3"></td></tr>
<tr><td rowspan="6">生产不合格的内容</td><td colspan="3">不合格现象</td><td colspan="3">返修结果</td><td>返修人</td><td colspan="2">核实</td></tr>
<tr><td colspan="3"></td><td colspan="3"></td><td></td><td colspan="2"></td></tr>
<tr><td colspan="3"></td><td colspan="3"></td><td></td><td colspan="2"></td></tr>
<tr><td colspan="3"></td><td colspan="3"></td><td></td><td colspan="2"></td></tr>
<tr><td colspan="3"></td><td colspan="3"></td><td></td><td colspan="2"></td></tr>
<tr><td colspan="3"></td><td colspan="3"></td><td></td><td colspan="2"></td></tr>
</table>

6.1.5 6S 管理

1. 6S 的概念

1955 年，日本企业对工作现场提出了整理、整顿 2S，后来因管理水平的提高陆续增加了后 3S，从而形成了目前广泛推动的 6S 架构。也将 6S 活动从原来的品质环境扩展到安全、行动、卫生、效率、品质及成本管理等诸多方面。在诸多方面应用 6S 使其得到大幅度的改善。现在企业中不断推出新的 S，如 6S、6S＋安全(Safety)、7S、6S＋安全＋服务(Service)等。

6S 是整理(Seiri)、整顿(Seiton)、清扫(Seiso)、清洁(Seiketsu)、素养(Shitsuke) 和安全(Safety)这 6 个词的缩写。因为日语中这 6 个词罗马拼音的第一个字母都是“S”，所以简称 6S。6S 活动的核心和精髓是自身修养，如果没有职工队伍自身修养的相应提高，6S 活动就难以开展和坚持下去。

6S 管理是一种经济、实用、有效的现场管理方法，通过规范现场、现物，营造一个一目了然的工作环境，培养员工良好的工作习惯。

2. 6S的理解与实施方法

(1) 整理

整理是指按照标准区分开必要的和不必要的物品，对不必要的物品进行处理。在现场工作环境中，区分需要的和不需要的工具及文件等物品对于提高工作效率是很有必要的。

生产过程中滞留现场的残余物料(如层压后组件边料)、待修品(如待修的成品组件)、待返品(如待修的电池串)、报废品以及无法使用的工装、量具、机器设备、个人物品等，会使作业场地混乱而且影响生产的一切物品。

整理的目的是腾出有效空间以充分利用，防止误用废品(如不合格的铝边框) 及误送不合格的电池组件，目标是塑造有序的工作环境。

整理有以下几种方法：

• 首先要制定判定基准，生产车间内需要明确划分不同区域，可以固定放置物品的位置需要明确标识。

• 其次规定清除不必要物品的清除时间、清除频次，通常建议一个班次做一次清洁，对不必要的物品还要明确处理方法，即明确哪些是直接倒掉的，哪些是可以回收再处理的。

• 再次需要规定由谁来进行检查、如何检查及检查的频次等。注意易被忽视的地方，如设备底部、顶部、桌子底下等。

(2) 整顿

整顿是把必要的物品按需要量、分门别类、依规定的位置放置，并摆放整齐，加以标识。通过上一步整理后，对生产现场需要留下的物品进行科学合理的布置和摆放，以便最快速地取得所要之物，在最简捷、有效的规章、制度、流程下完成工作。

整顿的三要素为场所、方法、标示。判断整顿三要素是否合理的依据在于是否能够形成物品容易放回原地的状态。当寻找某一件物品时，能够通过定位、标识迅速找到，并且很方便将物品归位。

① 场所

物品的放置场所原则上要100%设定，物品的保管要做到“定点、定容、定量”。场所的区分，通常是通过不同颜色的油漆和胶带来加以明确：黄色往往代表通道，白色代表半成品，绿色代表合格品，红色代表不合格品。

6S管理强调尽量细化，对物品的放置场所要求有明确的区分方法。使用胶带和隔板将物料架划分为若干区域，这样使得每种零件的放置都有明确的区域，从而避免零件之间的混乱堆放。

② 方法

整顿的第二个要素是方法。最佳方法必须符合容易拿取的原则。现场管理人员应在物品的放置方法上多下功夫，用最好的放置方法保证物品的拿取既快又方便。

③ 标识

整顿的第三个要素是标识。很多管理人员认为标识非常简单，但实施起来效果却不佳，其根本原因就在于没有掌握标识的要点。一般说来，要使标识清楚明了，就必须注意以下几点：要考虑标识位置及方向的合理性，公司应统一(定点、定量)标识，并在表示方法上多下功夫，如充分利用颜色来表示等。

整顿的三定原则分别是定点、定容和定量。

① 定点

定点也称为定位，是根据物品的使用频率和使用便利性，决定物品所应放置的场所。一般说来，使用频率越低的物品，应该放置在距离工作场地越远的地方。通过对物品的定点，能够维持现场的整齐，提高工作效率。

② 定容

定容是为了解决用什么容器与颜色的问题。在生产现场中，容器的变化往往能使现场发生较大的变化。通过采用合适的容器，并在容器上加上相应的标识，不但能使杂乱的现场变得有条不紊，还有助于管理人员树立科学的管理意识。

③ 定量

定量就是确定保留在工作场所或其附近的物品的数量。按照市场经营的观点，在必要的时候提供必要的数量，这才是正确的。因此，物品数量的确定应该以不影响工作为前提，数量越少越好。通过定量控制，能够使生产有序，明显降低浪费。

(3) 清扫

清扫是将清除工作场所的脏污(灰尘、污垢、异物等)，并防止脏污的再发生，保持工作场所干净亮丽。清扫过程是根据整理、整顿的结果，将不需要的部分清除出去，或者标示出来放在仓库之中。

现场在生产过程中会产生灰尘、油污、铁屑、垃圾等，从而使现场变脏。脏的设备会使设备精度下降，故障多发，影响产品质量，使安全事故防不胜防；脏的现场更会影响人们的工作情绪。因此，必须通过清扫活动来清除那些杂物，创建一个明快、舒畅的工作环境，以保证安全、优质、高效率地工作。

清扫的注意点包括责任化、标准化和污染源改善处理。

① 责任化

所谓责任化，就是要明确责任和要求。在6S管理中，经常采用6S区域清扫责任表来确保责任化。在责任表中，对清扫区域、清扫部位、清扫周期、责任人、完成目标情况都应有明确的要求，提醒现场操作人员和责任人员需要做哪些事情，有些什么要求，明确用什么方法和工具去清扫。

② 标准化

当不小心把一杯鲜奶洒在桌子上时，有人会先用干毛巾擦后再用湿毛巾擦，而有人会先用湿毛巾擦后用干毛巾擦。对于如此简单的一个问题，竟然有两种完全不同的答案。而现场管理遇到的问题则要复杂得多，如果不能够实现标准化，同样的错误可能不同的人会重复犯。因此，清扫一定要标准化，共同采用不容易造成安全隐患的、效率高的方法。

③ 污染发生源改处理善

推行6S管理一定不能让员工们觉得只是不停地擦洗设备、搞卫生，每天都在付出。需要清扫的根本原因是存在污染源。如果不对污染发生源进行改善处理，仅仅是不断地扫地，那员工一定会对6S管理产生抵触情绪。因此，必须引导员工在污染源发生方面做出一些有效的处理改善措施，很多污染源只需要采取一些简单的措施和较少的投入，就能予以有效杜绝。

清扫的主要对象是为了指将工作场所彻底清扫，杜绝污染源，及时维修异常的设备，以最快的速度使其恢复到正常的工作状态。通过整理和整顿两个步骤，将物品区分开来，把没有使用价值的物品清除掉。

一般说来，清扫的对象主要集中在以下几个方面：

① 清扫从地面到墙板到天花板的所有物品

需要清扫的地方不仅仅是人们能看到的地方，在机器背后通常看不到的地方也需要进行认真彻底的清扫，从而使整个工作场所保持整洁。

② 彻底修理机器工具

各类机器和工作具在使用过程中难免会受到不同程度的损伤。因此，在清扫的过程这一环节中还包括彻底修理有缺陷的机器和工具，尽可能地降低减少突发的故障。

③ 发现脏污问题

发现脏污问题也是为了更好地完成清扫工作。机器设备上经常污迹斑斑，因此需要工作人员定时清洗、上油、拧紧螺丝，这样在一定程度上可以稳定机器设备的品质，减少工业伤害。

④ 杜绝污染源

污染源是造成清扫无法彻底的主要原因。粉尘、刺激性气体、噪音、管道泄漏等污染都存在污染源头。只有解决了污染源，才能够彻底解决污染问题。

(4) 清洁

清洁是将前面3S(整理、整顿、清扫)的做法制度化、规范化，并贯彻执行及维持，意即“标准化”。因此，清洁的目的是坚持前3S几个管理环节的成果。“整理、整顿、清扫”一时做到并不难，但要长期坚持就不容易了，若能经常保持3S的状态，也就达到了清洁管理的要求了。

清洁不能单纯从字面上来理解，清洁是对前三项管理活动的坚持和深入，从而创造一个良好的工作环境，使员工能愉快地工作。这对帮助企业提高生产效率、改善整体的绩效是很有帮助的。

清洁时，明确落实前3S的工作，制定相应的考核方法，建立奖惩机制，并强化执行。通常作为电池组件工厂，定期由行政部门等其他非生产管理部门进行现场复核是非常有必要的。

(5) 素养

素养是指人人依照规定和制度行事，养成好习惯，培养积极进取的精神。6S管理始于素质，终于素质，6S管理的核心是提高参与者的品质。如果人的素养没有提高，6S管理将无法长期坚持下去。因此，提高素养的目的是培养拥有良好习惯、遵守规则的员工，培养文明的人，营造团队精神。

抓职工素养有三项注意点：

① 形似且神似。所谓“形似且神似”，指的是做任何事情都必须做到位。国内很多企业以前也学习日本和欧美企业的管理体系，也推行过TQC等管理方法，但大多数是以失败告终，根本原因在于没有做到神似。

② 领导表率。榜样的力量是无穷的，企业在推行任何政策的过程中都需要领导层的表率作用。例如，在6S管理的推行过程中，如果总经理主动捡起地上的垃圾，对周围下属的影响是

“此时无声胜有声”的效果，促使其他员工效仿。

③ 长期坚持。6S 管理需要长期的坚持实施。6S 管理通过整理、整顿、清扫、清洁等一系列活动来培养员工良好的工作习惯，最终内化为优良的素质。如果连 6S 管理都做不好、不能坚持下去的话，其他的先进管理都是空话。目前，日本企业已经推行了几十年的 6S 管理，依旧在坚持，因而为企业带来了巨大的利益。

素养就是在对生产现场的稳步改善的基础上，制定统一的服饰，身份识别标志，制定共同遵守的有关规定和制度，教育训练(包括新人的 6S 强化教育及实践)，推进各种精神提升的活动(晨会或改善报告会)。

(6) 安全

所谓安全，就是通过制度和具体措施来提升安全管理水平，防止灾害的发生。安全管理的目的是加强员工的安全观念，使其具有良好的安全工作意识，更加注重安全细节管理。这样不但能够降低事故发生率，而且能提升员工的工作品质。安全仅仅靠口号和理念是远远不够的，它必须有具体措施来保证实施。

构筑安全企业的六个方面：

① 彻底推行 3S 管理

现场管理中有一句管理名言：安全自始至终取决于整理、整顿和清扫(3S)。如果工作现场油污遍地，到处零乱不堪，不仅影响现场员工的工作情绪，而且会带来重大安全隐患。因此，推行 6S 管理一定要重视安全工作的重要性，认真做好整理、整顿、清扫这三项要求。

② 安全隐患识别

安全隐患识别是一种安全预测。首先把工作现场所要做的工作的每一步全部列出来，然后分析每一步工作是否可能造成安全隐患。例如，在检修安全中，应该详细分析针对高空作业是用安全绳还是吊篮或者其他一些辅助措施，分别列出使用各种工具或措施可能产生的情况问题，针对可能产生的问题采取一系列预防措施来防止问题的发生。

③ 标识(警告、指示、禁止、提示)

在安全管理中，能够用标识处理好的事情就尽量用标识来处理。这是因为标志既简单又低成本低。例如，醒目位置处的“严禁水火”“小心来车”等标识能够清楚地提醒现场的工作人员注意避免危险情况的发生。如果现场没有相应的警告、指示、禁止、提示等标识，一些不了解现场的人员可能因为忙中出错而导致发生安全事故。

④ 定期制订消除隐患的改善计划

在安全管理中，警告、提示和禁止等标识并不能解决所有的安全隐患，企业管理层还必须定期制订出消除隐患的改善计划。因此，优秀的企业十分强调安全问题，每年都会根据隐患改善计划拨出相应的经费，专门用以解决安全隐患问题，如加强防护措施，防止物品搬运中撞坏现场的仪表等。

⑤ 建立安全巡视制度

在很多优秀企业中都建立了安全巡视制度，即设立带着 SP(Safety Professional)袖章的安全巡视员。这些安全巡视员都经过专门的培训，能够敏锐地发现现场的安全问题，以实现“无不安全的设备、无不安全的操作、无不安全的场所”的目标。

安全巡视员通过“CARD作战”的形式来给予安全指导：对公司财产可能造成人民币2万元以上损失或对人身安全构成重大隐患的，使用红卡；对公司财产可能造成人民币5 000～2万元损失或可能对人身造成一般损害的，使用黄卡；对公司财产可能造成人民币5 000元以下损失的，使用绿卡。

⑥ 细化班组管理

安全管理还需要细化班组管理。人命关天，班组是安全事故最可能发生的地方，因此，企业管理人员要对员工进行安全教育，公布一些紧急事故的处理方法。例如，在适当的时机应多加强演练火灾发生时的应急措施的使用，让员工了解一旦工厂发生火灾，应该怎样选择逃生路线，由谁负责救护，谁负责救火，集合疏散地点在哪里等。

3. 6S与其他管理的关系

(1) 6S管理与ISO 9000的关系

ISO 9000是一个品质管理体系，强调品质管理的全面性与文字化，拥有三级文字化的资料：质量手册、标准程序、记录。企业只有获得了ISO 9000认证，顾客才能相信企业产品质量有保证。因此，ISO 9000标准是基于客户的立场制定的，从客户的角度来衡量企业对产品质量和服务质量的管理水平。

6S管理理论认为，在各项活动中，提高员工队伍素养这项活动是全部活动的核心和精髓。6S管理是一种培育追求卓越的品质文化的基础活动，它强调现场的作业规范化与细节，因此对产品的质量存在很大的影响。而推行6S管理的最终目的是提升人的品质，从而形成良好的工作习惯和工作氛围。

可见，6S管理与ISO 9000都对产品质量存在影响。仅仅推行6S管理有助于提升质量水平，但不一定能符合质量要求；仅仅推行ISO 9000不一定能够满足质量水平的要求。只有ISO 9000与6S管理相互结合，才能更好地实现组织的目标。

6S管理与ISO 9000是相辅相成的，但在企业实际管理活动中，究竟是先推行6S管理，还是先推行ISO 9000呢？答案是必须首先推行6S管理，主要原因有以下两点：

① 6S管理是ISO 9000有效推行和日常维持的基础

6S管理是ISO 9000有效推行和日常维持的基础。通过6S管理的推行，注重现场细节的管理，将对ISO 9000的有效实施产生巨大作用。例如，ISO 9000规定要把良品和不良品区别开来，但却没有提供如何区分的方法，而6S管理的目视管理可以运用不同的颜色来区分不同的状态。

② 6S管理能提升人的品质

6S管理能够提升人的品质，使人养成良好的工作习惯，这对严格遵守ISO 9000及进一步提高管理水平作用巨大。很多企业虽然实施了ISO 9000，但现场的员工并没有按照ISO 9000的要求去做。出现这种情况一方面是因为企业没有把握ISO 9000的精髓，另一方面是因为员工没有良好的工作习惯。因此，必须将6S管理作为现场管理的基础。

(2) 6S管理与TQC的关系

全面质量管理与其说是一种管理体系，不如说是一种管理文化。没有量化的思想、没有追求卓越的QC小组文化，是无法实现TQC的。所谓的“三全”(全面、全过程、全员)是TQC的核心。由于在“全面、全过程、全员”三方面做得好的国内企业并不多，所以大部分企业的TQC实际上流于形式。

6S管理可以说是“全面、全过程、全员”的基础工程。首先，6S管理强调全面实施、没有死角，就是一个水杯都要标识和定位；其次，6S管理强调定点、定容和定量，而定点、定容和定量就是一个完整的过程；最后，6S管理强调全员参与，谁的职责谁承担。

目视管理是6S现场管理的重要内容之一，也是一种有效的管理方式，能应用于物品管理、作业管理、设备管理、品质管理和安全管理等领域。它对于改善生产环境，建立正常的生产秩序，促进安全生产，具有其他方式不可替代的作用。目视管理水平的高低，很大程度上反映了企业现场管理水平的高低。因此，应该在了解目视管理的基础上，大力推行目视管理，这将有助于工作人员快速准确地把工作做好。

在企业的工作现场中，经常会发生工作人员仪容不整、机器设备的摆放和保养不当、物料和生产工具随意摆放等不良现象。这些不良现象在资金、场所、人员、士气、形象、效率、品质、成本等多方面给企业造成了严重的浪费。6S管理的目的就是关注这些容易出问题的细节，培养良好的工作习惯，而整理和整顿正是6S管理的开端与基础。

4. 区分物品的用途

(1) 必需品

必需品是指经常使用的物品，如果没有它，就必须购入替代品，否则会影响正常生产。必需品包括：

① 正常的设备、工具或装置；

② 附属设备(转运车、料架)；

③ 台车、推车、堆垛车；

④ 正常工作的椅子；

⑤ 没有实用价值的消耗品；

⑥ 原材料、半成品、成品；

⑦ 模板、模具；

⑧ 可再使用的边角料；

⑨ 垫板、塑胶筐、防尘用具；

⑩ 办公用品、文具；

⑪ 看板、书籍、杂志、报表。

(2) 非必需品

非必需品可分为两种：一种是使用周期较长的物品，如一个月、三个月甚至一年才使用一次的物品；另一种是对工作无任何作用的，需要报废的物品。非必需品包括：

① 地板上的杂物、纸箱；

② 不使用的设备、工夹具、模具、过期的样品；

③ 不再使用的办公用品、垃圾桶、与生产无关的书籍、过期的报纸、过期的账本、过期的资料、过期的报表等；

④ 墙壁上过期的海报、无用的标语；

⑤ 过期的作业指导书、不再使用的管路和设施。

必需品和非必需品的区分及处理方法见表6-10。

表 6-10　必需品和非必需品的区分及处理方法

类别	使用频率		处理方法	备注
必需品	每小时		放在操作台上或随身	
	每天		现场存放(操作台附近)	
	每周		现场存放(1 min 内的取得)	
非必需品	每月		仓库存放(易于找到)	
	三个月		仓库存放	定期检查
	半年		仓库存放	定期检查
	一年		仓库存放(封存)	定期检查
	未定	有用	仓库存放	定期检查
		无用	变卖/废弃	定期检查
	不能用		变卖/废弃	马上清理

5. 6S 检查表格

6S 工作要定期检查,且需要明确的规定来评定结果,使每个被管理的员工都能认可结果,保证公平和公正。表 6-11～表 6-15 提供各个阶段检查表的范本,读者可以根据实际情况进行必要的调整。

表 6-11　整理和整顿活动检查表

序号	检查内容	检查标准	得分	检查方法	检查结果	纠正跟踪
1	物品分类及弃存规则	未建立物品分类及弃存规则 物品分类及弃存规则不太完整 物品分类及弃存规则基本完善 物品分类及弃存规则较完善 物品分类及弃存规则完善	1 2 3 4 5	审阅文件 核对现场		
2	整理	尚未对身边物品进行整理 已整理但不完善 整理基本彻底 整理较彻底 整理彻底	1 2 3 4 5	查看现场询问		
3	整顿	物品尚未分类标志和标识 部分物品尚未放置和标识 物品已基本分类放置并标识,但取用不便 物品已分类放置并标识,取用较方便 物品已分类放置和标识,取用方便	1 2 3 4 5	查看现场 观察取用 方法和时间		

表 6-12 清扫、清洁活动检查表

序号	检查内容	检查标准	得分	检查方法	检查结果	纠正跟踪
1	计划和职责	无计划、也为落实职责 计划和职责规定不明确、不完善 计划和职责规定基本完善 计划和职责规定较完善 计划和职责规定完善	1 2 3 4 5	查阅文件		
2	清扫	未按计划和职责规定实施清扫 未严格按计划和职责规定实施清扫 基本按计划和职责规定实施了清扫 偶尔未按计划和职责规定实施清扫 已按计划和职责规定实施了清扫	1 2 3 4 5	查阅记录、观察跟踪、询问		
3	清洁	未养成清洁习惯、环境脏乱 清洁坚持不好、效果差 基本养成了清洁习惯，环境尚清洁 已养成清洁习惯，环境比较整洁 已养成清洁习惯	1 2 3 4 5	观察现场检查记录询问		

表 6-13 修养活动检查表

序号	检查内容	检查标准	得分	检查方法	检查结果	纠正跟踪
1	行为规范和培训计划	无行为规范和培训计划 有行为规范和培训计划，但不宜理解和贯彻 行为规范和计划尚可 行为规范和计划较好 行为规范和计划符合要求	1 2 3 4 5	查阅文件		
2	培训	尚未展开培训 培训计划性差、效果差 培训基本按计划进行、效果尚可 培训已按计划执行、效果较好 培训已按计划执行、效果好	1 2 3 4 5	查阅记录 抽查培训效果（抽检考核与员工健谈等）观察实际效果		
3	沟通和自律	员工间沟通和自律尚未形成习惯 沟通和自律性较差 沟通和自律一般 沟通和自律较好 沟通和自律好	1 2 3 4 5	座谈观察		
4	激励和奖惩	未进行必要的激励和奖惩活动 偶尔进行激励和奖惩活动 已进行激励和奖惩活动，但效果一般 已进行激励和奖惩活动，效果较好 已进行激励和奖惩活动，效果好	1 2 3 4 5	交谈 抽查案例 观察效果		

表 6-14　整理和整顿效果检查表

序号	检查内容	查标准	得分	检查方法	检查结果	纠正跟踪
1	办公室	物品为分类,杂乱放置 尚有较多物品杂乱放置 物品已分类,且基本整理 物品已分类,理较整齐 物品分类,整理整齐	1 2 3 4 5	现场观查抽查		
2	办公台	有较多不使用的物品放在桌上或抽屉内杂乱放置 有 15 天以上才使用一次的物品 有较多 7 天以上才使用的物品 基本为 7 天内使用的物品,且较整齐 基本为 7 天内使用的物品,且较齐	1 2 3 4 5	现场观查抽查		
3	生产现场	产品堆放杂乱、产品设备工具零乱、尚未标识 有部分设备、产品、工具标识、现场仍很乱,有较多不用物品 产品、设备、工具已标识、产品堆放、设备和工具基本整齐,尚有少量不用物品在现场 产品已标识、产品堆放、设备和工具放置较整齐,基本无不用物品在现场 符合要求	1 2 3 4 5	现场观查抽查		

表 6-15　素养效果检查表

序号	检查内容	检查标准	得分	检查方法	检查结果	纠正跟踪
1	日常 6S 活动	无日常 6S 活动 偶尔活动 基本按计划活动 按计划活动,效果较好 按计划活动,参与积极,效果好	1 2 3 4 5	查阅记录 观察 交谈		
2	观念	有较多员工对 6S 无认识 认识肤浅 有基本认识 认识较好 观念正确、行动积极	1 2 3 4 5	交谈 考察		
3	行为规范	举止粗鲁,语言不美,不讲礼貌 部分员工不讲卫生,不懂礼貌 个人表现较好,团队精神较差 个人表现、团队精神较好 团队精神好,个人表现好	1 2 3 4 5	观察 抽查 交谈		

续表

序号	检查内容	检查标准	得分	检查方法	检查结果	纠正跟踪
4	服装	不按规定着装,衣冠不整 常不按规定着装,乱戴标卡 基本按规定着装,佩戴标卡 执行着装、戴卡规定较好 执行着装、戴卡规定好	1 2 3 4 5	观察		
5	仪容	不修边幅,又脏又乱 部分员工不修边幅、脏乱、但无纠正 基本清洁、精神 比较注重仪容、观念较好 重视仪容,观念良好	1 2 3 4 5	观察		

6.1.6 安全与防火

1. 安全管理

安全管理是企业生产管理的重要组成部分,是一门综合型的系统科学,是一种动态管理。安全管理的对象是生产中一切人、物、环境的状态,它主要是组织实施企业安全管理规划、指导、检查和决策,同时它也是保证生产处于最佳状态的根本环节。

安全管理大体可归纳为安全组织管理、场地与设施管理、行为管理和安全技术管理四个方面,分别对生产中的人、物、环境的行为与状态进行具体的管理与控制。为有效地实施安全管理,必须正确处理五种关系,即安全与危险并存、安全与生产的统一、安全与质量的包涵、安全与速度互保、安全与效益的兼顾;坚持六项基本管理原则,即管生产同时管安全、坚持安全管理的目的性、预防为主、坚持“四全”动态管理(全员、全过程、全方位、全天候)、安全管理重在控制、在管理中发展和提高。

组件生产中,主要安全管理包括预防焊接工序和层压工序的烫伤,裁切、去边工序的割伤,搬运工序的拉伤等。各种伤害在不同的工序中体现的形式会有所差异,因此建议在实际生产中将岗位安全操作指南和操作规范一同下发。

2. 防火管理

组件车间内有很多易燃品,刚层压出的组件表面温度在100 ℃以上,这些都是发生火灾的根源,特别是在清洁组件的工作岗位上又大量使用无水乙醇,因此火灾的风险较高。需要生产管理者认真注意此类问题,要定期和不定期地进行防火安全大检查,对于可能存在的安全隐患,发现一个清理一个。

生产中最为重要的设备层压机内的循环油也是重要的危险源,通常长时间未使用的层压机内循环油会吸收空气中的水分,过多的饱和水分在受热时快速膨胀,会造成设备的喷油事故,需要严加防范。

6.2 质量管理

质量管理(Quality Management)是实际生产管理中最为重要的管理环节。事实上,近年来国内几家大型组件供应商造成的退货都与自身的产品质量管理有直接关系,很多生产厂家依然停留在质量检验阶段，没有进入质量控制阶段，更谈不上全面质量管理。

质量管理是指确定质量方针、目标和职责，并通过质量管理体系中的质量策划、质量控制、质量保证和质量改进来使其实现管理职能的全部活动。

质量管理在企业里的发展过程通常要经过三个主要阶段，分别是质量检验阶段、统计质量控制阶段、全面质量管理阶段，事实上这也是质量管理历史上的三个进步阶段。

20世纪以前，产品质量主要依靠操作者本人的技艺水平和经验来保证，属于"操作者质量管理"。20世纪初，以F. W. 泰勒为代表的科学管理理论产生，促使产品的质量检验从加工制造中分离出来，质量管理的职能由操作者转移给工长，是"工长的质量管理"。随着企业生产规模的扩大和产品复杂程度的提高，产品有了技术标准(技术条件)，公差制度也日趋完善，各种检验工具和检验技术也随之发展，大多数企业开始设置检验部门，有的直接由厂长领导，这时是检验员的质量管理。上述几种做法都属于事后检验的质量管理方式，我们称这个时期为检验阶段。

1924年，美国数理统计学家W. A. 休哈特提出控制盒预防缺陷的概念。它运用数理统计的原理提出在生产过程中控制产品质量的"6σ"法，绘制出第一张控制图并建立了一套统计卡片。与此同时，美国贝尔研究所提出关于抽样检验的概念及其实施方案，成为运用数理统计理论解决质量问题的先驱，但当时并未被普遍接受。以数理统计理论为基础的统计质量控制的推广应用始自第二次世界大战。由于事后检验无法控制武器弹药的质量，美国国防部决定把数理统计法用于质量管理，并由标准协会制定有关数理统计方法用于质量管理方面的计划，成立了专门委员会，并于1941年和1942年先后公布了一批美国战时的质量管理标准，我们称这个时期为统计质量控制阶段。

20世纪50年代以来，随着生产力的迅速发展和技术的日新月异，人们对产品的质量从注重产品一般性能发展转为注重产品的耐用性、可靠性、安全性、可维修性和经济性等。在生产技术和企业管理中要求运用系统的观点来研究质量问题。在管理理论上也有新的发展，更加重视人的因素，强调依靠企业全体人员的努力来保证质量。此外，随着"保护消费者利益"运动的兴起，企业之间市场竞争越来越激烈。在这种情况下，美国A. V. 费根鲍姆于20世纪60年代初提出全面质量管理概念。他提出，全面质量管理是"为了能够在最经济的水平上、并考虑到充分满足顾客要求的条件下进行生产和提供服务，把企业各部门在研究质量、维持质量和提高质量方面的活动构成一体的一种有效体系"，称这个时期为全面质量管理阶段。

太阳电池组件生产，从建厂到投产再到产量品质提升也基本上要经过上述三个阶。事实上良好的企业管理，会节约大量的时间和成本特别在组件这类电器产品的生产商。因为太阳能行业发展过快，相关人才和资料太少，许多工厂是摸索着前进往往造成比较大的经济损失。许多工厂虽然口号上很重视质量，但当生产产量与产品质量发生冲突时，又偏向于完成生产而轻视质量。太阳电池组件是要使用25年以上的电源类产品，根据材料特性，通常在几年之内不会出现严重的问题，许多公司带着侥幸心理，将一些问题组件投入使用最终在若干年后出现问题。因此，把握好质量是现在太阳能行业能否长期生存的重要内容。

从整个行业来看，电池组件是质量相对比较健全的一块，但绝大多数工厂依然停留在质量检验阶段，少数大型企业进入到了统计质量控制阶段，但少有企业真正实现了全面质量管理阶段，从而造成了大量不合格产品出现。国内的许多企业焊接均为人工操作，依赖个人技术能力的程度非常高，同时又没有有效的监控手段，导致质量起伏较大出现质量问题又与工资相关联，造成质量问题点不清查不到位等现象。本章的实质就是想通过相关内容的介绍和举例，让读者能审视自己所在企业的质量漏洞，以更好地提高管理能力，提高企业竞争力。同时将相关内容与认证内容做了必要的兼容，读者可以根据实际情况进行调整。

6.2.1 抽样

1. 抽样方法

产品质量检验通常可分为成全数检验和抽样检验两种方法。

① 全数检验是对一批产品中的每一件产品逐一进行检验，挑出不合格品后，认为其余全部都是合格品。这种质量检验方法适用于生产批量很少的大型机电设备产品，当生产批量较大的产品(如电子器件等)时就很不适用。产品产量大检验项目多或检验较复杂时，进行全数检验势必要花费大量的人力和物力，同时，仍难免出现错检和漏检现象。而当质量检验具有破坏性时，例如二极管的击穿实验、材料产品的强度试验等，全数检验更是不可能的。

② 抽样检验室从一批交验的产品(总体)中，随机抽取适量的产品样本进行质量检验，然后把检验结果与判定标准进行比较，从而确定该产品是否合格或需要进行抽检后裁决的一种质量检验方法。

2. 抽样方法的分类

目前，已经形成了很多具有不同性质的抽样检查方案和体系，大致可按照下列几个方面进行分类。

(1) 按产品质量指标特性分类

衡量产品质量的特征量称为产品的质量指标。质量指标可以按其测量特性分为计量指标和计数指标两类。

① 计量指标：是指如材料的纯度、加工件的尺寸、钢的化学成分、产品的寿命等定量数据指标。

② 计数指标：又可分为计件指标和计点指标两种，前者以不合格品的件数来衡量，后者则指产品中的缺陷数，1 m^2 电池组件上的外观瑕疵点个数，一块玻璃上的气泡和杂质个数等。

(2) 质量指标抽检方法分类

按质量指标分类，产品质量检验的抽样检查方法也分成计数抽检方法和计量抽检方法两类。

① 计数抽检方法是从批量产品中抽取一定数量的样品数(样本)，检验该样本中每个样品的质量，确定其合格或不合格，然后统计合格品数，与规定的合格判定数比较，觉得该批产品是否合格的方法。

② 计量抽检方法是从批量产品中抽取一定数量的样品数(样本)，检验该样本中每个样品的质量，然后与规定的标准值或技术要求进行比较，以决定该产品是否合格的方法。

有时，也可混合运用技术抽样检查方法和计量抽样检查方法。如选择产品某一个质量参数或较少的质量参数进行计量抽检，其余多数质量参数则实施技术抽检方法，以减少计算工作量，又能获取所需质量信息。在太阳电池组件原材料检验中，更多地使用这种混合检验的方法。

(3) 按抽样检查的次数分类

按抽样检查次数可分为一次、两次、多次和序贯抽检方法。

① 一次抽检方法：该方法最简单，它只需要抽检一个样本就可以做出一批产品是否合格的判断。

② 二次抽检方法：先抽检第一个样本进行检验，若能据此做出该批产品合格与否的判断、检验则终止。如不能做出判断，就再抽取第二个样本，然后再次检验后做出是否合格的判断。

③ 多次抽检方法：其原理与二次抽检方法一样，每次抽检的样本大小相同，即 $n_1 = n_2 = n_3 = \cdots = n_7$，但抽检次数多，合格判断定数和不合格定数亦多。ISO 2859 标准提供了 7 次抽检方案。而我国 GB/T 2828、GB/T 2829 都实施 5 次抽检方案。

④ 序贯抽检方法：相当于多次抽检方法的极限，每次仅随机抽取一个单位产品进行检验，检验后即按判定规则做出合格、不合格或再抽下个单位产品的判断，一旦能做出该批合格或不合格的判定时，就终止检验。

(4) 按抽检方法形式分类

抽检方法首先可以分为调整型与非调整型两大类。

① 调整型抽检方法是由几个不同的抽检方案与转移规则联系在一起，组成一个完整的抽检体系，然后根据各批产品质量变化情况，按转移规则更换抽检方案，即正常、加严或放宽抽检方案之间的转换，ISO 2859、ISO 3951 和 GB/T 2828 系列标准都属于这种类型，调整型抽检方法适用于与各批产品质量有联系的连续批产品质量检验。

② 非调整型的单个抽样检查方案不考虑产品批次的质量历史，使用中也没有转移规则，因此它比较容易为质检人员所掌握，但对于孤立批次的质量检验较为适宜。

(5) 抽检方法中需注意的共同点

产品必须以检查批次形式出现，分为连续批和孤立批，连续批是指批与批之间产品质量关系密切或连续生产并连续提交验收的批。例如：

① 产品设计、结构、工艺、材料无变化；

② 制造场所无变化；

③ 中间停产时间不超过一个月。

孤立批是指单个提交的检查批或不能利用最近已检查提供的质量信息的连续提交检查批。

批合格不等于批中每个产品都合格，批不合格也不等于批中每个产品都不合格。抽样检查只是保证产品整体的质量，而不是保证每个产品的质量。也就是说在抽样检查中，可能出现两种错误或风险。一种是把合格批误判为不合格批的错误，又称为生产方风险，常记作用 α，一般 α 值控制在 1%、5%或 10%。另一种是把不合格批误判为合格批的错误，又称为使用方风险，常记作 β，一般 β 控制在 5%、10%。

而样本的不合格率不等于提交批的不合格率。样本是从提交检查批中随机抽取的。所谓随机抽取是指每次抽取时，批中所有单位产品被抽检的可能性均等，不受任何人的意志支配。样本抽取时间可以在批的形成过程中，也可以在批形成之后，随机抽样数可以按随机数表查取。

3. 抽样检查中的基本术语

(1) 单位产品

为实施抽样检查的需要而划分的基本单位称为单位产品，如一个组件、一片电池、一批硅胶等。它与采购、销售、生产和装运所规定的单位产品可以一致，也可以不一致。

(2) 样本和样本单位

从检查批中抽取用于检查的单位产品称为样本单位，而样本单位的全体则称为样本，样本大小则是指样本中所包含的样本单位数量。

(3) 合格质量水平(AQL)和不合格质量水平(RQL)

在抽样检查中,认为可以接受的、连续提交检查批的过程平均上限值,称为合格质量水平。而过程平均是指一系列初次提交检查批的平均质量,它用每百单位产品不合格品数或每百单位产品不合格数表示。具体数值由产需双方协商确定,一般用 AQL 符号表示。在抽样检查中,认为不可接受的批质量下限值,称为不合格质量水平,用 RQL 符号表示。

(4) 检查和检查水平(IL)

用测量、试验或其他方法,把单位产品与技术要求对比的过程称为检查。检查有正常检查、加严检查和放宽检查等。

(5) 抽样检查方案

样本大小或样本大小系列与判定数组结合在一起,称为抽样方案。而判定数组是指由合格判定数组系列和不合格判定数组系列或合格判定数系列和不合格判定数系列结合在一起。

抽样方案有一次、两次和五次抽样方案。

① 一次抽样方案是指样本大小 n 和判定数组(Ac、Re)结合在一起组成的抽样方案。其中,Ac 为合格判定数,判定批合格时,样本中所包含不合格品(d)的最大数称为合格判定数,又称为接受数($d \leqslant \mathrm{Ac}$);Re 为不合格判定数,是判定批不合格时样本中所含不合格品的最小数,又称为拒收数($d \geqslant \mathrm{Re}$)。

② 二次抽样方案是指由第一样本大小 n_1,第二样本大小 n_2,…,和判定数组(Ac1,Ac2,Ac3,Ac4,Ac5,Re1,Re2,Re3,Re4,Re5)结合在一起组成的抽样方案。

6.2.2 进料检验

进料检验(Incoming Quality Control,IQC)意思为来料质量控制,但其侧重点在来料质量检验上,来料质量控制的功能相对脆弱。IQC 的工作方向是从被动检验转变到主动控制,将质量控制前移,把质量问题发现在最前端,减少质量成本,并协助供应商提高内部质量控制水平。

IQC 尚未工作主要是控制公司所有的外购材料和外协加工物料的质量,保证不满足公司相关技术标准的产品不进入公司库房和生产线,确保生产使用的原材料产品都是合格品。IQC 是公司整个供应链的前端,是构建公司质量体系的第一道防线和阀门。如果不能把关或把关不严,让不合格物料进入库房和生产线,质量问题将在后工序中呈指数放大,如果把质量隐患带到市场,造成的损失更是无法估量,对于太阳能电池组件来讲,就很可能成批退货和天价索赔。因此 IQC 检验员的岗位责任非常重大,工作质量非常重要。IQC 作为质量控制的重要一环,要严格按标准按要求办事,质量管理不要受其他因素干扰。对于特殊情况下需要进行放行的,由质量、工艺等高层决策,IQC 人员不应承担这种风险。

1. 来料控制流程

各生产企业的控制流程应根据实地情况进行调整,有的也会根据企业规模、生产能力和其他外部因素进行必要的调整。但无论怎么调整,最终的目的均是有效地控制来料质量,保证原料产品符合生产技术的基本需要。

通常 IQC 的起点均是仓库,有些公司可能是采购,这与企业的组织架构和运转流程有关。

2. 物料的分类

IQC 的第一项工作应该是对所有原材料进行统计并准确分类。根据组件生产的特点和实际使用的情况进行分类对质量控制意义重大。重要性程度不同的原材料,检验方法和抽检比例完全不同。

通常电池组件生产中，主要原材料为电池片，其他为辅助材料，其中比较重要的分别是玻璃、EVA、TPT、焊带、接线盒，相对次要一些为硅胶、铝边框，其次的为包装材料、护角、铭牌、条形码等。因此通常为了便于管理，将原材料划分成三类：A 类通常是对产品质量有重大影响的原材料，B 类通常是对产品质量有直接影响的原材料，C 类是对产品质量有影响但不是本质影响的材料。

3. 来料检验作业标准

(1) IQC 检验流程

IQC 检验流程如图 6-1 所示。

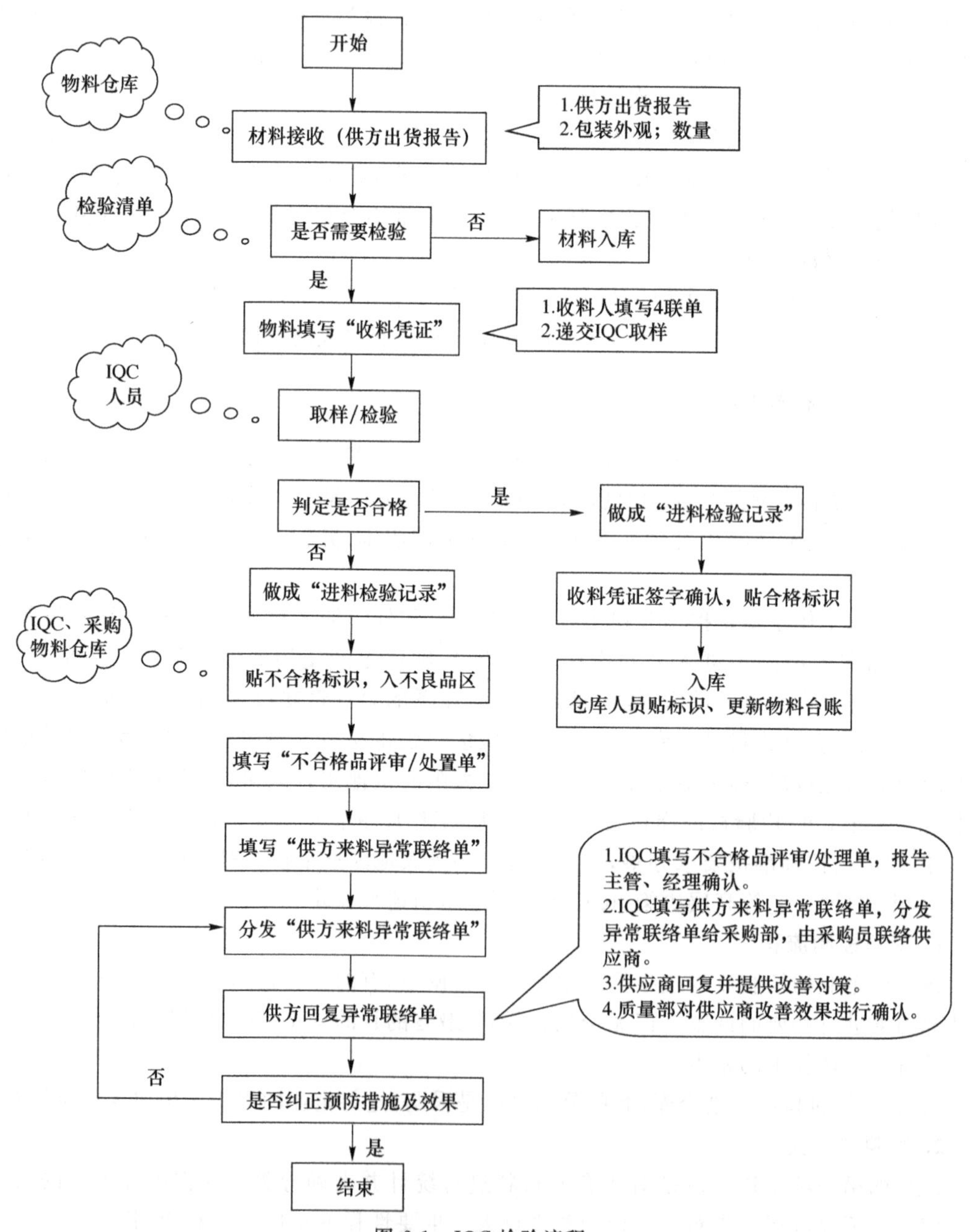

图 6-1 IQC 检验流程

(2) 检验要求

① 责任

采购部负责公司原材料的采购过程的控制,负责供方供应能力的评审和控制。技术部门负责提供原材料的技术要求和合格供方产品技术水平的评定。品质管理部负责采购品、外协品的质量检验、验证和控制;负责供方品质管理状况的评审和控制;每月统计各供应来料品质状况及异常回复状况报告,作为对供应商的定期评价;负责监督和协调不合格采购品的处置。仓库负责组织原材料、外购外协零部件的卸货、点收、储运、防护。

② 内容

技术部门依据进货物料的特性、产品工艺的要求和供方业绩制定进货物料的检验要求和规定,确定对进货物料的控制类型、方式和程度。对进货物料划分的控制类型有:

- A类,对产品的质量和性能有重大影响的原材料。
- 类,对产品质量和性能有直接影响的原材料。
- C类,根据其使用要求确定对其检验的要求。

(3) 收料

仓库管理员在卸货前须目视检查交货包装有无明显的损伤。若有应立即要求供应商收回或通知品质管理部向供应商确认。轻微包装问题且无法自行做出判定时,由品质管理部做最终决定。

仓库管理员经自己检查或请品质管理部确认采购品无包装问题,核对来料的数量、规格、标识,放在待检区。

对于搬运困难及易在搬运中损伤的采购品,可在收料区放置待检标牌或做其他适当标识。

(4) 检验和验证

仓库收料人员填写"收料凭证",包括品名、数量、供货单位、发票号码及日期等,交品质管理部检验。品质管理部IQC检验员根据合格供方名录中所提供的供方和产品范围对其物料进行检验,对不在合格供方名录中的供方和产品质量部有权拒绝检验。同时质量部"收料凭证"核对"原材料规格及检验要求清单",按以下条款分别处置:如果是免检品,IQC人员在"物料凭证"上签名并在该原材料外包装上贴"免检"标签;如果是检验品,IQC人员根据技术文件、检验文件进行取样检验。

① 取样计划和外观、尺寸及性能检验

a. 外观检验。根据技术文件、检验文件规定进行取样,具体详见第5章相关内容。同时参照进料技术文件、外观检验标准、检验文件或样品对样品进行外观检验。

b. 尺寸检验。根据技术文件、检验文件规定进行取样,如无规定则按 $N=10$ 进行取样,并参照技术文件或作业指导书对样本进行尺寸检验;按相关的技术文件、检验文件规定规定的要求对物料进行相关的类型试验、性能试验等。将外观/尺寸检验结果填写到"进货检验记录"。

② 检验结果处理

IQC检验员须对不合格原材料品进行标识。对于检验合格的批次,IQC检验员在"收料凭证"签字后保留质量联,并将"收料凭证"的其他三联及样本返还仓库,同时在该批次物料包装上贴"合格"标签。

对于进料检验不合格的批次,同擦很难过采用如下方式处理:

a. 对于经"不合格品评审/处置单"确认的不影响产品品质、可使用的物料,IQC检验员填写好"进料检验记录",同时在该批物料外包装上贴"让步接收"标签,在"收料凭证"备注栏注明相关让步接收信息。品质管理部签字留存质量联后，将其他三联和样本交于仓库作记账和入库使用。

b. 对于经“不合格品评审/处置单”确认的需100%筛选的物料，IQC检验员填写好“进料检验记录”，同时在该批次物料外包装上贴“筛选”标签，采购部联络供应商进行100%筛选，但由此产生的一切费用通过采购部联络均由供应商承担。筛选完成，经IQC再次检验合格后按正常品处理(如果是特性或尺寸不良，IQC人员再检验结果应重新使用检验记录表记录结果；如果是外观不良，IQC在原检验记录备注栏记录筛选结果，包括筛选后合格数量、不合格数量等)。IQC在“收料凭证”备注栏注明筛选的相关信息。品质管理部签字留存质量联后，将其他三联和样本交于仓库作记账和入库使用。

c. 对于经“不合格品评审/处置单”确认需退货的物料，IQC检验员填写好“进料检验记录”，同时在该批物料外包装上贴“退货”标签。在“收料凭证”备注栏注明退货的相关信息。品质管理部签字留存质量联后，将其他三联和样本交于仓库记账和入库使用。

d. 二等品的处理：采购部将二等品的具体不合格信息告知品质管理部，同时品质管理部根据“收料凭证”进行检验，将能作为正常使用的筛选出来，作为“让步接收”入库；对能划片处理的和不能划片处理的电池片统一作为不合格入库。品质管理部将实际检验结果与不合格信息进行比较，确认不合格信息与检验结果相符，则不进行投诉；如果不相符，则开具“不合格品评审/处置单”经品质主管经理确认。如有必要，则召集相关部门进行评审。对二等品中不能作为划片处理的由仓库开报废单，品质管理部确认后，仓库进行报废处理。

e. 当重要原材料电池片的开箱碎片(检验碎片和片装碎片)不良率<0.25%时，作为公司正常损耗内部消化。

6.2.3 出货检验

出货检验(Outgoing Quality Control，OQC)，又称出货品质稽核、出货品质检验、出货品质管制等。

OQC是出厂时，根据供求双方合约或订单议定的标准，由供应方实施出货的检验，也即产品出货前的品质检查、品质稽核及管制，主要针对出货品的包装状态、防撞材料、产品识别、安全标示、配件(Accessory Kits)、使用手册与保证书、附加软体光碟、产品性能检测报告、外箱标签等，做全面性的查核确认，以确保客户收货时和约定内容相一致，以完全达标的方式出货。

经由OQC后所发现的不合格品，视不合格情况而进行不同处理：可能回到制程前段或是半成品阶段进行返工或修理，之后再通过OQC检测一次，若产品发生无法返工或修理的品质缺失，就会直接报废，计入生产损耗的成本项目内；或被降级(降低品级，Down Grade)处理，销售给品质要求较低的客户。

有些厂商的出货检验，会对准备出货的产品再进行一次品质管制的抽检活动，这一阶段的品质检验着重抽样检查，而跟FQC阶段的全部检查有所不同。当然，对高单价或高品级的产品，在OQC极端对产品的整体情况(主体产品本身、配件、使用手册与保证书、标示标签、包装等)再次进行全检是非常有必要的。

1. 组件老化试验

组件出货前应对本批次组件根据IEC 61215与IEC 61730的相关内容进行老化试验，以便全面评估批次产品质量。生产企业中老化试验中主要是要做：光老化试验、双“85”试验、紫外线老化试验。

(1) 光老化试验

通常组件光老化试验选择在室外进行即可,从生产产品中随机选择几块组件(根据工艺情况确定)在光照条件优良的时间段内进行曝晒。曝晒前需要准确测试组件的实际功率及相关特性参数。曝晒时间在光照条件优良情况下通常要求为 40 h,每日再进行曝晒前均要重新测试组件的相关参数。相关参数交与技术部门协同进行分析,了解组件实际功率的衰减情况。40 h 内组件功率衰减超出 3%就需要马上找到问题根源,及时整改并提出杜绝方案。

光老化试验通常也在实际生产及首样试制时进行,这些数据整合对判定组件的质量状态非常重要。

(2) 双“85”试验

双“85”试验相当于 IEC 61215 内的冷热循环、湿冷试验、湿热试验三项内容,通常要求冷热循环达到 200 次,简化版通常要求达到 50 次,同时进行一定的湿度试验,特别是在 85%RH 条件下的湿度试验,该实验最长时间应为 1 200 h。

按 IEC 61215 的标准要求如下:冷热循环要在温度为−40～85 ℃的条件下进行 50 和 200 次循环。试验结果要求,外观无实质变化,组件最大输出功率衰减不超过实验前的 5%。

湿冷试验要在−40～85 ℃、相对湿度为 85%RH 的条件下进行 10 次循环。试验结果要求,组件外观无实质变化,最大输出功率衰减不超过试验前的 5%,同时绝缘电阻应满足初测的基本要求,该实验最长时间应为 240 h。

湿热试验要在温度为 85 ℃、相对湿度为 85%RH 的条件下进行 1 000 h。试验结果要求,组件最大输出功率衰减不超过试验前的 5%,外观无实质变化,同时绝缘电阻应该满足初测的基本要求。热循环试验最长达到了 1 200 h,需要连续试验 50 天,这么长时间生产企业是基本不可能做到的,因此通常是第一次试样生产:时进行全面测试,出货测试时,通常会减少次数到 50 个循环,并根据实际情况做湿冷试验和湿热试验。

试验的结果通常以检查输出功率的变化为主要参考点,输出功率变化达到 5%是不可以接受的,这表明生产过程中的材料选择存在问题,需要认真排查。

(3) 紫外线老化试验

该试验目的是考验组件暴露在波长介于 280～ 400 nm 的紫外线辐照环境时的承受能力,与 IEC 61215 第 10.10 条款相同,可以根据经验自行制订试验内容。

① 紫外线老化试验要求

紫外线老化箱温度必须设定为(65±2) ℃,环境必须设定为干燥,紫外线老化前组件需要经过预先光老化等预处理。

② 操作步骤

用辐射计测量组件测试平面的紫外线辐射度,并且保证波长在 280～400 nm。试验光谱辐射度不超过对应标准光谱辐射度的 5 倍,保证波长低于 280 nm 的光谱辐射是测量不到的,并保证在测试平面辐射均匀度为±15%。

将组件安装在测试平面上,根据所选择的区域使紫外线辐射光线垂直于组件表面。维持组件接收的最小辐射量为 7.5 kW·h/m^2(波长范围为 280～320 nm)和 15 kW·h/m^2(波长范围为 320～400 nm)。

调整组件使紫外线辐射光线垂直于组件背面。重复上述步骤,辐射量为正面辐照水平的 10%。

对于单晶硅组件可以采用的正面波长范围为 280～385 nm，辐射量为 15 kW · h/m^2，反面不进行照射。

2. 出货检验报告

晶体硅组件的出货报告需明确标明每一块电池组件的电性能参数，特别要说明其功率，以便系统集成时配对。需要注意的是，出货报告应将每托盘、每集装箱的组件编号情况对应表提供给客户，同时还需要附上相关照片，以便确认包装是否出现问题。

出货检验报告中还需要明确说明材料的使用情况及生产制造商、生产质量评级、抽样比例、生产承诺书等。

(1) 生产承诺书。生产承诺书是生产商提供给客户的书面保证，常见格式如下：

> 我公司于　年　月　日，生产完成“××公司”订单，根据合同要求，我公司承诺检验过程中无任何可能导致检验结果出现严重偏差的欺骗行为，或任何已知但未透露的影响检测结果的事项。
>
> 我公司同时承诺，以上产品所使用的原材料符合我公司已取得的产品认证标准。
>
> 生产商授权人：
>
> 年　月　日

(2) 生产原材料声明。生产原材料数据信息见表 6-16。

表 6-16　生产原材料数据信息

序号	名称	内容	
1	电池	制造商	
		类型	
		型号	
2	EVA	制造商	
		类型	
		型号	
3	背板	制造商	
		类型	
		型号	
4	玻璃	制造商	
		类型	
		型号	
		厚度	
5	连接盒	制造商	
		型号	
6	连接线缆	制造商	
		型号	
		直径	
		长度	
…	…	…	…
		…	…
		…	…

(3) 产品出货检验记录。产品出货检验记录见表6-17。

表6-17 产品出货检验记录

编号:

<table>
<tr><td colspan="2">用户名称</td><td></td><td colspan="2">产品规格</td><td colspan="3"></td></tr>
<tr><td colspan="2">检验日期</td><td></td><td colspan="2">数量</td><td colspan="3"></td></tr>
<tr><td colspan="2">产品名称</td><td></td><td colspan="2">出货日期</td><td colspan="3"></td></tr>
<tr><td colspan="2">检验标准</td><td></td><td colspan="2"></td><td colspan="3"></td></tr>
<tr><td colspan="2">抽样方案</td><td></td><td colspan="2">检验结论</td><td colspan="3"></td></tr>
<tr><td rowspan="2">序号</td><td rowspan="2">检测项目</td><td rowspan="2">主要检测仪器、设备及其编号</td><td colspan="3">检测环境</td><td rowspan="2">单项判定</td><td rowspan="2">检测人员</td></tr>
<tr><td>温度/℃</td><td colspan="2">相对湿度(%)</td></tr>
<tr><td>1</td><td></td><td></td><td></td><td colspan="2"></td><td></td><td></td></tr>
<tr><td>2</td><td></td><td></td><td></td><td colspan="2"></td><td></td><td></td></tr>
<tr><td>…</td><td>…</td><td>…</td><td>…</td><td colspan="2">…</td><td>…</td><td>…</td></tr>
<tr><td>备注</td><td colspan="7"></td></tr>
</table>

检验员: 审查: 检验日期:

(4) 检测结果。检测结果见表6-18。

表6-18 检测结果

检测项目		标准试验条件下的性能				
序号	条码	检测结果				
		U_{oc}/V	I_{sc}/A	U_{mp}/V	I_{mp}/A	P_{max}/W
1						
2						
3						
4						
…	…	…	…	…	…	…

6.2.4 过程巡检

过程巡检(IiiPuL ProcessQuality Control,IPQC)在一些公司中称为在线巡检、过程检验,是指产品从物料投入生产到产品最终包装的全过程的品质控制。

IPOC是生产企业中最重要的品质活动,也是最容易被管理者忽视的品质管理内容。

过程检验的方式主要有:① 首件自检、互检、专检相结合;② 过程控制与抽检、巡检相结合;③ 多道工序集中检验;④ 逐道工序进行检验;⑤ 产品完成后检验(注意与FQC的不同处);⑥ 抽样与全检相结合。这些检验内容需要依据完善的产品标准、《作业指导书》《工序检验标准》《过程检验和试验程序》等。

1. 工序巡检

(1) 目的

对电池组件生产过程进行巡视、检查,及时发现并消除影响产品质量的因素或隐患,从而提高产品质量。

（2）职责

品质管理部巡检人员必须按规定巡视、检查、做记录。

（3）具体的巡检要求

总体上巡检内容应以工艺要求为蓝本定制，我们将各个工序可能遇到的情况均罗列在工序巡检要求中。应注意如下几点：

① 生产线的物料摆放整齐，标识清楚，环境清扫干净，并得到有效保护。

② 从电池组件层压后到包装前的各工序中，在放置组件时，必须使用周转车或垫有纸板的托盘，所垫的纸板无破损，所用的托盘无明显陈旧，防止托盘上的钉子凸出，严禁将组件直接放置在没有垫纸板的托盘上。

③ 在巡检过程中，注意加强对焊接、层压、边框打胶、固化、接线盒安装等工序的巡查。

电池组件生产线的巡检要求见表6-19。

表6-19　组件生产线的巡检要求

序号	工序名称	巡检各工序是否满足下面规定的要求	工具	巡检频率
1	电池片分发	① 在拿取电池片时，要求戴防护手套 ② 要求操作人员对电池片轻拿轻放，同型号、同规格、同档次的电池片放置在一起，严禁混放，并标识清楚 ③ 电池片堆放区域的电池片要摆放整齐，不会受到外力影响	目视	1次/4 h
2	划分	① 划片机工作台上无杂物，并保持清洁 ② 划好的小片长度和宽度在规定的公差范围内	目视 游标卡尺	1次/4 h 5片/次
3	剪互联条、汇流条及分发	① 不同规格的分开存放，摆放整齐 ② 剪好的互联条平直，无弯曲，扭曲等变形 ③ 剪好的互联条尺寸在规定的范围之内 ④ 剪好的互联条按工艺要求在助焊剂中浸泡，要求浸泡时间在1 min内，并且保证在使用之前		
4	焊机	① 每班在开始生产及更换组件型号前，其参数都经过工艺确认合格 ② 检测正面焊接拉力，要求大于0.3 kgf(1 kgf≈10 N)以上，并做记录	目视 拉力计	1次/班
		焊机后互联条没有出现歪斜或虚焊现象		1次/4 h 5条/次
5	手工焊(单焊)	① 抽测各台电烙铁焊头的温度，按工艺文件规定的要求判定，并做记录 ② 抽测各台电烙铁焊接后，互连条与电池片之间的拉力要求大于0.3 kgf以上，并做记录 ③ 如果发现上述两项任一项不符合要求时，立即停止使用，必要时可重新测试	测温仪 拉力计	1次/班（凡是在巡检时使用的电烙铁都需要检测）
		① 操作员工要戴指套/手套，不可裸手接触电池片 ② 检查玻璃杯里的助焊剂体积不得超过玻璃杯体积的1/3，使用助焊剂时，不允许将其涂在主栅线以外的部位，如有，需用分析纯级乙醇擦拭干净 ③ 互联条焊接位置正确，表面光滑，无虚焊、锡渣等现象	目视	1次/4 h 5片/次

续 表

序号	工序名称	巡检各工序是否满足下面规定的要求	工具	巡检频率
6	手工焊（串焊）	① 要求操作员在工作前用测温仪校准烙铁头温度，每班校准2次 ② 抽测各台电烙铁头的温度，按工艺文件规定的要求判定，发现不符合要求时，立即停止使用	测温仪	1次/班（凡是在巡检时使用的电烙铁都需要检测）
		① 要求操作人员每焊完一串都要检查电池串正反面，要求无虚焊、焊接粗糙、锡渣、助焊剂、异物等不良情况 ② 操作员在操作过程中，要轻拿轻放，没有对电池片产生损坏的行为或隐患 ③ 操作员要检查电池片正面，确保没有助焊剂，若有，要用分析纯级乙醇擦拭干净，同时巡检也要抽检	目视	1次/4 h 5片/次
7	割EVA	① 使用的EVA在有效期内 ② 工作区域保持清洁、EVA无脏污，不允许操作人员用裸手接触EVA	目视	1次/4 h 5组/次
8	割背板	① 工作区域清洁、背板无脏污 ② 不允许工作人员用裸手接触背板 ③ 背板的割缝与模板上的宽度大致相等，缝要割穿，无毛边	目视	1次/4 h 5组/次
9	叠层、中测	① 操作人员按规定顺序放置玻璃、EVA、背板等，注意玻璃面、EVA的正面 ② 正负极性排列正确 ③ 电池串无虚焊、破损、裂纹、异物，焊接牢固及焊点美观 ④ 电池片排列整齐，间距均匀，条形码粘贴位置、方向正确 ⑤ 背板材料没有划伤，EVA没有异物 ⑥ 操作人员基本佩戴应符合工艺要求（手套、口罩、头套、指套） ⑦ 在中台上进行的检测应准确记录到工艺流程单上 ⑧ 操作人员在操作时不能造成电池片受力的危险隐患	目视	1次/4 h 5组/次
10	层压前检验	① 层压前检察人员对叠层好的组件外观进行全检 ② 叠层不能发生移位 ③ 监控层压人员抬待压组件的操作应符合要求	目视	1次/4 h 5组/次
11	层压	① 每班上班前需要工艺人员确认工艺参数，并保证批量生产的质量 ② 层压机操作人员应对四氟布上残留的EVA进行清理 ③ 工艺参数符合工艺文件要求 ④ 没有私自修改工艺参数的现象 ⑤ 流程卡不允许与组件同时层压 ⑥ 层压后的组件与流程单应保持一致 ⑦ 层压后的组件表面及内部无异常 ⑧ 记录及时	目视	1次/4 h 5组/次
12	红外检测	① 每个组件都留有记录 ② 所记录的问题与实际情况相符 ③ 设备内记录的编码与组件编码一致	目视	1次/4 h 5组/次

续 表

序号	工序名称	巡检各工序是否满足下面规定的要求	工具	巡检频率
13	边框上硅胶	① 所用硅胶型号与供应商需要与工艺要求一致 ② 边框内的硅胶量与角度符合工艺文件要求 ③ 按批量准确核实宜用硅胶数量	目视	1次/4 h 5组/次
14	装铝边框	① 安装的铝边框的组件温度不应高于50 ℃,若超出立即强制停止工作 ② 带装配的组件边缘没有残余的EVA和TPT ③ 已安装后的组件边框四角无毛边刺,边框接缝间隙在要求范围内 ④ 已安装铝边框的组件边框四周硅胶均匀溢出,且符合工艺要求 ⑤ 已安装铝边框的组件TPT上应没有装框时所用的硅胶,保证整个背板无划伤 ⑥ 铝边框不应有人为划伤,若划伤需要判定是否损坏氧化层 ⑦ 流程单正确记录	红外测试仪 目视	1次/4 h 5组/次
15	安装接线盒	① 所用的接线盒型号、生产商符合工艺文件要求 ② 接线盒底部所用的硅胶型号正确,并在有效期内 ③ 接线盒底部上硅胶量充足,按工艺要求围成一圈,确保安装后能有效密封,接线盒位置正确,无歪斜 ④ 接线盒与汇流条之间的连接应牢靠,抽检拉力符合要求 ⑤ 接线盒安装后,四周硅胶均匀溢出,并确保接线盒底部有效密封 ⑥ 不允许安装上盖 ⑦ 流程单正确记录	目视	1次/4 h 5组/次
16	擦拭组件	① 组件在擦拭前的存放时间达到工艺文件规定的要求 ② 擦拭组件时主要不要划伤背板、玻璃、铝边框 ③ 擦拭后的组件清洁度符合工艺要求	目视	1次/4 h 5组/次
17	终测	① 组件测试仪按照相关测试指导书的规定进行校准,且校准结果符合要求 ② 操作人员按相关测试仪的操作规定进行测试,无影响测试结果的行为 ③ 测试的组件温度与测试仪环境温度一致 ④ 测试后的组件功率与流程卡上标识型号的规定一致 ⑤ 操作台表面清洁、无污物 ⑥ 测试线均正常,组件专用滑道均正常 ⑦ 流程单正确记录	目视 红外测试仪	1次/4 h 5组/次
18	终检	① 检验人员按文件规定的要求进行判定、记录 ② 检验区域的铭牌放置整齐有序,且确保不同型号的铭牌没有混放 ③ 粘贴在组件上的铭牌位置正确,无歪斜,无褶皱等 ④ 打印的铭牌内容及位置正确,字迹清晰、可读,覆膜与铭牌整齐,无褶皱及大面积气泡产生 ⑤ 流程单正确记录	目视	1次/4 h 5组/次

续 表

序号	工序名称	巡检各工序是否满足下面规定的要求	工具	巡检频率
19	包装	① 包装区域内组件堆放摆放整齐 ② 包装完毕的组件符合包装要求,包括堆放整齐,缠绕膜无损坏,标识完整、正确 ③ 打包带位置正确,没有遮住外包装箱上的产品型号标签和条形码 ④ 缠绕结束后,断裂处多余的缠绕膜不能落在外面 ⑤ 组件外箱上的型号标签、包装标签、条码等位置粘贴正确,内容与入库单一致	目视	1次/4 h, 大组件:1托/次 中小组件:1箱/次

(4) 后期处理方法

巡检结果不符合规定要求时,应立即通知相关部门整改,并注意跟踪,严重时按不合格品控制程序处理,填写“制程异常反馈/处置单”。

(5) 记录

巡检记录表见表6-20。

表6-20 巡检记录表

<table>
<tr><td colspan="2">日期:</td><td>班次:</td><td colspan="3">检验员:</td><td colspan="2">领班:</td></tr>
<tr><td colspan="3">工艺员:</td><td colspan="5">生产部当班负责人:</td></tr>
<tr><td colspan="2" rowspan="2">各工序发生的其他严重质量问题描述</td><td>时间</td><td>工序</td><td colspan="4">描述问题</td></tr>
<tr><td></td><td></td><td colspan="4"></td></tr>
<tr><td rowspan="2">序号</td><td rowspan="2">制程名称</td><td rowspan="2" colspan="2">要求/标准/参数</td><td colspan="4">巡检时间/状态</td></tr>
<tr><td></td><td></td><td></td><td></td></tr>
<tr><td>1</td><td>物料区域</td><td colspan="2">物料摆放整齐,标识清楚,环境清扫干净,并得到有效保持</td><td></td><td></td><td></td><td></td></tr>
<tr><td rowspan="3">2</td><td rowspan="3">电池片分发</td><td colspan="2">拿取电池片时戴防护手套/戴口罩</td><td></td><td></td><td></td><td></td></tr>
<tr><td colspan="2">电池片堆放:摆放整齐,不同档次电池片分开放置</td><td></td><td></td><td></td><td></td></tr>
<tr><td colspan="2">电池片标识清楚</td><td></td><td></td><td></td><td></td></tr>
<tr><td rowspan="5">3</td><td rowspan="5">互联条分发</td><td colspan="2">互联条无发黑、漏铜、折痕、扭曲、尖锐刺角等,要平直</td><td></td><td></td><td></td><td></td></tr>
<tr><td colspan="2">不同规格的分开存放,并摆放整齐</td><td></td><td></td><td></td><td></td></tr>
<tr><td colspan="2">在助焊剂中的浸泡时间(详见操作规程)</td><td></td><td></td><td></td><td></td></tr>
<tr><td colspan="2">互联条在使用之前完全滤干</td><td></td><td></td><td></td><td></td></tr>
<tr><td colspan="2">是否包装后分发,不用裸手接触互联条</td><td></td><td></td><td></td><td></td></tr>
<tr><td rowspan="2">4</td><td rowspan="2">汇流条或分发</td><td colspan="2">汇流条外观无发黑、漏铜、折痕、扭曲、尖锐刺角等,要平直</td><td></td><td></td><td></td><td></td></tr>
<tr><td colspan="2">不同规格的分开存放,摆放整齐</td><td></td><td></td><td></td><td></td></tr>
</table>

续表

序号	制程名称	要求/标准/参数	巡检时间/状态			
5	焊接正面	操作员工要戴指套/手套,不可裸手接触电池片。拿电池片方法正确				
		操作员在工作面前用测温仪校准烙铁头温度,每班检测2次				
		焊接时烙铁头要拉出电池片边缘符合操作规范,将互联条上产生的锡堆拉出电池片				
		电烙铁温度为350～400 ℃(详见操作规程)				
		不得擅自调节烙铁和加热板温度				
		正面焊接拉力0.3 kgf以上				
		单根互联条的焊接时间在4～7 s,速度均匀				
		焊接效果:无偏移,无虚焊、歪斜现象,电池片上不得粘有松香、助焊剂结晶等异物				
		玻璃杯里的助焊剂体积不得超过玻璃杯体积的1/3,酒精不允许超出1/2				
		使用助焊剂时,不允许将其涂在主栅线以外的部位,若有,需用分析纯级乙醇擦拭干净				
6	焊接(串焊)	要求操作员在工作前用测温仪校准烙铁头温度,每班检测2次				
		电烙铁温度为370～420 ℃(详见操作规程)				
		无虚焊、焊接粗糙、锡渣、助焊剂、异物等不良情况				
7	割EVA	工作区域清洁、无脏污				
		拿取EVA戴防护手套				
		EVA供应商				
		供方生产批号				
8	割PTP	工作区域清洁、无脏污				
		拿取PTP戴防护手套				
		PTP的割缝与模板上的宽度大致相等,缝要割穿,无毛边、无划伤、折痕未超出规定范围				
		TPT供应商				
		供方生产批号				
9	叠层中测	操作人员按规定的顺序放置玻璃、EVA、TPT等,要求玻璃毛面朝上,EVA毛面朝向电池片				
		正负极性排列正确				
		电池串无虚焊、破损、裂纹、异物,焊接牢固及焊点光滑美丽				
		电池片排列整齐,间距均匀,条码粘贴位置正确、端正,PTP有无划伤等				
		操作员对每片组件都要使用万用表检测电压、电流并记录,合格的方可放行				
		操作员测试电压时的操作方法正确,没有使电池片受力产生碎裂的隐患				
		电烙铁温度为270～320 ℃(详见操作流程)				

续 表

序号	制程名称	要求/标准/参数			巡检时间/状态							
10	层压前检验	检验方法正确,不会对叠层后的组件产生不良现象										
11	层压	操作员按时清理四氟布上残留的 EVA										
		不允许将流程卡连同组件一起送入层压机里层压										
		放置组件是否规范										
		机型	项目	标准	实际	判定	实际	判定	实际	判定	实际	判定
		层压机 1	上腔一次充气时间/s	170								
			上腔一次充气时间/s	560								
			上腔一次充气时间/s	100								
			温度设定/℃	135～140								
			抽真空时间/s	390								
			下腔充气时间/s	60								
12	割边	组件边缘 TPT 和 EVA 去除干净,无毛刺										
		操作员割边的方法正确,不会划伤 TPT 和玻璃										
13	隐裂检测	有完整记录										
		操作正确										
14	边框打硅胶	搬动边框的过程不会损坏边框										
		硅胶生产厂商										
		硅胶型号										
		硅胶供应方生产批号										
		硅胶是否在有效期内										
		边框槽内硅胶高度	组件系列号									
			要求									
			实际									
15	装框	正在装框的组件温度要低于 50 ℃										
		待装框的组件边缘没有残余的 EVA 或 TPT 超出玻璃边缘										
		已装框的组件边框四角无毛刺,边框接缝间隙在要求范围内										
		已装框的组件边框四周的硅胶完全溢出,并均匀分布										
		边框与角键是否按工艺要求连接										
		操作员在搬动组件的过程中不会划伤边框(手动)										
		操作员不得用锤子敲击组件的四角,注意力度及位置										
16	清理玻璃表面	玻璃表面溢出硅胶要清理										
		清理时不得损伤玻璃或铝边框氧化层										

续 表

序号	制程名称	要求/标准/参数		巡检时间/状态			
17	安装接线盒	操作员在安装接线盒前将出头的胶带纸撕干净，并清除因贴胶带纸产生的粘性物质					
		接线盒底部的胶量充足，围成一圈					
		一次操作完成					
		确保装上后四周硅胶均匀溢出，能有效密封，接线盒位置正确，无歪斜					
		硅胶生产厂商					
		硅胶型号					
		硅胶供方生产批号					
		硅胶是否在有效期内					
		接线盒型号					
		二极管型号					
18	接线盒内的焊接	接线盒与汇流条之间的焊接无虚焊或出现未焊接现象发生					
		在焊接过程中不会烫伤 TPT 或接线盒					
19	接线盒灌胶	接线盒内灌的胶量充足，能有效密封					
		接线盒内的胶不会从接线盒底部溢出					
		硅胶生产厂商					
		硅胶型号					
		硅胶供方生产批号					
		硅胶是否在有效期内					
20	接线盒内的连接	连接拉力达到标准要求					
		压力连接方式					
21	擦拭组件	组件在擦拭前的存放时间（根据工艺要求）					
		擦拭组件时不会划伤 TPT、玻璃或边框，擦拭后的组件清洁度符合要求					
22	终测	校准结果符合要求					
		检查测试仪表面是否干净，接线头是否存在磨损					
		测试步骤是否正确					
23	终检	人员抬放组件是否正确					
		是否按规范要求记录数据					
		终测机 1	环境温度				
			组件温度（背板温度）				
			终测机显示的温度值				
			组件温度与终测机显示温度差异				
			差异判定（要求≤±2 ℃）				

续 表

序号	制程名称	要求/标准/参数	巡检时间/状态			
23	终检	要去检查人员按文件规定的要求进行判定、记录				
		摆放整齐有序且确保不同型号没有混放				
		组件堆放数量要求≤30片				
		粘贴在组件上的铭牌位置正确，无歪斜，无褶皱等				
		打印的铭牌的内容及位置都正确，字迹清晰、可续，覆膜与铭牌整齐，无褶皱及大面积气泡产生				
24	包装	包装区域内组件堆放摆放整齐				
		包装完毕的组件缠绕膜无破损，标识完整、正确				
		打包带位置正确，没有遮住外包装箱上的产品型号标签条形码				
		缠绕结束后，断裂处多余的缠绕膜不能散落在外				
		组件外箱上的型号标签、包装标签、条码等位置粘贴正确，内容与入库单一致				

该记录表与巡检要求略有差异，在记录表中增加了灌胶工艺。同时，该表格是手工操作生产的巡查示例，如果是自动化生产线，要注意增加设备的验证性内容，如机械手误差判定等。在应用时与产生情况相符合，进行必要的增加和删减。

2. 烙铁温度检测

(1) 设备：所用设备为 HAKKO191 型。

(2) 范围：组件生产线电池片的单焊、串焊、叠层等所使用的恒温电焊台电烙铁。

(3) 实施者：巡检员(IPQC)。

(4) 内容：正常生产时，每班在巡检时发现用于正面、反面、叠层焊接的电烙铁都要检测1次。检测时在烙铁头上沾上少许焊锡，然后将烙铁置于测温仪的测试点上，测温仪上显示的数据稳定时，该数据表示烙铁头的实测温度。烙铁头的温度是否合格，应根据各工序工艺文件规定的温度范围进行判定。如果超出合格范围，立即通知生产部门停止使用，待其调整到合格范围内时才能使用，并记录调整后的结果。

(5) 注意事项：如果是刚通电的电烙铁，需要等烙铁头温度上升到稳定的温度时开始检测。还要经常检测温度仪的温度传感器，一般传感器的有效寿命大约为50次。因此，一般情况下每班换一次。

(6) 记录：填写表6-21，并建立电子档。

表6-21 电烙铁温度检测记录表

工作台编号					电烙铁编号		
加热板编号			电烙铁温度/℃		加热板温度/℃		
			360 ～ 390		50 ～ 60		
日期	时间	班次	设计温度/℃	实际温度/℃	设计温度/℃	实际温度℃	检测员

要求：① 每天、每班必须测量两次；

② 加热板温度使用红外测试仪进行检测。

6.2.5 工序检验

1. 中检

中检通常是指在组件半成品未层前进行外观复检，检查出可能被忽视的内容，通常这项工作由第三方品质 QC 人员完成而非生产人员。

操作人员利用反光台和一些小的工具，重点观察接线盒内部杂质以及电池串的间距，相关标准详见表 6-22。

从实际应用上看，该项工作是非常有用的；但从管理角度来讲，是否将工序的管理放置在品质管理部门还需要从实际情况综合判断。通常在品质管理时，因检查存在对组件的影响，无法说清是何方造成的，容易造成互相推诿。还有就是复检有时也不可避免有遗漏，遗漏的责任分配问题也比较难划分，因此建议该工序与叠层工作结合，由叠层工序负责人进行中检，品质管理人员做 IPQC 的巡检。

表 6-22 中检标准

序号	项目	要求
1	虚焊	不允许
2	电池片	单片电池的外观（缺角、裂纹、色差、色斑）根据《电池片外观检验规范》规定的等级或工艺文件判定，原则是：如果该批投入的是优质电池片，则应符合优质组件标准；如果该批投入的是一级电池片，则应符合一级组件标准；电池不重叠，表面无脏污，电池片表面无助焊剂痕迹
3	条形码	无漏贴，条形码清晰，编号正确，粘贴位置正确，不歪斜
4	互联条及汇流条	无变形，无弯曲，不卷缩，不翘起，位置正确，汇流条引出端不变形移位。汇流条焊接牢固、光滑，没有凹凸不平
5	肮污及杂物	不允许有脏污及杂物（包括玻璃本身存在的肉眼可见的杂质）
6	排列	电池串纵横向排列整齐，电池片间距均匀，正负极连接正确，要符合相关工艺文件规定的要求
7	叠层	按照工艺文件规定的要求叠放钢化玻璃、EVA、电池玻璃、背板等材料，EVA 有拼凑时，间隙不可太大
8	背板	无划褶脱层，正反面正确，有黑线的一面朝向玻璃（但要求组件正面尽量不要看见黑线），不偏移，割缝应符合工艺文件规定的要求
9	EVA	无脏污，正反面正确，EVA 毛面朝向电池片
10	钢化玻璃	无划伤，无缺损，或根据工艺文件要求

注：叠层组件返工后需重新检验，防止因返工造成其他不良现象。

2. EL 检测

(1) 常见参数调整

① 增益。增益功能通常是设定红外照相机的噪声控制。在 EL 测试仪的软件系统中进行设定，通常设置在 0～255，一般增益值不会太高，建议与设备厂家核实，上下浮动不要太大。图像表面通常会有噪点，这是正常的，有些高级的设备可以将噪点在软件中剔除。

② 施加压力值与电流值。通常设备软件不允许使用电流超过 12 A，大多数设备不允许使用电流超过 10 A，否则很容易将组件内的电池片烧坏。因此电流设定值通常在 1～10 A 之间。

(2) 检测标准

① 通过 EL 检查，发现电池片中有暗片的组件判定标准（此处仅列出某些实例的组件数据，其他型号的需要技术部门根据原材料具体制定）见表 6-23。

表 6-23　EL 检测暗片组件判定标准

产品系列	序号	判定条件（各项均要满足，方可判定相应的等级）						采取措施后的等级
		暗片数量/片	$I_{sc}-I_m$/mA	I_m/I_{sc}	I_{sc}/A	U_m/V	返工措施	
TDR	1	无明显暗片	＜600	＞90%	＞5.5	＞35		A
	2	有暗片		＞90%	＜5.5	＜35		A
	3	≤4					返工，更换电池片	B
	4	4～12					返工，更换电池片	返工后重检再定
	5	＞12					由工艺员视情况定	

② 通过 EL 检查，发现电池片中有隐裂的组件判定标准见表 6-24。

表 6-24　EL 检测隐裂片组件判定标准

序号	判定条件（各项目均要满足，方可判定为相应等级）								
	组件列数	数量/片	裂纹数量/片	I-V 曲线	隐裂纹相交	失败面积	措施	其他采取措施后的判定等级	图示
1	ALL	≤2	≤1 条	正常	是	≤5%		A 级	图 1
2	ALL	≤8	≤2 条	正常	否	≤5%		B 级	图 2
3	ALL	≤4	＞		是	＞5%	返工	返工后曲线正常，判定为 B 级别，否则判定为 C 级	图 3
4	ALL							报废	
5	TDR	4～12	＞2 条		是	＞5%	返工	返工后曲线正常，判定为 B 级别，否则判为 C 级	

6.2.6　终检

终检（FQC）是对产线产品的全面质量检验，终检在组件产生中的意义十分重要，其工作内容主要有成品组件的外观检验、电性能检验。本书实例的检验标准在 3.13 节中已经讲述，本节中主要讲述要求、表格等相关内容。

1. 检验成品组件要求

(1) 检验组件时，应该不低于 1 000 lx 的照度下进行。

(2) 组件正面、侧面、反面的外观质量，对于气泡、碎片和异物等一些缺陷要使用直尺进行测量。

(3) 检验的组件确认符合成品的基本要求后，方可盖上接线盒，并确认盖牢。

(4) 所有组件的电性能测试盒外观等级测试均应以条形码为存储序号进行数据保存。

(5) 所有组件检验后，必须盖检验员的检验章。

(6) 检验合格的组件，需要清除铝边框防护膜，使用美工刀将组件边角的保护膜撕出来，注意不要将边框划伤。

2. 组件 *I-V* 测试记录

组件 *I-V* 测试记录见表 6-25。

表 6-25 组件 *I-V* 测试记录表

序号	日期	条码	等级	P_{max}	U_{oc}	I_{sc}	R_s	FF	测试人	备注
1										
2										
3										

3. 组件外观记录

组件外观记录见表 6-26。

表 6-26 组件外观记录表

生产批号：________　　　　生产工艺号：________

序号	日期	条码	背板缺陷	边框缺陷	打胶缺陷	压层缺陷	玻璃缺陷	拼接缺陷	内在缺陷	无法判定	备注	等级	检验员

4. 组件不良记录

组件不良记录见表 6-27。

表 6-27 组件不良记录表

日期：　　　　班次：　　　　QC 领班

组件编号	系列	不良内容	责任工序	设备编号	操作员	处理结果	检验员	组件工艺意见	工艺签字	生产部意见	生产部确认

6.2.7 品质保证

1. 电池片 *I-V* 测试仪和大面积太阳电池组件测试仪的校准

电池片 *I-V* 测试仪和大面积太阳电池组件测试仪的校准在原则上是一致的，因此将这两部分放在一起叙述。事实上完全可以把大面积太阳电池组件测试仪理解成放大的电池片 *I-V* 测试仪。

(1) 工作职责

电池片 *I-V* 测试仪和组件测试仪应由专人进行光强校准，校准流程如图 6-2 所示。

(2) 校准程序

校准前，先做好以下准备工作：

① 选择短路电流、功率与生产组件一致的标准组件进行校准。

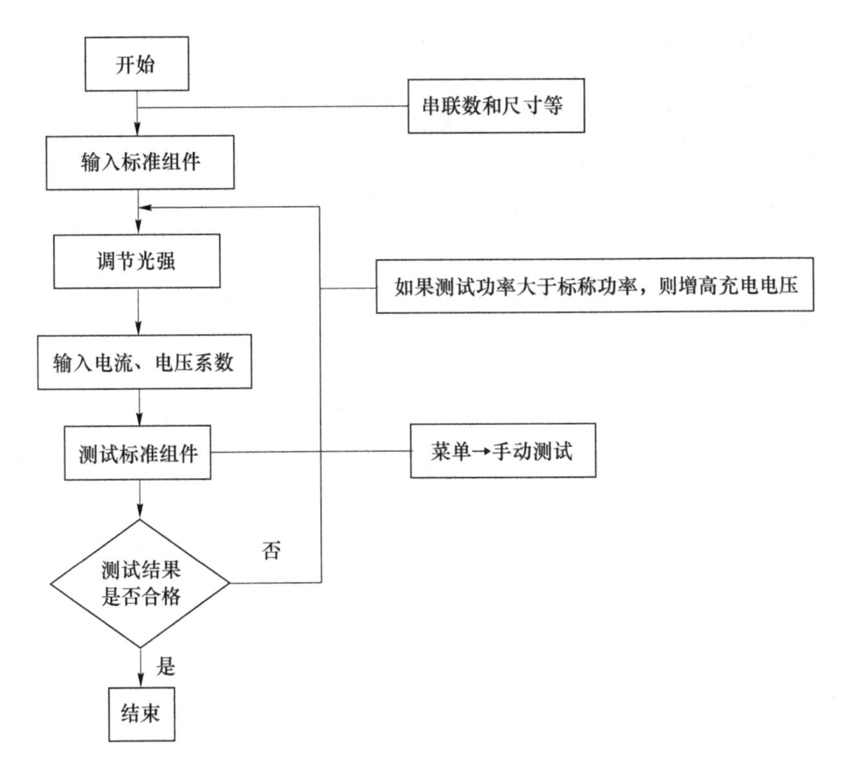

图 6-2 校准流程图

② 校准环境温度在(25±2) ℃，用标准太阳电池测量的光源辐射照度为 1 000 W/m²，并具有标准的太阳光谱辐照强度分布。

具体步骤如下：

① 放入标准组件，参照标准值将光源辐照度调节到标准测试状态。

② 放入待测组件，并进行测量。

③ 再次放入标准组件进行测试，观察测试值得变化，确保测量值与标准值一致，短路电流、最大工作点功率的偏差分别控制在±0.5%、±1.5%。

④ 循环两次以上，当数据偏差小于工艺要求后，方可确认设备处于可以测试状态。

(3) 校准记录

组件校准记录见表 6-28。

表 6-28 组件标准校正记录表

标准组件数据：P_{max}			U_{oc}		I_{sc}	R_s		FF	
序号	校正日期	校正时间	P_{max}	U_{oc}	I_{sc}	R_s	FF	测试值	备注
1									
2									
3									

(4) 校准应用场合

① 设备起动后必须校准。

② 每工作 4 h 校准一次。

③ 设备未使用时间超出 2 h 的需要马上校准。

④ 停电后，再开机时需要校准。

⑤ 操作人员认为有必要的情况下进行校准。

(5) 标准电池片和标准组件的贮存

① 标准电池贮存于干燥箱内，要求吸湿剂处于良性状态，温度在 10～30 ℃之间，相对湿度＜30％。

② 标准组件放置于生产现象的贮存柜内，要求干避光，由组件生产线成品检验人员保管。

2. 不合格品的处理

(1) 责任

① 品质管理部负责不合格品控制程序的执行和对不合格品的识别、报告；组织对不合格品的评审、分析及纠正措施的制定；负责对不合格品处理的验证；负责对得到纠正仍不合格的产品进行再次验证；负责对不合格原料的投资处理。

② 技术部参与对不合格品的评审、分析及纠正措施的制定。同时对让步接收原材料能否满足产品要求负责。

③ 生产部负责生产中的不合格原料处理的调度、标识和隔离，以达到可追溯和防止误用，参与不合格品的评审、分析及纠正措施的制定。

④ 采购部负责对合格品的储存盒管理，并负责对不合格外协产品进行退货、补货、扣款及相关事项处理；负责不合格品的退货、运输。

(2) 内容

① 必须对不合格的原料在制品和成品进行“不合格品”标识并将其存放在指定区域。

② 原材料、外协加工不合格品的评审和处理：

a. 对于品质部检验不合格的原料、外协加工件，由进货检验员填写“不合格品评审/处置单”后报质量主管、质量经理，由质量主管、质量经理确定是否需要对此批不合格品组织相关部门评审。如果不需要评审，质量主管、质量经理直接签署不合格品处置意见。涉及比较严重的、价值高的、量大的不合格品，由品质部组织各相关部门对不合格品进行评审，各相关部门讨论形成一致意见后，各责任部门按处置意见执行。

b. 不合格品评审处置意见可为让步接收、退筛选、报废等一种或几种方式。有关退货、报废、筛选等处理流程见《不合格原材料处理办法》。

c. 由于设计更改导致的报废由技术部门提出并办理报废手续，且经总理批准。

d. 品质部对不合格原料进行统计后及时由采购部向供应商进行投诉处理。

e. 不合格原材料的让步接收：

• 当进货材料虽有缺陷，但对质量影响不大，遇到下列情形之一时可以考虑让步接收：退货可能导致生产线停止生产或可能影响正常生产；供应商路途遥远，退货手续烦琐。

• 原材料的让步接收，由品质通知生产部、仓库、采购部、技术部等相关部门。

• 原材料的让步接收，由采购部及时将该信息通知供方，同时要求予以必要的关注和改善。必要时通知供应商进行确认，期间发生的费用由供应商承担。

• 由品质部负责组织实施让步接收的处理。让步接收材料的处理方法有：通过全检的方式筛选出合格品；返工、返修使其达到合格品要求，返工、返修如由购货方公司进行，应向供应方进行相关的成本和人力核算；粘贴“让步接收”标记，通知首次加工工序加强工序检验和筛选。筛选出的不合格品应按进货检验时发现的不合格品处理方式进行。

• 让步接收的原料经过处理达到合格要求的，作为合格材料入库，但必须粘贴有“让步接收”标记。

• 针对原材料的让步接收，必要时技术部门应针对不合格品制定相应的工艺措施并组织“让步接收”的原材料采取适当的措施，以减少原材料的缺陷对生产成品的不良影响。生产部门要配合技术部门适当采取措施。

• 对不合格原材料的投诉、退货和索赔：

• 根据不合格原材料的状况（对于料严重不合格、批量性或重复性出现的不合格等）由IQC开出“供方来料异常联络单”，对联络单进行编号，并如实填写原材料的来货资料、问题描述、不良品进行原因分析、纠正措施的制定和改善。品质部负责对措施进行跟踪和验证，必要时对不合格供应商重新进行合格评审，可采取到供应方现场检查或进行过程审核等方式进行。

• 接收“供应来料异常联络单”后供应商必须迅速查找不良产生原因及改进对策，现地供应商必须在3个工作日内给出答复，海外供应商必须在7个工作日内给出答复。

• 当在规定时间内品质部得不到供应商回复的“供方来料异常联络单”IQC人员可拒绝下次来料检查，如果因此造成本公司停产后果时的所有责任均由该供应商承担（采购部在采购合同中注明）。

• 品质部每半年汇总没有得到最终处理的不合格原材料并对其处理。

• 原材料的报废由品质部提出报废申请，技术部门确认，财务部备案，总经理审批。

• 对于没有退货而又可以利用的不合格原材料要设法充分利用。由品质部组织相关技术部门和采购部进行审批，作为盘盈重新入库投入生产。

③ 生产过程中的不合格（包括生产过程中发现的原材料、半成品及成品）的评审和处理：

a. 生产过程中发现的一般性小批量的原材料不合格，生产部直接填写“材料退库单”，经进料检验人员确认后由质量工程对不合格品按《不合格原材料处理办法》执行。

b. 生产过程中发现大批量或者严重影响产品质量的不合格原材料由生产人员、检验员或巡检员填写“制程异常反馈/处置单”报告本部门主管，经本部门主管和巡检员确定后交于品质部主管，品质部主管根据异常的严重性或普遍性来确定是否需要评审，需要评审时由质量部召集各相关部门对不合格原材料进行讨论和制定纠错措施，各相关责任部门应严格按照纠正措施对的决议执行。其中确认为原材料问题及由原材料不合格造成的其他损失，则由质量工程师根据“制程异常反馈/处置单”意见对供方进行投诉处理，使用“供方来料异常联络单”，具体参见本程序有关规定，有关退货、赔偿、报废等处理流程见《不合格原材料处理办法》。当生产过程中发现的不合格原材料给生产造成明显损失时，品质部应查找失控原因并写出质量事故报告。

c. 经品质部确认的不合格原材料，由生产部办理不合格原材料退库，然后依据由品质部确认的不合格原材料退库单补领同等数量的生产原材料或者减批量生产。

d. 品质部负责对生产中发现的同批量不合格原材料的库存做出不合格处理，必要时对在制品和库存品做重新检验。

e. 对于制品和成品的不合格品，一般由相关的工艺人员负责处理。可以返工的，由工艺人员通知生产主管安排操作者立即返工处理，返工后须重新检验，检验合格或确定可以让步放行后方可流入下道工序。需要时做好相应记录。

f. 对于无法返工的不合格成品，品质部依据产品的技术条件和检验规范确定对其进行降级、回用、报废等处理方法。

g. 当顾客急需时，同时不合格不影响顾客使用，由营销中心填写“不合格品评审/处置单”向品质部提出成品的让步放行申请，然后品质部组织各相关部门进行评审，并报总经理批准。(总经理在此授权负责销售的副总经理代行职权)。必要时需要得到顾客的同意。如果有必要，让步放行的产品贴“让步放行”标识。

h. 不合格成品的报废需经品质部批准。

④ 交付后发现的不合格品的处理：

a. 根据影响程度，对于交付后的不合格品的处理方式包括调换、修理、补偿或退货等。

b. 对于交付后发现的不合格品的处理，由营销中心根据客户的意见向质量部提交“顾客意见(投诉)处理单”，品质部应对投诉单进行编号并做相应记录统计，同时应识别不合格状况并根据“顾客意见(投诉)处理单”提出处理意见。必要时品质部根据“顾客意见(投诉)处理单”填写“不合格品评审/处置单”和(或)召开质量分析会，对不合格的原因进行分析并制定相应措施。

c.“顾客意见(投诉)处理单”由品质部报总经理批准批准后品质部通知营销中心确认，具体由业务营销员确认处理意见，必要时需得到顾客的同意。确认后的投诉单由营销中心将投诉单原件返回品质部，同时营销中心对投诉单进行备案。

d. 营销中心依据“顾客意见(投诉)处理单”办理退货、换货和补偿等。退回的不合格产品由营销中心接收，由品质部根据不合格状况重新分类验收后再入库或报废。营销中心根据验收结果填写“退库通知单”，通知仓库办理退库手续，并报财务部核销。需要修理和返工的产品由原制造部门进行修理和返工。

e. 报废品送仓库存放于废品区域，由物料部组织统一处理。

3. 不合格品的标识

不合格品标识是防止不合格品误用的有效手段，因此良好的标识可以保证意外的发生。由于不合格品分原材料不合格品、产线不合格品、成品不合格品等情况，因此建议不合格品标识根据本公司的实际情况进行形状辨识。例如，方形的不合格品标识为成品不合格品，而椭圆形不合格品标识为原材料不合格品等，如图 6-3 所示。

报废品通常为红色，通常报废品只有成品或半成品。

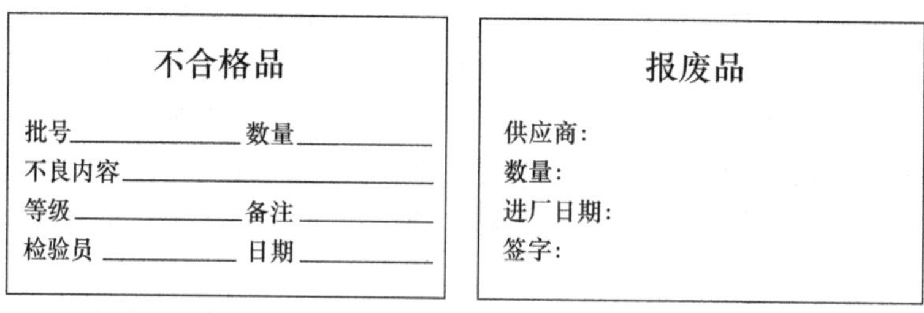
不合格品

批号________ 数量________

不良内容________

等级________ 备注________

检验员________ 日期________

报废品

供应商：

数量：

进厂日期：

签字：

(a) 黄色不合格标签　　(b) 红色报废标签

图 6-3　不合格品、报废品标识

4. 质量报表

质量报表是质量部门独立于生产部门出具的有关产品质量发展趋势的报表，见表 6-29。它与生产报表一起构成企业内部生产性状态报表，因此质量报表是一个公司质量管理状态的反应，它的数据来源于生产，但有别于生产统计数量和合格率的特点。

通常质量报表分日报表、周报表、月报表，但根据组件的生产特点，建议有周报表和月报表就可以了，日报表的意义不大。但对 IPQC 的日常问题汇总还是非常有必要的。

表 6-29 质量表报

产品型号	计划生产	检测数量	合格率	备注
TDR125×125-72-P	订单编号：×××	330 块	82.72%	此合格率≠一次交检合格率（一次交检合格率<合格率）
使用材料清单	电池片	湖南××有限公司		
	玻璃	江苏××有限公司		
	EVA	上海××有限公司		
	TPT	韩国××有限公司		
	焊带	苏州××有限公司		
	助焊剂	××有限公司		
	固定胶带	3M		
	硅胶	××有限公司		
	铝边框	××有限公司 45 型		
	接线盒	××有限公司		
预计总功率数	生产计划	实际总功率数/W	61 408.1	
其他总功率				
功率分档方法	挡位	功率分布区域/W		偏差值
		Min Power	Max Power	
	180 W	≥180	<184.9	正向偏差
	185 W	≥185	<189.9	正向偏差
	190 W	≥190	<195.9	正向偏差
	195 W	≥195	<199.9	正向偏差
	200 W	≥200	<205	正向偏差

注：实际生产数与检测数可能会存在差异，主要体现在生产中可能会有报废现象。

组件车间合格率公式：$\zeta=\frac{\text{A 级合格品数量}}{\text{生产总数}}$。

组件车间一次交检合格率公式：$\zeta=\frac{\text{第一次即判定为 A 级合格品数量}}{\text{生产总数}}$。

A 级合格品：生产线流转至 FQC 位置上检测无缺并符合 A 级组件要求的产品。

预计总功率数：根据生产任务设计产品后，预计产出的总功率数。

其他总功率数：经测试不合格，经返修后能正常使用的组件功率总和。

6.3 工艺管理

企业的工艺工作包括工艺技术工作和工艺管理工作两个方面。其中工艺技术工作在整个组件的生产工艺流程相对比较固定，但细节工序上的工艺还是有比较明显的不一致，特别是最近几年，包括 BIPV 等一些异形的组件增多，相关工艺变化较多；而工艺管理工作就是把工艺文件中所规定的内容，用科学的方法管理起来。

应该说工艺管理和技术管理是两回事，两者的区别在于，技术管理还包括产品图样管理、工具管理、设备管理、质量管理、工艺管理的宗旨是为不断提高产品质量作保证，为不断提高劳动生产率创造必要的条件，为确保企业不断提高经济效益提供可能。从任何一个角度上将，任何一个规格型号的组件产品都应该提前制订一份完整的工艺流程和方案，相关的生产与品质工作都按此流程和方案开展，以保证首件确认和生产工作的开展。

6.3.1 文件编制

1. 组件型号制定与命名

组件型号制定与命名是工艺管理的第一项任务，太阳电池的型号国家有相应的标准，工序人员可以参考，详见(GB/T 2296—2001)《太阳电池型号命名方法》。

组件命名方法如图 6-4 所示。

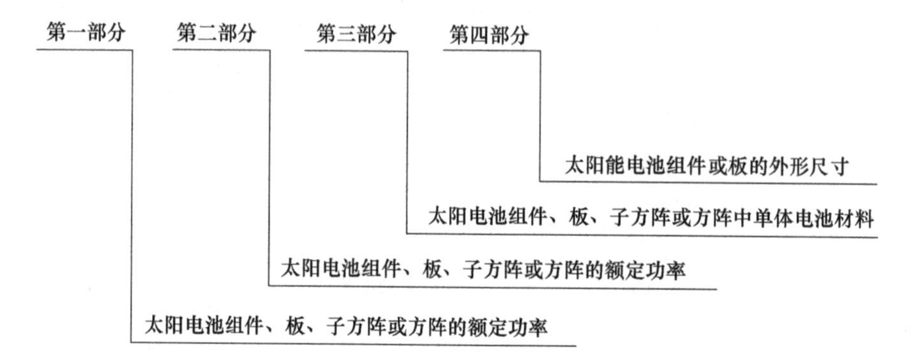

图 6-4 组件命名方法

型号组成各部分的符号及意义如下：

第一部分用阿拉伯数字表示在标准测试条件下太阳电池组件、板、子方阵或方阵的额定功率，单位为瓦(W)。

第二部分用圆括号加阿拉伯数字表示在标准测试条件下太阳电池组件、板、子方阵或方阵是我额定电压，单位为伏(V)。

第三部分表示单体元素半导体太阳电池按基体材料和衬底材料符号，基体材料和衬底材料符号表见表 6-30。

表 6-30 基本材料和衬底材料符号表

符号	含义	符号	含义
C	N 型单晶硅材料	G	玻璃
D	P 形单晶硅材料	F	不锈钢
P	多晶硅材料	T	陶瓷
H	非晶硅材料	K	聚酰亚胺膜
X	其他材料		

第四部分用阿拉伯数字表示太阳能组件或板的外形尺寸数值，一般用相邻两边长度相乘表示，单位为毫米(mm)。

具体示例如图 6-5 所示。

按国家标准来进行组件命名事实上已经不能符合现实的组件品种及相关应用，最本质上的问题是无法直观反映出组件特点，如果所使用的电池工艺，现在各主要晶体硅电池片生产厂对自己特定工艺电池都有知识产权。同时也为了体现厂家的技术实力，因此基本上各个厂家都是根据自己的市场情况来进行组件命名。

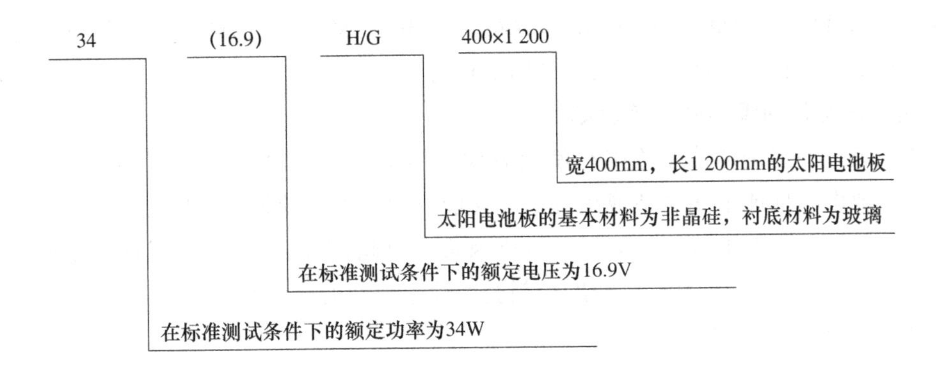

图 6-5 组件型号命名示例

根据自身情况命名，通常至少会包括四个内容的特定缩写：① 功率；② 片数；③ 单晶硅材料或多晶硅材料；④ 生产厂家。

2. 条形码

条形码管理是组件生产管理中最重要的一环，它直接涉及组件生产的整个过程。因此合理设计条形码是良好管理的一个开端。通常在组件生产中，工艺流程单、组件内部、组件背板、组件包装上均应贴条形码，这些条形码跟随组件生产的整个流程。

组件条形码的设计原则是，能通过条形码准确快速地识别出如下信息：产地、生产日期、组件类型、功率值、电池片规格、组件的外形尺寸、产品批号、产品序号。每一个条形码必须对应着一个特定产品，不允许两个特定产品对应同一条形码。

制定条形码规则应从本公司的实际生产出发，能简单的就不要复杂。

实际应用中的条形码种类繁多，事实上常用的编码格式主要有一维条码包括 Codebar、Coda 39、Code 128、DUN-14、ITF-14 等及二维条码包括 Aztec Code、Data Matrix、Maxicode、PDF417 等。太阳电池组件通常使用 Code 39 码、Code 128 码。

3. 工艺图样形成的基本要求

组件的工艺图样应包括电气接线图、安装结构图、工艺步骤图及加工步骤说明等。无论何种内容的工艺图样，都应详细说明图样的用途、设计者、审核者、文件编号、版次、批准情况。这些内容是确定一份图样能否正常应用的标准，也是当出现问题时查找原因的主要依据。同时组件图样还要反映选择材料的特点、数量、型号、操作步骤、工艺参数等。

6.3.2 组件设计

1. 组件电气性能、技术参数设计

电气性能、技术参数的设计与原材料特别是电池片的性能直接相关，技术参数也是销售的基本数据及安装手册的基本内容。在实际设计中必须要明确组件工作电压和功率这两个参数，同时也还要根据目前材料、工艺水平和使用寿命的要求，保证组件面积比较合适，并让单体电池之间的连接可靠、组合损失较小。对于应用在路灯和草坪灯上的特种用途电池组件，还需要了解实际应用环境，包括灯杆、支架的承载能力等因素。

电气性能、技术参数设计的基本规则如下：

① 电池串联时，两端电压为各单位电池中电压之和，电流等于各电池中最小的电流。

② 电池并联时，总电流为各单体电池电流之和，电压取平均值。

本书采用 TDB125(Φ165 mm) 的单晶硅太阳电池,效率为 18%,由 72 片电池片串联而成,每 24 片引出一根引出线,用于安装旁路二极管。

2. 晶体硅组件助焊剂的选用原则

晶体硅组件助焊剂的选用原则是使用后残留物不影响电池性能,不影响 EVA 性能。太阳晶体硅电池电气性能退化是造成组件电气性能退化或失效的根本原因之一。助焊剂的助焊效果及可靠性又是影响电极焊接效果的重要因素。因此,太阳电池电极的焊接不能选用一般电子工业用助焊剂,因为普通有机酸助焊剂会腐蚀未封装的电池片。

3. 涂锡带的选择与设计

太阳电池组件用涂锡带在选择上主要考虑焊带宽度和厚度与安全载流量之间的关系。设计之初要了解涂锡带电阻率与电阻、截面积及长度的关系为

$$\rho = RA/L$$

其中,ρ 为涂锡带电阻率,通常由涂锡带生产厂家提供;R 为焊带电阻;A 为焊带截面面积,A 为焊带铜基材的宽和厚的乘积,L 为焊带长度。

设计时,通常涂锡带的安全载流量截面积与电流的关系是 3.75 A 的电流,对应 0.3 mm^2 的设计底限。

(1) 涂锡带宽度的选择。根据导体的导电特性理论,焊带越宽越有利于降低自身损耗,提高组件的输出功率,同时降低组件的串联电阻改善 FF 因子。但在实际应用中并不是越宽越好,通常由电池片的主栅线宽度决定涂锡带的宽度。涂锡带比主栅线宽 0.2 mm 是通常的设计原则,也有选择与主栅线等宽的设计,但在实际生产中,容易造成电阻片栅线露白。

(2) 涂锡带厚度的选择。根据上述公式和组件的最大短路电流与已知涂锡带宽度,可反推出所用焊带的厚度。原则上涂锡带的厚度是越厚越好,但从成本和焊接的可操作性和可控制性来讲,过厚的涂锡带会直接导致虚焊,有些会造成层压碎片。

(3) 涂锡带长度的确定。涂锡带的裁切设计长度通常是电池片主栅线长度与背电极长度之和即可。对于断续设计的背电极,背电极的长度为两个最远断栅线"上""下"端点之间的长度。近来因为受成本因素的影响电池片多选择断栅或者镂空设计。断栅和镂空设计对组件焊接影响较大需要在选择长度、温度时加以注意镂空设计影响焊接连续性,特别是对于上自动焊接机后的工艺需要更加注意选择焊接点。

4. EVA 的层压工艺设计

EVA 的层压工艺设计主要目标是防止电池片移位和气泡产生,最终达到最优程度的固化。层压工艺要根据层压机的性能来选择确定,每一台层压机的工艺条件都不一定相同。

(1) EVA 工艺设计

EVA 工艺设计施需要注意的两个特性分别是固化温度、交联度。层压温度对应着 EVA 的固化温度,是层压机需要保持的温度。交联度是确认 EVA 工艺中最重要的内容,交联度的好与坏与组件质量直接相关,过高和过低都不行,因此需要实验确定 EVA 交联度后符合基本要求后方可正常生产。

(2) 层压机和层压工艺

层压机是真空层压工艺使用的主要设备,它的作用就是在真空条件下对 EVA 进行加热加压,实现 EVA 的固化,达到对组件的密封作用。通常层压机的设计工艺主要有如下几个参数:

① 层压温度。即EVA的固化温度。

② 抽气时间。即加压前的抽压时间，同时抽气完成后下一步的工艺通常是上腔室充气加压的过程，因此抽气的速度和加压的时间确定非常重要。抽气的主要目的是排出封装在材料间隙中的空气以及层压过程中形成的新的气体，以消除组件内的气泡。同时在层压机内部造成一个压力差，产生层压所需要的压力(即上腔室胶皮对组件表面的压力)。

③ 充气时间。充气时间越长，层压时施加在组件上的压力越大。因为像EVA交联后形成的高分子一般结构比较疏松，压力的存在可以使EVA胶膜固化后更加致密，具有更好的力学性能。同时也可以增加EVA与背板和玻璃等材料的黏合力。

④ 层压时间。即施加于组件上压力的保持时间，是整个过程中时间最长的一个阶段。层压时间和抽气时间之和就对应着总的固化时间。

层压工艺要达到的要求是EVA交联度在75%～85%；EVA和玻璃与背板黏合紧密(玻璃与EVA剥离强度要求大于30 N/cm，背板与EVA剥离强度要求大于15 N/cm)电池片无位移，组件内无气泡。因此具体设计上述几个参数时，要考虑全面的因素。

(3) 常规主要工艺步骤

① 叠层：依次将盖板玻璃、EVA膜、相互连接好的太阳电池、背板材料叠在一起，放入层压设备中。

② 抽真空：层压机的上、下两室同时抽真空，1～2 min，要求真空度不小于100 Pa。

③ 加热：层压机的上、下两室保持真空，加热叠层件。

④ 加压：叠层件加热到130～150 ℃时(根据原材料性能参数确定)，层压机的上室逐渐取消真空回到常压。这时层压机的下室仍处于真空状态，也就是使上室对下室的层压件产生一个大气压的压力。

⑤ 保温固化：在固化温度下，恒温固化(根据原材料性能参数确定，通常不少于20 min)。

⑥ 冷却：恒温固化后，取出组合件，待组件达到室温状态后，用快刀把组合件边缘多余的EVA及其他材料切掉。

(4) 典型层压工艺

① 一步法。一步法有以下几种方法。

方法一：快速固化EVA。层压机设置到100～120 ℃，电池板放入，抽气5～8 min，加压3 min，同时升温至135～140 ℃，恒温固化15～20 min，放气后即刻取出冷却。

常规固化EVA。层压机设置到100～120 ℃，电池板放入，抽气5～8 min，加压3 min，同时升温至145～150 ℃，恒温固化30 min，放气后即刻取出冷却。

方法二：快速固化EVA。层压机设置到135～140 ℃，电池板放入，抽气5～8 min，加压3 min，恒温135～140 ℃，固化15～20 min，放气后即刻取出冷却。

② 两步法。层压机设置到100～120 ℃，电池板放入，抽气5～8 min，加压3 min，放气后即刻取出冷却。层压后的电池板放入固化炉(烘箱)，然后再快速固化EVA(135～140 ℃，固化15～20 min，或140 ℃，固化15 min)或常规固化EVA(145～150 ℃，固化30 min)。

(5) EVA在层压过程中需要注意的问题

① 层压、固化温度的选择。温度在层压过程是至关重要的因素，根据设备的实际情况，层压热板的温度分布要均匀，同时要保证真空系统的可靠性。注意观察压制的电池片中是否有气泡，温度越高越容易产生气泡，在温度较高的情况下，可以适当缩短固化时间。

② 升温速率的控制。在EVA层压工艺中，首先是加热使EVA软化，达到熔融状态后，

EVA 流动并填满电池片之间的空隙，然后在较高温度下使 EVA 固化，交联反应后形成大分子。如果加热到 EVA 固化温度的时间过长，由于交联剂热分解，使 EVA 不固化。而升温速度太快的情况下，又会产生气泡。

③ EVA 中气泡的消除。在 EVA 层压工艺中，如何消除 EVA 中的气泡是一个关键问题。形成气泡的主要原因是叠层时进入的空气和过氧化物交联剂热分解产生的氧气。消除 EVA 中气泡的办法是在加热之前，对层压器的腔室抽真空，将叠层件之间的空气抽干净；当加热温度达到 120 ℃时，加以压力阻止过氧化物分解形成气泡。因此上述方法可以作为新品 EVA 试验方案。

5. 旁路二极管的设计

为了保证系统的可靠运行，有些系统还在组件两端并联旁路二极管，其作用是在组件开路或被遮挡时，提供电流通路，不至于使整串组件失效。整串组件失效现象在屋顶用光伏组件中经常会发生，它最终会形成热斑效应。

当电池片正常工作时，旁路二极管反向截止，对电路不产生任何作用；若与旁路二极管并联的电池片组存在一个非正常的电池片时，整个线路电流将由最小电流电池片决定，而电流大小由电池片遮蔽面积决定，若反偏压高于电池片最小电压时，旁路二极管导通，此时，非正常工作电池片相当于被短路。

使用时要注意二极管的极性，旁路二极管的正极与太阳电池组件的负极相连，负极与组件的正极相连，不可接错。平时旁路二极管处于反向偏置状态，基本不消耗电能。在选择时，旁路二极管的耐压和允许通过的正向电流要大于组件的工作电压及电流。

对旁路二极管的要求需要坚持以下 5 个原则：耐压容量为最大反向工作电压的两倍；电流容量为最大反向工作电流的两倍；二极管结温温度应高于实际结温温度；热阻要小；压降要小。

旁路二极管设计参数的计算方法和型号选用（以本书的 36 片单晶硅太阳能电池组件为例）：

① 旁路二极管电流计算公式为

$$I = \text{单片电池片的短路电流} \times \text{并联串数} \times \text{设计倍数}$$

此例中，

$$I = 5.74 \times 1 \times 2\ \text{A} = 11.48\ \text{A}$$

② 最大反偏电压计算公式为

$$U_{RRM} = \text{单片电池片的开路电压} \times \text{电池片数量} \times \text{设计倍数}$$

这里 6 片一组应用一个二极管时，

$$U_{RRM} = 0.62 \times 6 \times 2\ \text{V} = 7.44\ \text{V}$$

③ 结温的选择。结温是二极管在使用环境中需要考虑的内容，但二极管的结温和接线盒的容积与组件的使用环境相关。原则上选择的二极管结温越高越好。

6. 安装手册的制定

安装手册是指导组件安装的详细说明，因此安装手册在出局时，应明确操作方法，如何安装及不适用的条款，通常包括以下几个部分。

(1) 参数介绍：参数应真实地表明太阳电池组件的电学性能，需要确认的有如下参数：最大功率 P_m、开路电压 U_{oc}、短路电流 I_{sc}、最佳工作电压 U_m、最佳工作电流 I_m、最大系统电压 U、应用环境温度、尺寸、质量、电池片类型、电池片数量、连接方式、电流温度系数、电压温度系数、功率温度系数等。示例详见表 6-31。

表 6-31 技术参数

型号	SPSM-235P	SPSM-240P	SPSM-250P
最大功率(P_m)/W	235	240	250
开路电压 (U_{oc}) /V	43.128	43.2	43.21
短路电流(I_{sc}) /A	7.52	7.52	7.63
最佳工作电压(U_m) /V	34.488	34.5	35.5
最佳工作电流(I_m) /A	6.814	6.957	7.04
最大系统电压(U) /V	1 000	1 000	1 000
环境温度/℃	−40～90	−40～90	−40～90
尺寸/mm×mm×mm	1 954×990×50	1 954×990×50	1 954×990×50
质量/kg	23	23	23
电池片类型	多晶硅太阳电池片 156 mm×156 mm	多晶硅太阳电池片 156 mm×156 mm	多晶硅太阳电池片 156 mm×156 mm
电池片数量及其连接	72(6×12)	72(6×12)	72(6×12)
工作温度/ ℃	46±2		
电流温度系数/(%/K)	0.08		
电压温度系数/(%/K)	—0.36		
功率温度系数/(%/K)	—0.51		
标准测试条件(STC)	T=25 ℃ AM=1.5 E=1 000 W/m^2		

(2) 外观特性:应包括尺寸、重量、电池类型、输出线缆、接线盒等。示例详见表 6-32 。

(3) 机械结构及安装:应有图示安装孔的尺寸以及接地螺栓的位置,明确讲解使用何种接地螺拴,如何确保组件的正常安装。

表 6-32 外观特性

序号	项目	内容
1	尺寸	长:1 580 mm 宽:808 mm 厚:45 mm
2	质量	19.8 kg
3	电池	72 片(125 mm×125 mm)太阳电池片,按 6 列 12 行串联排列
4	输出电缆	符合 TÜV 认证标准的 4 mm^{2}线缆 明确正、负极性标识 适用于屋顶 长度:900 mm
5	接线盒	防水等级 IP65 最大系统电压:1 000 V(DC) 最大短路电流:15 A 符合 TÜV 认证标准

续表

序号	项目	内容
6	结构	正面采用3.2 mm的钢化高透玻璃 背面采用TPT材料 中间材料:EVA
7	框架	材料:表面氧化铝合金材料 颜色:银色
8	对地绝缘电阻	500 MΩ
9	最大系统电压	1 000 V

(4) 注意事项:在注意事项这一栏,应说明组件安装时的一些注意内容,特别是组件与地面的倾角以及可能的触电风险等。

7. 技术担保书

技术担保书又叫质量担保书,更多地叫有限担保书,它原则上应该由营销部门、技术部门协同完成,主要包括如下几个内容:

(1) 对材料及生产工艺方面的有限担保(以下简称产品担保)通常以公司名义保证其生产的光伏组件,从发货之日起两年内,在正常使用、安装和维护的情况下,没有由于材料和生产工艺方面的问题造成的缺陷。允诺如果某一组件在上述期限内出现材料或生产工艺方面的质量问题,公司会对这些组件进行修理或更换,或按照当时的购买价格退款,具体方式由公司视缺陷的具体情况予以决定。对于存在质量问题组件的修理、更换或者按照购买价格退款是在本产品担保书下所提供的全部且唯一的保证措施,且该保证措施仅适用于前述期限内。

(2) 对功率输出的有限担保(以下简称输出担保)通常保证从发货之日起10年内所售出的组件功率输出不低于其发货时标明功率输出最小值的90%,或者从发货之日起25年内不低于其发货时标明功率输出最小值的80%。

(3) 非担保范围内的条款及限制。通常声明:由于组件被误操作或不当使用的情况下出现的问题,供货方不承担相关责任。主要包括:由错误的接线、安装或在工作过程中错误的操作所造成的损坏;在与产品规格说明书、操作手册或产品标签规定不符的环境中使用或用不适当的方式操作导致的组件损坏;由于在移动物体上(如汽车、轮船等)上使用而造成的损坏;因不可抗拒的自然力量(不可抗力)或其他非供货商所能控制的(范围的)、不可预见的情况,如地震、台风、龙卷风、火山爆发、洪水、闪电、大雪等所造成的缺陷。

(4) 担保履行范围。通常强调有限担保,而并不承担由于修理或更换组件而带来的相应返还组件及重新装运的运输费用,同时也不包括这些组件的安装、拆卸或再安装的费用。

(5) 条款效力独立(商业内容)。

(6) 争议(通常法律规定的争议仲裁及起诉内容)。

(7) 索赔(商业内容)。

6.3.3 技术试验

在实际生产中,一般试验通常由品质人员负责完成,品质人员通常完成的是已经具有流程化的试验内容,几乎这种试验每天都在进行。而技术人员通常做一些论证方面的试验,比如组件特定的负荷试验。对于生产厂家来讲，有些试验是无法完成的，因为他们不具备相应的试验设备。这时通常由技术人员安排到第三方做相关试验。

这些试验通常包括温度系数试验、组件强度试验以及原材料发生变化后的对比试验，其中原材料对比试验是技术试验中最主要的内容。通常温度系数试验非常复杂，建议企业通过专业的研究所进行测试，而且组件的 NOCT 参数实际上就是电池片的 NOCT 参数，也可以通过采购的电池片生产厂家处获得。

6.4 设备管理

良好的设备状态是生产正常有序进行的基础，因此生产企业需要认真注意设备管理方面的细节，特别是组件生产时，实际设备复杂度并不高，除检验设备外，设备的整体精度也不高，维修方便，并且均是常见的设备。特别是像真空泵、空气压缩机等设备，若平时的维护到位，可以大大地延长设备的使用寿命。

6.4.1 设备维修管理规定

1. 设备的使用

设备的使用要实行定人定机制度，要严格执行岗位责任制，正确使用设备。单人使用的设备由操作人员负责，多人操作、集体使用的设备由班组长负责，操作人员要保持相对稳定；所有设备都要制定操作规程，重点设备、技术水平要求较高的设备，其操作规程要制订得详细、清楚；设备操作人员在上机前要进行设备的结构、性能、技术规范、维护知识和安全操作规程的理论教育及实际技能的培训，做到“四懂”（懂结构、懂原理、懂性能、懂用途）、“三会”（会使用、会维护、会排除故障），并经设备动力部培训合格后方可上岗，大型及主要设备要专人专机操作，操作工有权拒绝违反操作规程的工作安排；主要生产设备要填写设备运行记录，严禁设备超负荷运转。

2. 设备维护、维修管理规定内容

（1）设备的日常管理措施

① 设备管理必须执行“四定”和“三勤一不离”规定。“四定”：定操作人员、定维修人员、定维修保养、定备品配件。“三勤一不离”：勤注油润滑、勤擦拭、勤检查、操作时不离开运转中的设备。严格执行设备日常巡检工作和考核评分工作，不得徇私、作假。

② 设备的一级保养每两个月为一个周期，二级保养每 6 个月为一个周期。凡遇国家法定节假日，在放假日前一天全面进行设备保养，并认真做好设备检查、鉴定、验收及考核工作。

③ 维修人员应及时修复设备，特别是单台设备和重点设备，在备配件齐全的前提下，做到“小修不隔夜，大修不超 36 小时”，并配合操作人员做好设备保养。设备的润滑保养工作以操作人员为主，设备管理和维修人员应经常巡检。

④ 对不经常使用的设备，操作者在使用前，应先填写“设备使用申请单”，使用后必须及时做好清洁保养工作，在主要活动面涂上油脂并覆盖上纸张。如有防尘套必须套上。使用结束后将使用单交还给设备部门，有设备部门进行核准签收。

⑤ 加强设备事故的管理，根据“预防为主” 和“三不放过的原则”（即事故原因不清不放过、事故责任者与群众未受教育不放过、没有防范措施不放过）防止事故的发生。

⑥ 通过实施设备日常保养、一级保养、二级保养、重点设备点检、设备精度测试、设备保养

奖惩制度、设备事故处理等一系列的有效措施，使全厂设备的完好率得到严格控制，确保全厂的正常生产。

⑦ 维修人员应积极配合做好设备日常保养检查工作，并认真做好逐项记录工作。

⑧ 各车间设备管理员每天必须对设备进行检查，并做好检查记录工作。

⑨ 设备主管根据车间及维修工的检查记录，对各操作工的保养情况做综合评定，做出奖惩方案报批后交财务进行工资结算。

⑩ 对违规操作致使设备损坏的人员，设备部门提出处罚意见，如发现操作人员和维修人员串通一气，隐瞒事实，经查实后维修人员将被加倍处罚。

⑪ 设备主管部门将不定期会同厂部及相关部门进行抽查，发现抽查结果与车间或维修工检查结果不符合的，将给予相关人员处罚，严重的取消年终奖及相关评比资格。

(2) 设备日常保养及考核细则

设备的日常维护保养，一般有日保养和周保养，又称日例保和周例保。日例保由设备操作工人当班进行，认真做到班前四件事、班中五注意和班后四件事。

班前四件事是指消化图样资料；检查交接班资料；擦拭设备；按规定润滑加油，检查手柄位置和手动运转部位是否正确、灵活，安全装置是否可靠，低速运转检查传动是否正常，润滑、冷却是否畅通。班中"五注意"是指注意运转声音；注意设备的温度；注意压力、液位、电气、液压气压系统；注意仪表信号；注意安全保险是否正常。班后四件事是指关闭开关，所有手柄放到零位；清除铁屑、脏物，擦净设备导轨面和滑动面上的油污，并加油；清扫工作场地，整理附件、工具；填写交接班记录，办理交接办手续。

周例保由设备操作工在每周末进行，保养时间为一般设备 1 h，精、大、稀设备 2 h。主要有以下几个方面。

• 外观：擦净设备导轨、各传动部位及外露部分，清扫工作场地。

• 操纵传动：检查各部位的技术情况，紧固松动部位，调整配合间隙。检查互锁、保险装置。

• 液压润滑：清洗油线、防尘毡、滤油器，油箱添加油或换油。检查液压系统，达到油质清洁，油路畅通，无渗透，无损伤。

• 电气系统：擦拭电动机、检查绝缘、接地，达到完整、清洁、可靠。

6.4.2 设备事故的处理

设备因非正常磨损而造成停产或效能降低影响使用寿命，使设备损失价值达到规定数额者称为设备事故。

设备发生事故时应立即停止操作，保持现场，由设备动力部会同事故发生部门进行原因调查，采取相应措施并妥善处理，设备动力部将调查及处理的情况以书面的形式呈交公司主管领导。

6.4.3 设备管理考核指标

主要设备完好率：机械设备 95%以上，动力电气设备 98%以上。

设备可利用率：要求达到 98%以上。

设备故障停机率：要求控制在 0.5%以内。

大修设备返修率：要求控制在 0.5%以内。

6.4.4 设备日常表格

1. 设备台账

企业内必须建立起设备台账，对设备的状态有动态的记录。设备台账示例见表6-33。

表6-33 设备台账

序号	车间	设备名称	设备规格型号	制造厂商	数量	单位	备注	设备投入日期

2. 设备的记录表格

设备的任何保养均要做到有效记录，方可保证出现因设备造成的质量问题时，有记录可查，常见的记录表见表6-34、表6-35。

表6-34 设备保养记录表

序号	设备名称	保养部位	保养内容	日期	操作人	备注

表6-35 设备维护记录表

<table>
<tr><td>设备名称</td><td></td><td>设备型号</td><td></td><td>设备编号</td><td></td></tr>
<tr><td>班组</td><td></td><td>操作者</td><td></td><td>维修人</td><td></td></tr>
<tr><td>发现故障时间</td><td colspan="5">年 月 日 时 分 （24小时制）</td></tr>
<tr><td colspan="6">发现故障时设备的工作状态及故障现象：</td></tr>
<tr><td colspan="2" rowspan="2">应急处理方法</td><td colspan="2" rowspan="2"></td><td colspan="2">应急处理人员</td></tr>
<tr><td colspan="2"></td></tr>
<tr><td colspan="2" rowspan="3">维修过程</td><td colspan="2"></td><td colspan="2">备注</td></tr>
<tr><td colspan="2">维修起始时间</td><td colspan="2">年 月 日 时 分(24小时制)</td></tr>
<tr><td colspan="2">维修结束时间</td><td colspan="2">年 月 日 时 分(24小时制)</td></tr>
<tr><td colspan="2" rowspan="2">维修验证及使用情况</td><td colspan="4">维修后的使用情况：</td></tr>
<tr><td colspan="4">是否要再次维修：</td></tr>
</table>

复习资料

一、单项选择题

1. 生产线上单、串焊接所用的电烙铁为(　　)。

A. 90 W　150 W　　B. 60 W　80 W

C. 50 W　100 W　　D. 30 W　90 W

2. 焊带的外层所涂的发亮的金属的主要成分是(　　)。

A. 铁　　B. 焊锡　　C. 铝　　D. 银

3. 太阳能电池是将(　　)转化成电能。

A. 太阳光　　B. 风　　C. 闪电　　D. 热量

4. 我们的组件要保证使用(　　),功率衰减不超过20%。

A. 1年　　B. 2年　　C. 5年　　D. 25年

5. 单焊工序所使用的烙铁功率是(　　)。

A. 50 W　　B. 90 W　　C. 120 W　　D. 150 W

6. 太阳能电池单片的功率跟面积成比例关系的,比如125×125电池片功率为2～4 W,125×62.5电池片功率在1～2 W,请问62.5×62.5的电池片功率在(　　) W左右。

A. 4.8　　B. 0.6　　C. 1.5　　D. 0.3

7. 下列哪种行为是不正确的(　　)。

A. 焊接台不使用时关闭开关

B. 焊台的海绵要保持湿润

C. 对于焊接过程中不可用电池片,可选用与碎片相比,功率稍低的电池片换

D. 每道工序都需要自检

8. 下列哪些项目不需要层压工序检查(　　)。

A. 组件内部垃圾　　B. TPT移位,未盖住玻璃,TPT划伤

C. 组件内气泡,碎片　　D. 组件电性能

9. 当发现有焊接碎片时,处理方法为(　　)。

A. 及时到班长处记录并换片　　B. 从另72块中随便拿

C. 直接换片　　D. 都可以

10. 太阳电池组件层压时,进口EVA常用的封装温度为(　　)。

A. 100 ℃　　B. 90 ℃　　C. 140 ℃　　D. 120 ℃

11. 层压组件时,一般情况下,需要多少时间(　　)。

A. 8 min　　B. 15 min　　C. 11 min　　D. 20 min

12. 下面哪个属于合格品（　　）。

A. 有明显断线(小且少于三根)　　B. 背电极印反

C. 有严重花片　　D. 以上都是

13. 在单片焊接时应从栅线的第几根焊起（　　）。

A. 第一根　　B. 第二根　　C. 第三根　　D. 第四根

14. 单焊和串焊的恒温模板的工艺温度是（　　）。

A. 65～85 ℃　　B. 40～70 ℃　　C. 55～75 ℃　　D. 50～70 ℃

15. 安全生产事故发生的原因，在事故总数中占有很大比重的原因是（　　）。

A. 人的不安全行为　　B. 管理上的缺陷

C. 不可抗力　　D. 以上都是

16. 公司每年进行三废检测是指（　　）。

A. 废水、固废、废水　　B. 废水、废气、噪声

C. 废水、噪声、固废　　D. 废液、废气、固废

17. 串拼接用来焊单片的涂锡带的规格是（　　）。

A. 0.16×2　　B. 0.25×7　　C. 0.18×2　　D. 0.18×1.5

18. 5S是TPM(全员生产维修系统) 全员生产维修的特征之一，“5S”就是整理、整顿、清洁、清扫和（　　）。

A. 素养　　B. 双整　　C. TPM　　D. 素质

19.（　　）是一种化学物品，在操作中，需佩戴手套，避免污染。

A. EVA　　B. LCD　　C. ABC　　D. TNT

20. 通过自动化焊接加工能保证焊接质量，提高产品的稳定性（　　），保证产品质量。

A. 操作性　　B. 实用性　　C. 美观性　　D. 可靠性

21. 目前采用较多的自动焊接设备为波峰焊机，它适用于（　　）、大批量印制电路板的焊接。

A. 小面积　　B. 大面积　　C. 较复杂　　D. 较简单

22. 自动化焊接系统一般不用于（　　）的焊接。

A. 集成电路　　B. 超小型元器件　　C. 复合电路　　D. 较简单电路

23. 在波峰焊接过程中应及时添加聚苯醚或（　　）等防氧化剂并及时充钎料。

A. 汽油　　B. 煤油

C. 全损耗系统用油　　D. 蓖麻油

24. 焊接前应对设备运转情况、待焊接印制电路板的质量及（　　）情况进行检查。

A. 插件　　B. 钎料　　C. 焊剂　　D. 材料

25.（　　）通常分为钎焊、熔焊和压焊三大类。

A. 自动化焊接　　B. 波峰焊　　C. 锡钎焊　　D. 焊接

26. 产品的主要技术指标检测包括外观检查、（　　）测定、绝缘强度和耐压等指标检测等。

A. 自身误差　　B. 基本误差　　C. 化误差　　D. 误差

27. 为避免问题再发生，应对有关过程和程序进行必要的控制。在实施纠正措施时，应（　　）其效果，以保证达到预期的目的。

A. 监视　　B. 监督　　C. 保证　　D. 纠正

28. 高级工指导调试工作的程序不包括(　　)。

A. 通电前的检查工作　　B. 电源调试检查

C. 各单元电路的调试　　D. 调试工艺的检查

29. 电源调试通电前应检查印制电路板上接插件是否(　　)、焊点是否有虚焊和短路,以便发现问题,提高工作效率。

A. 拔下　　B. 正确到位　　C. 设计合理　　D. 改进

30. 高级工指导电源调试时,应检查通电后有无打火、冒烟现象,有无异味,变压器是否(　　)。

A. 有较小的温升　　B. 安装正常

C. 有超常温升　　D. 有较大降温

31. 近年来,一半以上的太阳能电池使用的是用铸造法制造的(　　)基片。

A. 单晶硅　　B. 多晶硅　　C. CIGS　　D. CIS

32. 太阳能电池供给负荷的电力在电流流动时,从电极到半导体容体内的电阻焦耳热的(　　)。

A. 复合损失　　B. 反射损失

C. 串联电阻损失　　D. 体面复合损失

33. 太阳能电池模板的种类有起直线型、玻璃包装开型和(　　)。

A. 次直线型　　B. 表面保护材料型

C. 框架型　　D. 填充材料型

34. 太阳能电池主要构成元素都包括表面保护材料、填充材料、(　　)、框架。

A. 次直线型　　B. 表面保护材料型

C. 背面保护材料　　D. 填充材料型

35. 高效率太阳能电池有 PERL 和(　　)两种结构。

A. CIS　　B. CIGS　　C. OECO　　D. GaAs

36. 在多晶硅薄膜制造装置中也可使用 RTP,将得到的灯光用(　　)聚光,然后缓慢地移动位置,使多晶硅薄膜再结晶化。

A. 凸透镜　　B. 凹透镜

C. 聚光镜　　C. 平光镜

37. 近年来,一半以上的太阳能电池使用的是用铸造法制造的(　　)基片。

A. 单晶硅　　B. 多晶硅　　C. CIGS　　D. CIS

38. 典型的实用化模板的性能标称开路电压是(　　)。

A. 167 V　　B. 28.9 V　　C. 12.79 V　　D. 8 V

39. 导通后二极管两端电压变化很小,锗管约为(　　)。

A. 0.5 V　　B. 0.7 V　　C. 0.3 V　　D. 0.1 V

40. 下列选项中属于企业文化功能的是(　　)。

A. 整合功能　　B. 技术培训功能

C. 科学研究功能　　D. 社交功能

41. 劳动者的基本权利包括(　　)等。

A. 完成劳动任务　　B. 提高职业技能

C. 执行劳动安全卫生规程　　D. 获得劳动报酬

42. 职业道德是一种(　　)的约束机制。

A. 强制性　　B. 非强制性

C. 随意性　　D. 自发性

43.(　　)的作用是实现能量的传输和转换、信号的传递和处理。

A. 电源　　B. 非电能　　C. 电路　　D. 电能

44. 潮湿和有腐蚀气体的场所内明敷或埋地,一般采用管壁较厚的(　　)。

A. 硬塑料管　　B. 电线管

C. 软塑料管　　D. 水煤气管

45. 白铁管和电线管径可根据穿管导线的截面和根数选择,如果导线的截面积为25 mm^2,穿导线的根数为三根,则线管规格为(　　)mm。

A. 13　　B. 16　　C. 19　　D. 25

46. 接地体制作完成后,在宽(　　),深 08～10 m 的沟中将接地体垂直打入土壤中,直至接地体上端与坑沿地面间的距离为 0.6 m 为止。

A. 0.5 m　　B. 1.2 m　　C. 2.5 m　　D. 3 m

47.(　　)的工频电流通过人体时,就会有生命危险。

A. 0 mA　　B. 1 mA　　C. 15 mA　　D. 50 mA

48. 高压设备室内不得接近故障点(　　)以内。

A. 1 m　　B. 2 m　　C. 3 m　　D. 4 m

49. 快速熔断器采用(　　)熔丝,其熔断时间比普通熔丝短得多。

A. 铜质　　B. 银质　　C. 铅质　　D. 锡质

50. 市场经济条件下,职业道德最终将对企业起到(　　)的作用。

A. 决策科学化　　B. 提高竞争力

C. 决定经济效益　　D. 决定前途与命运

51. 凡工作地点狭窄、工作人员活动困难,周围有大面积接地导体或金属构架,因而存在高度触电危险的环境以及特别的场所,使用的安全电压为(　　)。

A. 9 V　　B. 12 V　　C. 24 V　　D. 36 V

52. 下列关于诚实守信的认识和判断中,正确的选项是(　　)。

A. 一贯地诚实守信是不明智的行为

B. 诚实守信是维持市场经济秩序的基本法则

C. 是否诚实守信要视具体对象而定

D. 追求利益最大化原则高于诚实守信

53. 根据劳动法的有关规定,(　　),劳动者可以随时通知用人单位解除劳动合同。

A. 在试用期间被证明不符合录用条件的

B. 严重违反劳动纪律或用人单位规章制度的

C. 严重失职、营私舞弊,对用人单位利益造成重大损害的

D. 用人单位未按照劳动合同约定支付劳动报酬或者是提供劳动条件的

54. 短时工作制的停歇时间不足以使导线、电缆冷却到环境温度时,导线、电缆的允许电流按(　　)确定。

A. 反复短时工作制　　B. 短时工作制

C. 长期工作制　　D. 反复长时工作制

55. 仪表的准确度等级的表示,是仪表在正常条件下的(　　)的百分数。

A. 系统误差　B. 最大误差　C. 偶然误差　D. 疏失误差

56. 电气设备维修值班一般应有(　　)以上。

A. 1 人　B. 2 人　C. 3 人　D. 4 人

57. 下列污染形式中不属于公害的是(　　)。

A. 地面沉降　B. 恶臭　C. 水土流失　D. 振动

58. 用万用表测量元件阳极和阴极之间的正反向阻值时,原则上(　　)。

A. 越大越好　B. 越小越好　C. 中值最好　D. 无要求

59. 用快速熔断器时,一般按(　　)来选择。

A. IN=1.03 IF　B. IN=1.57 IF　C. IN=2.57 IF　D. IN=3 IF

60. CIGS 系太阳能电池的特点是的(　　)和固有缺陷。

A. 单一的结晶相　B. 多样的结晶相

C. 少量的结晶相　D. 重复的结晶相

61.(　　)是为了防水和绝缘。

A. EVA　B. LCD　C. TPT　D. TNT

62. 我国安全生产工作的基本方针是(　　)。

A. 安全生产重于泰山　B. 安全第一,以人为本,综合治理

C. 安全第一,重在预防　D. 安全第一,预防为主,综合治理

63. 电池片正面会有两个或三根主栅线,颜色一般是(　　),是为了焊接用的。

A. 红色　B. 白色　C. 黑色　D. 黄色

64. 下列(　　)天气情况下相同面积的太阳能电池组件发电能量最大。

A. 阴天　B. 雨天　C. 雪天　D. 晴天

65. 目前单晶硅太阳电池的实验室最高转换效率为(　　)。

A. 10.5%　B. 24.7%　C. 15%　D. 20%

66. $SiHCl_3$ 还原法制备晶体硅,在生产过程中不需要控制(　　)。

A. 反应温度在 280～300 ℃之间

B. 硅粉与 HCl 在进入反应炉前要充分干

C. 晶体生长速度

D. 合成时加入少量的催化剂,可降低温度

67. 下列哪一项不属于 $SiHCl_3$ 提纯的方法?(　　)

A. 横拉法　B. 固体吸附法

C. 络合物形成法　D. 精馏法

68. 下面选项中哪项是 $GeCl_4$ 提纯的方法?(　　)

A. 水解法　B. 萃取法

C. 横拉法　D. 固体吸附法

69. 为了促进企业的规范化发展,需要发挥企业文化的(　　)功能。

A. 娱乐　B. 主导　C. 决策　D. 自律

70. 爱岗敬业作为职业道德的重要内容,是指员工(　　)。

A. 热爱自己喜欢的岗位　B. 热爱有钱的岗位

C. 强化职业责任　D. 不应多转行

71. 下面哪项不是晶体表面原子所受的作用力?(　　)

A. 吸附在晶体中心处的原子

B. 吸附在棱边上的原子

C. 吸附在晶角处的原子

D. 吸附在台阶上的原子

72. 下面选项中不属于影响区熔提纯的因素的是(　　)。

A. 区熔晶体温度　　B. 区熔移动速度

C. 区熔长度　　D. 区熔次数的选择

73. 以下选项中(　　)不是螺旋位错形成台阶的特点。

A. 永不消失的台阶,像海浪一样向前推进

B. 二维晶核生长晶向一致

C. 不需要二维成核过程

D. 生长连续,过饱和度低

74. 职业道德与人的事业的关系是(　　)。

A. 有职业道德的人一定能够获得事业成功

B. 没有职业道德的人不会获得成功

C. 事业成功的人往往具有较高的职业道德

D. 缺乏职业道德的人往往更容易获得成功

75. 太阳能电池的开路电压与光强的关系是(　　)。

A. 线性关系　　B. 平行关系　　C. 对数关系　　D. 指数关系

76. 一般来说光照下电子一空穴对产生的位置越接近太阳电池的(　　),载流子的收集效率越高。

A. 表面区域　　B. 中间区域　　C. 耗尽区域　　D. 下面区域

77. 光伏并网发电系统不需要下列哪种设备?(　　)

A. 负载　　B. 逆变器　　C. 控制器　　D. 蓄电池

78. (　　)是企业诚实守信的内在要求。

A. 维护企业信誉　　B. 增加职工福利

C. 注重经济效益　　D. 开展员工培训

79. 为了消除自然对流温度振荡的不良影响,下列选项中哪项方法不正确(　　)。

A. 用强迫对流和加磁场来控制自然对流

B. 减小纵向温度梯度 dT/dz

C. 正确选择容器的纵横比,在熔体中加一挡板,减小 h/d 比

D. 在超重状态下生长单晶

80. 劳动者解除劳动合同,应当提前(　　)以书面形式通知用人单位。

A. 5 日　　B. 10 日　　C. 15 日　　D. 30 日

81. 岗位的质量要求,通常包括操作程序、工作内容、工艺规程及(　　)等。

A. 工作计划　　B. 工作目的

C. 参数控制　　D. 工作重点

82. 部分电路欧姆定律反映了在(　　)的一段电路中,电流与这段电路两端的电压及电阻的关系。

A. 含电源　　B. 不含电源

C. 含电源和负载　　D. 不含电源和负载

83. 煤炭在亚洲太平洋可开采(　　)。

A. 43 年　　B. 61 年　　C. 231 年　　D. 73 年

84. 天然气在亚洲太平洋可开采(　　)。

A. 43 年　　B. 61 年　　C. 231 年　　D. 73 年

85. 3E 指的是:经济、能源和(　　)。

A. 地球环境　　B. 海洋　　C. 森林　　D. 陆地

86. 劳动者的基本权利包括(　　)等。

A. 完成劳动任务　　B. 提高职业技能

C. 执行劳动安全卫生规程　　D. 获得劳动报酬

87. 对于每个职工来说,质量管理的主要内容有岗位的(　　)、质量目标、质量保证措施和质量责任等。

A. 信息反馈　　B. 质量水平　　C. 质量记录　　D. 质量要求

88. 人们生活所必需的能源可以分为维持个人生命的生理能源和(　　)、社会活动及生产活动中使用的生活能源两部分。

A. 日常生活　　B. 社会生活　　C. 劳动生活　　D. 物质生活

89. 能量通过约 1.5×10^{8} km 的空间到达地球的大气层附近时,其辐射能量密度约为(　　),这个值叫太阳常数。

A. 1.8 kW/m^2　　B. 1 kW/m^2　　C. 2 kW/m^2　　D. 1.4 kW/m^2

90. 世界各国对温室气体排放量,以 1990 年为基准,到 2010 年要削减(　　)。

A. 10%　　B. 8%　　C. 6%　　D. 5%

91. 采用石油发电方式引起的有害气体排放 CO_2 量是(　　)。

A. 322.8　　B. 178　　C. 258.5　　D. 7.8

92. 单晶硅太阳能电池和多晶硅太阳能电池的产量合计约占世界太阳能电池产量的(　　)。

A. 25%　　B. 55%　　C. 80%　　D. 100%

93. 在市场经济条件下,职业道德具有(　　)的社会功能。

A. 鼓励人们自由选择职业　　B. 遏制牟利最大化

C. 促进人们的行为规范化　　D. 最大限度地克服人们受利益驱动

94. 气体扩散法是将含有磷的气体在高温(　　)℃下向硅片进行扩散。

A. 200～400　　B. 800～900

C. 1 000～1 500　　D. 2 000～5 000

95. 目前单晶硅太阳电池的实验室最高转换效率为(　　)。

A. 10.5%　　B. 24.7%　　C. 15%　　D. 20%

96. 光伏阵列到光伏发电控制器的输出支路压降通常不允许超过(　　)。

A. 2%　　B. 5%　　C. 8%　　D. 10%

97. 切入切出控制蓄电池充电的方法可使其达到(　　)的荷电状态。

A. 50%～55%　　B. 55%～60%

C. 80%～85%　　D. 90%～95%

98. 光伏系统和与其连接的电气负载都必须安装(　　)以防止电容、电感的耦合和电网的过电压。

A. 电涌控制器　　B. 电涌隔绝器

C. 电涌放电器　　D. 电涌保护器

99. 接地体制作完成后,应将接地体垂直打入土壤中,至少打入3根接地体,接地体之间相距(　　)。

A. 5 m　　B. 6 m　　C. 8 m　　D. 10 m

100. 由光吸收的载流子中,太阳能电池的表面或者背面电极由于与环境复合造成的表面(　　)。

A. 复合损失　　B. 反射损失

C. 串联电阻损失　　D. 体面复合损失

101. 太阳电池组建表面被污物遮盖,会影响整个太阳电池方阵发出的电力,从而产生(　　)。

A. 霍尔效应　　B. 孤岛效应　　C. 充电效应　　D. 热斑效应

102. 下列属于组件使用材料的是(　　)。

A. 玻璃　　B. EVA　　C. 焊带　　D. 以上全是

103. 下列哪种说法是不正确的?(　　)

A. 不同大小角的电池片不可放置于同一块组件

B. 电池片上有明显白斑的不可使用

C. 拼接时要注意电池片串间距、引线间距、电池片和玻璃的间距

D. 在对于组件玻璃的操作过程中,玻璃可以在另一块玻璃表面上滑动

104. 层压完毕的组件不要马上移动的主要原因是(　　)。

A. EVA还没有冷却定型,移动会造成电池片裂片

B. 组件太烫手

C. 没地方放

D. 不知道

105. 光伏发电产业链从上游到下游,主要包括的产业链条包括多晶硅、硅片和(　　)。

A. 电池片及电池组件　　B. 电池片

C. 电池组件　　D. 发电机

106. 标准的170 W的156组件由多少片电池片构成?(　　)

A. 48　　B. 54　　C. 72　　D. 78

107. 下列哪道工序目前不是组件的制作工序?(　　)

A. 安装边框　　B. 安装接线盒

C. 擦洗组件　　D. 将组件安装在支架上,作为系统使用。

108. 太阳电池组件的功能是(　　)。

A. 光转化为电　　B. 光转化为热能

C. 光转化为机械能　　D. 光电相互转化

109. 下列对EVA储存要求说法正确的是(　　)。

A. 应存放在清洁、干燥的环境中,常温的恒温室内

B. 只要不被太阳直接照射就可以了,可以随便存放

C. 拆过包的EVA，暂时不使用的，用纸或其他东西盖一下就可以了
D. 只要材料放置在仓库里不动，随便放多久都没关系

110. 组件在层压后应冷却(　　)最合适。
A. 1～5 min　　B. 5～10 min　　C. 10～15 min　　D. 15～20 min

111. 全球环境问题不包括为(　　)。
A. 消耗型　　B. 污染型　　C. 破坏性　　D. 占有型

112. 安全生产三严的内容是(　　)。
A. 严格遵守安全制度，严格执行操作经验，严格遵守劳动纪律
B. 严把质量关，严守企业秘密，严格考勤制度
C. 严格要求自己，严格要求他人，严格制定制度
D. 严格管理，严谨作风，严肃纪律

113. 设备异常分为5大类，分别为声响、振动、(　　)、磨损残余和分裂纹扩展。
A. 过热　　B. 过载　　C. 过电流　　D. 短路

114. 运输小车上每边最适合放置(　　)组件。
A. 10块　　B. 11块　　C. 12块　　D. 14块

115. 三联件由空气过滤器、(　　)、油雾器组成。
A. 电磁阀　　B. 减压阀　　C. 压力阀　　D. 减压泵

116. 层压件不合格的原因不包括(　　)。
A. 组件内碎片、组件色差、低功率、组件内焊锡渣
B. 组件内头发、TPT划伤、TPT移位
C. 焊带虚焊、引出线虚焊
D. 铝合金表面划痕

117. 我们组件用的玻璃是(　　)。
A. 布纹玻璃　　B. 钢化玻璃
C. 普通玻璃　　D. 布纹钢化玻璃

118. 125×125×96的组件的玻璃尺寸是(　　)。
A. 1 574×802　　B. 1 646×988　　C. 1 594×1 053　　D. 1 328×988

119. 标准的170 W的125组件由多少片电池片构成(　　)。
A. 48　　B. 54　　C. 72　　D. 80

120. 电池片正面会有两根或三根主栅线，颜色一般是(　　)，是为了焊接用的。
A. 红色　　B. 白色　　C. 黑色　　D. 黄色

121. 层压组件时，一般情况下，需要多少时间？(　　)
A. 8 min　　B. 15 min　　C. 11 min　　D. 20 min

122. 太阳能电池的能量转换率是(　　)，以百分数表示。
A. 太阳能电池的输出功率与输入功率之比
B. 太阳能电池的端子输出的电力能量与输入的太阳能辐射光能量之比
C. 太阳能电池的输入功率与太阳能电池的输出电力能量之比
D. 太阳能电池的输入功率与输出功率之比

123. 下列(　　)天气情况下，相同面积的太阳能电池组件发电能量最大。
A. 阴天　　B. 雨天　　C. 雪天　　D. 晴天

124. 社会主义职业道德所倡导的首要规范是(　　)。

A. 诚实守信　B. 爱岗敬业　C. 奉献社会　D. 服务群众

125. 人际交往的误区有,冷漠、(　　)、自私、自卑。

A. 敌视　B. 孤僻　C. 微笑　D. 自卑

126. 安全生产责任制要在(　　)上下真功夫,这是关键的关键。

A. 健全、完善　B. 分工明确　C. 贯彻落实　D. 不当回事

127. 在工作中当你业绩不如别人时,你通常会采取哪一种做法?(　　)

A. 顺其自然　B. 努力想办法改变现状

C. 请同事帮忙　D. 换个工作

128. 作为一名职工,我可以将自己描述为:清廉公正(　　)。

A. 从不　B. 较少　C. 较多　D. 总是

129. 你认同以下哪一种说法?(　　)

A. 现代社会提倡人才流动,爱岗敬业正逐步削弱它的价值

B. 爱岗与敬业在本质上具有统一性

C. 爱岗与敬业在本质上具有一定的矛盾

D. 爱岗敬业与社会提倡人才流动并不矛盾

130. 作为一名职工,我可以将自己描述为:勤勉(　　)。

A. 从不　B. 较少　C. 较多　D. 总是

131. 目前已被实用化的太阳能电池中98%使用的是(　　)材料。

A. 硅　B. 锗　C. 镓　D. 铟

132. 在企业的经营活动中,下列选项中的(　　)不是职业道德功能的表现。

A. 激励作用　B. 决策能力　C. 规范行为　D. 遵纪守法

133. 微晶硅太阳能薄膜电池的厚度通常为(　　)。

A. 2～3 μm　B. 3～4 μm　C. 1～2 μm　D. 4～5 μm

134. 非晶硅太阳能电池禁带宽度通常为(　　)。

A. 1.6～1.7 eV　B. 1.5～1.6 eV

C. 1.7～1.8 eV　D. 1.1～1.2 eV

135. 非晶硅太阳能电池中,进行光电转化的是什么层?(　　)

A. I层　B. P层　C. N层　D. P—I—N层

136. 将硅砂转化成可用多晶硅的形式纰谬的是(　　)。

A. 四氯化硅法　B. 三氯氢硅法　C. 氯化钾法　D. 硅烷法

137. 从硅原子中差别出一个电子需要的能量是(　　)。

A. 1.12 eV　B. 1.33 eV　C. 1.41 eV　D. 1.01 eV

138. 下面哪种不是单晶硅的制备形式?(　　)

A. 硅带法　B. 区熔法　C. 直拉单晶法　D. 磁拉法

139. 评价太阳能电池职能的优劣的参数是(　　)。

A. 多数载流子　B. 多半载流子　C. 填充因子　D. 空穴对

140. 薄膜电池保存S-W效应,太阳能发电机报价。S-W效应指的是(　　)。

A. 孤岛效应　B. 光致亚安靖变化效应

C. 热斑效应　C. 陷光效应

141. 制备薄膜电池常用PECVD法，光伏发电德州新博它指的是哪种形式？（　　）

A. 电子挽回共振化学气相堆积法　　B. 等离子化学气相堆积法

C. 热丝堆积法　　D. 溅射法

142. 太阳能具有（　　）等方面的特点。

A. 可再生和环保　　B. 可再生

C. 环保　　D. 成本低廉

143. 目前国际上太阳能电池以（　　）材料电池为主。

A. 化合物　　B. 硅　　C. 燃料敏化　　D. 有机薄膜

144. 太阳能电池是利用半导体（　　）的半导体器件。

A. 光热效应　　B. 热电效应

C. 光生伏打效应　　D. 热斑效应

145. 目前单晶硅太阳电池的实验室最高效率为（　　），由澳大利亚新南威尔士大学创造并保持。

A. 17.8%　　B. 30.5%　　C. 20.1%　　D. 24.7%

146. 下列表征太阳能电池的参数中，哪个不属于太阳能电池电学性能的主要参数？（　　）

A. 开路电压　　B. 短路电流　　C. 填充因子　　D. 掺杂浓度

147. 某单片太阳能电池测得其填充因子为77.3%，其开路电压为0.62 V，短路电流为5.2 A，其测试输入功率为15.625 W，则此太阳能电池的光电转换效率为（　　）。

A. 16.07%　　B. 15.31%　　C. 16.92%　　D. 14.83%

148. 以下何种能源不是绿色能源？（　　）

A. 风能　　B. 太阳能　　C. 地热能　　D. 核能

149. 晶体硅太阳能电池种类有（　　）。

A. 单晶硅　　B. 多晶硅　　C. 单晶硅和多晶硅　　D. 硅

150. （　　）法是将熔融后的多晶硅与单晶硅的结晶进行接触，缓慢旋转提拉，使结晶生长，凉后得到长棒形状的单晶硅铸模。

A. LSI　　B. IC　　C. CZ　　D. FZ

151. 基片的技术最引人注目的是基片的薄形成化技术，目前可达到（　　）μm。

A. 100～200　　B. 200～300　　C. 300～400　　D. 500～600

152. 太阳能电池级的μc－Si是由包含非晶（　　）的微晶群体，由(110)优先配位的宏观“有效微晶介质”层组成，薄膜的电学及光电特性的概况由此决定。（　　）。

A. 10 nm　　B. 20 nm　　C. 50 nm　　D. 80 nm

153. 非热平衡过程中，薄膜微晶硅太阳能电池的制造温度是（　　），因此对基片材料没有限制，各种材料均可以使用。

A. 衡温　　B. 高温　　C. 低温　　D. 零下

154. 下列关于爱岗敬业的说法中，正确的是（　　）。

A. 市场经济鼓励人才流动，再提倡爱岗敬业已不合时宜

B. 即便在市场经济时代，也要提倡“干一行，爱一行，专一行”

C. 要做到爱岗敬业就应一辈子在岗位上无私奉献

D. 在现实中，我们不得不承认，“爱岗敬业”的观念阻碍了人们的择业自由

155. 职业道德活动中，符合“仪表端庄”具体要求的是（　　）。

A. 着装华贵　　B. 鞋袜搭配合理

C. 饰品俏丽　　D. 发型突出个性

156. 下列哪一项不属于 $SiHCl_3$ 提纯的方法？（　　）

A. 横拉法　　B. 固体吸附法

C. 络合物形成法　　D. 精馏法

157. 下面选项中哪项是 $GeCl_4$ 提纯的方法？（　　）

A. 水解法　　B. 萃取法　　C. 横拉法　　D. 固体吸附法

158. 下面哪项不是晶体表面原子所受的作用力？（　　）

A. 吸附在晶体中心处的原子　　B. 吸附在棱边上的原子

C. 吸附在晶角处的原子　　D. 吸附在台阶上的原子

159. （　　）人人养成好习惯，依规定行事，培养积极进取的精神。

A. 整理　　B. 整顿　　C. 清扫　　D. 素养

160. 下列哪一个不是整顿的三要素？（　　）

A. 场所　　B. 方法　　C. 清扫　　D. 标识

161. 太阳是距离地球最近的恒星，是由炽热气体构成的一个巨大球体，中心温度约为 10^7 K，表面温度接近 5 800 K，主要由________（约占 80%）和________（约占 19%）组成。（　　）。

A. 氢、氧　　B. 氢、氦　　C. 氮、氢　　D. 氮、氦

162. 在地球大气层之外，地球与太阳平均距离处，垂直于太阳光方向的单位面积上的辐射能基本上为一个常数。这个辐射强度称为太阳常数，或称此辐射为大气质量为零(AM0)的辐射，其值为（　　）。

A. 1.367 kW/m^2　　B. 1.000 kW/m^2

C. 1.353 kW/m^2　　D. 0.875 kW/m^2

163. 在衡量太阳电池输出特性参数中，表征最大输出功率与太阳电池短路电流和开路电压乘积比值的是（　　）。

A. 转换效率　　B. 填充因子　　C. 光谱响应　　D. 方块电阻

164. 蓄电池的容量就是蓄电池的蓄电能力，标志符号为 C，通常用以下哪个单位来表征蓄电池容量？（　　）

A. 安培　　B. 伏特　　C. 瓦特　　D. 安时

165. 下列光伏系统器件中，能实现 DC-AC（直流—交流）转换的器件是（　　）。

A. 太阳电池　　B. 蓄电池　　C. 逆变器　　D. 控制器

166. 太阳能光伏发电系统的装机容量通常以太阳电池组件的输出功率为单位，如果装机容量 1 GW，其相当于（　　）W。

A. 10^3　　B. 10^6　　C. 10^9　　D. 10

167. 一个独立光伏系统，已知系统电压 48 V，蓄电池的标称电压为 12 V，那么需串联的蓄电池数量为（　　）。

A. 1　　B. 2　　C. 3　　D. 4

168. 在太阳能光伏发电系统中，最常使用的储能元件是下列哪种？（　　）

A. 锂离子电池　　B. 镍铬电池　　C. 铅酸蓄电池　　D. 碱性蓄电池

169. 标准设计的蓄电池工作电压为 12 V,则固定型铅酸蓄电池充满断开电压为 14.8~15.0 V,其恢复连接电压值一般为(　　)。

A. 12 V　　B. 15 V　　C. 13.7 V　　D. 14.6 V

170. 某无人值守彩色电视差转站所用太阳能电源,其电压为 24 V,每天发射时间为 15 h,功耗 20 W;其余 9 h 为接收等候时间,功耗为 5 W,则负载每天耗电量为(　　)。

A. 25 Ah　　B. 15 Ah　　C. 12.5 Ah　　D. 14.4 Ah

171. (　　)太阳能电池是由单晶硅和非晶硅进行叠层得到的新型太阳能电池。

A. LSI　　B. IC　　C. CZ　　D. HIT

172. 太阳能电池模板的种类有起直线型、玻璃包装开型和(　　)。

A. 次直线型　　B. 表面保护材料型　　C. 框架型　　D. 填充材料型

173. 基片的技术最引人注目的是基片的薄形成化技术,目前可达到(　　)μm。

A. 100~200　　B. 200~300　　C. 300~400　　D. 500~600

174. 晶界产生的电子能级,在不激发下生成载流子,不仅使短路电流密度(　　),而且为了收集载流子将 PN 结在粒界横断时,介于能级之间。

A. 增大　　B. 不变　　C. 减小　　D. 无穷大

175. 太阳能电池主要构成元素包括表面保护材料、填充材料、(　　)、框架。

A. 次直线型　　B. 表面保护材料型

C. 背面保护材料　　D. 填充材料型

176. 高效率太阳能电池有 PERL 和(　　)两种结构的。

A. CIS　　B. CIGS　　C. OECO　　D. GaAs

177. α-Si 作为(　　)结合的非晶体,是由于过剩束缚结构构成的,为了缓和坚固的电路内部应力,易引发不可见炮能带等结构缺陷。

A. 二面体　　B. 六面体　　C. 八面体　　D. 四面体

178. α-Si 中含有 10%~20%的(　　),可以直接对不可见光能带进行补偿,或者通过降低平均配位数,来促进结构缓和,减轻缺陷密度,为改善电气性能做出较大的贡献。

A. 氧　　B. 氢　　C. 氮　　D. 磷

179. 在多晶硅薄膜制造装置中也可使用 RTP,将得到的灯光用(　　)聚光,然后缓慢地移动位置,使多晶硅薄膜再结晶化。

A. 凸透镜　　B. 凹透镜　　C. 聚光镜　　C. 平光镜

180. 用盐酸系气体等离子体蚀刻法和表面减反射膜相结合的方法,在较宽的波长范围内可实现反射率的(　　)。

A. 增大　　B. 减少　　C. 不变　　D. 无穷大

181. 典型的实用化模板的性能标称开路电压是(　　)。

A. 167 V　　B. 28.9 V　　C. 12.79 V　　D. 8 V

182. 目前太阳能电池的主流是单晶以及(　　),占世界太阳能电池总产量的 70%以上。

A. 多晶硅　　B. 非晶硅

C. CIS　　D. 色素增感型

183. 由低缺陷密度化,得到优良的(　　),以此为基础,太阳能电池的应用才能成为可能。

A. 还原特性　　B. 分解特性　　C. 光电特性　　D. 聚光特性

184. 根据自身的等离子体效果，使用的高频率电源几乎全部在(　　)附近被消耗，因此在这个范围内，分解反应活跃，薄膜形成比例也在高频率电源使用一侧最大。

A. 阳极　　B. 阴极　　C. P结　　D. N结

185. 非晶薄膜就会形成Si的结晶微粒，尺寸为直径为数nm至数十nm，这样的材料称为(　　)。

A. 多晶硅　　B. 非晶硅　　C. 微晶硅　　D. 单晶硅

186. 非晶半导体材料，是失去了像结晶型那样的长距离晶格结构后的材料，可以认为其原子周围的化学键状态与结晶时保持(　　)的状态。

A. 不同　　B. 相同　　C. 相反　　D. 不变

187. 合金材料一般是由a-Si进行组成分离的，因此Eu以及缺陷密度有(　　)的倾向。

A. 快增　　B. 快减　　C. 增加　　D. 减小

188. 最单纯的膜质评价，可以用(　　)来测定。

A. 多晶硅　　B. 非晶硅　　C. 光传导度　　D. 光电流

189. 职业道德通过(　　)，起着增强企业凝聚力的作用。

A. 协调员工之间的关系　　B. 增加职工福利

C. 为员工创造发展空间　　D. 调节企业与社会的关系

190. α-Si太阳能电池的基本结构是(　　)结。

A. pni　　B. p型　　C. n型　　D. pin

191. MIS型α-Si太阳能电池的问题是，光的入射一侧由于有Pt的薄膜，所以有部分光被吸收了，从而限制了(　　)。

A. 电压　　B. 电阻　　C. 电容　　D. 电流

192. 单晶半导体结附近的扩散距离内发生的由光生成的少数载流子是(　　)的。

A. 很多　　B. 很少　　C. 零　　D. 无穷大

193. α-Si太阳能电池的p层的厚度只有7nm，依然有(　　)吸收，为了将此吸收率再降低，必须提高p层的透明度。

A. 17%　　B. 20%　　C. 18%　　D. 45%

194. 以(　　)为主气体的α-SiC/α-Si异质结太阳能电池和α-Si太阳能电池的光吸收集率的比较。

A. 甲烷　　B. 氧气　　C. 乙炔　　D. 氮苯

195. 用激光在1 m^2 大小的大型玻璃片上加工形成膜整体，如此基片一体化的大面积模板，可以用年产(　　)规模的设备进行生产。

A. 100 MW　　B. 50 MW　　C. 20 MW　　D. 10 MW

196. 光照引起的大部分特性的变化是在最初的(　　)中，以后其特性是稳定的。

A. 一年　　B. 两年　　C. 半年　　D. 二个月

197. 对待职业和岗位，(　　)并不是爱岗敬业所要求的。

A. 树立职业理想　　B. 干一行，爱一行，专一行

C. 遵守企业的规章制度　　D. 一职定终身，不改行

198. 单晶硅光伏电池的实验室效率已经从20世纪50年代的6%提高到了目前的(　　)。

A. 18%　　B. 20.3%　　C. 24.7%　　D. 30%

199. 用于太阳能电池的半导体材料三种形式中不存在晶粒之间边界的是(　　)。

A. 单晶体　　B. 多晶体

C. 非晶体　　D. 以上都存在

200. 逆变器通过对公共节点处的过/欠压和过/欠频保护反孤岛效应,要求其动作时间为(　　)。

A. 0～0.5 s　　B. 0.5～2 s　　C. 0.5～2.5 s　　D. 1～3 s

201. 下列属于香港第一个光伏建筑一体化的系统的是(　　)。

A. 香港机电工程署总部大楼的光伏系统

B. 香港基慧(马湾)光伏建筑一体化系统

C. 香港科学园的光伏建筑一体化系统

D. 香港理工大学光伏建筑一体化系统

202. 以下不属于天文因子类的参数是(　　)。

A. 太阳常数　　B. 日地距离

C. 太阳赤纬　　D. 日照百分率

203. 下列使用于温室型太阳干燥器的产品是(　　)。

A. 红枣　　B. 茶叶　　C. 鹿茸　　D. 棉花

204. 聚焦型太阳能集热器属于(　　)太阳能集热器。

A. 高温型　　B. 中温型　　C. 低温型　　D. 等温型

205. 以下哪项不属于平板集热器吸热面板的类型?(　　)

A. 蛇管式　　B. 管板式　　C. 管艺式　　D. 扁合式

206. 某单片太阳能电池,测得其填充因子为 77.3%,其开路电压为 0.62 V,短路电流为 5.2 A,其测试输入功率为 15.625 W,此太阳电池的光电转换效率为(　　)。

A. 16.07%　　B. 15.31%　　C. 16.92%　　D. 14.83%

207. (　　)太阳能热水系统的显著特点是储水箱必须安装在集热器顶端水平面以上才能保证系统正常运行。

A. 强迫循环　　B. 自然循环　　C. 直流式　　D. 直膨式

208. 目前,大多数单晶硅和多晶硅光伏电池正常使用的保证时间为(　　)。

A. 10 年　　B. 20 年　　C. 25 年　　D. 30 年

209. $(57)_D$=(　　)$_B$。

A. 111 001　　B. 111 010　　C. 111 000　　D. 10 1001

210. 我国目前颁发的《可再生能源法》和《可再生能源发电价格和费用分摊管理暂行办法》很大程度参考了(　　)。

A. 德国的强制购买制度　　B. 德国的强制配额制度

C. 德国的自愿购买制度　　D. 澳大利亚的《绿色证书》

211. 非热平衡过程中,薄膜微晶硅太阳能电池的制造温度是(　　),因此对基片材料没有限制,各种材料均可以使用。

A. 衡温　　B. 高温　　C. 低温　　D. 零下

212. 传感器的动态标定是检验传感器的(　　)。

A. 静态性能指标　　B. 频率响应指标

C. 动态性能指标　　D. 相位误差指标

213. 基准器中(　　)精度最高。

A. 国家级　　B. 一等级　　C. 二等级　　D. 三等级

214. 集热器组有哪些连接方式?(　　)

A. 串联　　B. 并联　　C. 混联　　D. 以上都是

215. 下面哪个选项是错误的?(　　)

A. 太阳房应具有一个良好的绝热外壳

B. 太阳房的南向设有足够大的玻璃窗,以吸收较多的太阳辐射能

C. 室内应布置尽可能少的蓄热体

D. 主要采暖房间应紧靠南墙,次要的非采暖房间布置在北侧和东西两侧

216. 关于平板型集热器,下面哪个选项是错误的?(　　)

A. 吸热体是集热器将太阳辐射能转变为热能并传递给水的关键部件

B. 透明盖板是让太阳辐射透过,抑制吸热体表面反射损失和对流损失,形成温室效应的主要部件

C. 隔热体又称保温层,它的作用是增加热水器吸热体底部和四周变边的热损失

D. 集热器的外壳是使热水器形成温室效应的维护结构

217.(　　)是一种化学物品,在操作中,需戴手套,避免污染。

A. EVA　　B. LCD　　C. ABC　　D. TNT

218. 下面选项中哪项不是太阳能热水系统的防冻措施?(　　)

A. 防冻循环　　B. 回流排空防冻

C. 不采用电伴热　　D. 防冻介质防冻

219. 下面哪项不是太阳能热水系统的运行和维护?(　　)

A. 定期清除集热器上的尘埃、垢物

B. 定期检查水泵、电磁阀等设备是否正常工作

C. 定期进行系统的排污

D. 在非结冰季节,如果要暂时停用太阳能热水系统,不需要保证系统内充满水,让其空晒

220. 下列选项中不能影响干燥速率和干燥周期的因素是(　　)。

A. 干燥对象(物料)　　B. 干燥介质的温度和湿度

C. 干燥器的设计、制造和操作规程　　D. 以上都正确

221. 以下选项中不是拼装式空气集热器优点的是(　　)。

A. 系统复杂　　B. 质量比较稳定

C. 便于现场安装　　D. 工厂化生产

222. 下列选项中不是空气集热器与干燥室一体化太阳能干燥器的优点是(　　)。

A. 结构紧凑　　B. 成本高昂

C. 成本较低　　D. 热效率较高

223. 设备管理的基本要求之一“三好”是管好设备、用好设备及(　　)设备。

A. 维护好　　B. 修养好　　C. 修好　　D. 不爱护

224. 下列属于组件使用材料的是(　　)。

A. 玻璃　　B. EVA　　C. 焊带　　D. 以上全是

225. RoHS 的定义为(　　)。

A. 电子电器设备中某些有害物质使用限定指令

B. 废弃电力电子设备指令

C. 指令检测仪器

D. 分析仪器

226. 关于为什么要执行 RoHS 指令的理由，以下说法正确的是（　　）。

A. 这些成分有可能对人类健康和环境形成危险

B. RoHS 可以使产品的质量水准获得提高

C. RoHS 是对电子电器产品的一种过度的要求

D. 因为它关系到产品使用的安全性能

227. 下列哪种说法是不正确的？（　　）

A. 不同大小角的电池片不可放置于同一块组件

B. 电池片上有明显白斑的不可使用

C. 拼接时要注意电池片串间距，引线间距，电池片和玻璃的间距

D. 在对于组件玻璃的操作过程中，玻璃可以在另一块玻璃表面上滑动。

228. 下列哪些项目不需要层压工序检查？（　　）

A. 组件内部垃圾　　B. TPT 移位，未盖住玻璃，TPT 划伤

C. 组件内气泡，碎片　　D. 组件电性能

229. RoHS 限定的六大物质所具有的共同特点是（　　）。

A. 会在生物体中富集　　B. 污染环境

C. 都是有生命的物质　　D. 以上均有

230. 5S 中第一项整理是如何定义及实施的？（　　）。

A. 不要的东西丢掉　　B. 可能有用的东西都放在生产线上

C. 把不用的东西都放到储存区　　D. 以上皆对

231. 以下不属于串联寄生电阻的是（　　）。

A. 材料体电阻　　B. 金属接触与互联电阻

C. 金属和半导体间的接触电阻　　D. 分流电阻

232. 在太阳能光伏发电系统中，太阳电池方阵所发出的电力如果要供交流负载使用的话，实现此功能的主要器件是（　　）。

A. 稳压器　　B. 逆变器　　C. 二极管　　D. 蓄电池

233. 短时工作制的工作时间 $t_g \leqslant 4$ min，并且停歇时间内导线或电缆能冷却到周围环境温度时，导线或电缆的允许电流按（　　）确定。

A. 反复短时工作制　　B. 短时工作制

C. 长期工作制　　D. 反复长时工作制

234. 快速熔断器的额定电流指的是（　　）。

A. 有效值　　B. 最大值　　C. 平均值　　D. 瞬时值

235. 高压设备室外不得接近故障点（　　）以内。

A. 5 m　　B. 6 m　　C. 7 m　　D. 8 m

236. 在商业活动中，不符合待人热情要求的是（　　）。

A. 严肃待客，表情冷漠　　B. 主动服务，细致周到

C. 微笑大方，不厌其烦　　D. 亲切友好，宾至如归

237. 在供电为短路接地的电网系统中，人体触及外壳带电设备的一点同站立地面一点之间的电位差称为（　　）。

A. 单相触电　　B. 两相触电
C. 接触电压触电　　D. 跨步电压触电

238. 电容器串联时每个电容器上的电荷量(　　)。
A. 之和　　B. 相等
C. 倒数之和　　D. 成反比

239. 用试灯检查电枢绕组对地短路故障时，因试验所用为交流电源，从安全考虑应采用(　　)电压。
A. 36 V　　B. 110 V　　C. 220 V　　D. 380 V

240. 对于每个职工来说，质量管理的主要内容有岗位的质量要求、(　　)、质量保证措施和质量责任等。
A. 信息反馈　　B. 质量水平　　C. 质量记录　　D. 质量目标

241. 职业道德是指从事一定职业劳动的人们，在长期的职业活动中形成的(　　)。
A. 行为规范　　B. 操作程序
C. 劳动技能　　D. 思维习惯

242. 职业道德通过(　　)，起着增强企业凝聚力的作用。
A. 协调员工之间的关系　　B. 增加职工福利
C. 为员工创造发展空间　　D. 调节企业与社会的关系

243. 岗位的质量要求，通常包括操作程序、工作内容、(　　)和参数控制等。
A. 工作计划　　B. 工作目的　　C. 工艺规程　　D. 操作重点

244. 与环境污染相近的概念是(　　)。
A. 生态破坏　　B. 电磁幅射污染　　C. 电磁噪音污染　　D. 公害

245. 常用的稳压电路有(　　)等。
A. 稳压管并联型稳压电路　　B. 串联型稳压电路
C. 开关型稳压电路　　D. 以上都是

246. 电路的作用是实现能量的(　　)和转换、信号的传递和处理。
A. 连接　　B. 传输　　C. 控制　　D. 传送

247. 并联电路中的总电流等于各电阻中的(　　)。
A. 倒数之和　　B. 相等
C. 电流之和　　D. 分配的电流与各电阻值成正比

248. 在(　　)，磁力线由 N 极指向 S 极。
A. 磁体外部　　B. 磁场内部
C. 磁场两端　　D. 磁场一端到另一端

249. 由于光谱响应本来应该为有效光，却应表面反射而损失的(　　)。
A. 复合损失　　B. 反射损失
C. 串联电阻损失　　D. 体面复合损失

250. 非热平衡过程中，薄膜微晶硅太阳能电池的制造温度是(　　)，因此对基片材料没有限制，各种材料均可以使用。
A. 衡温　　B. 高温　　C. 低温　　D. 零下

251. 用等离子体 CVD 法得到的微晶硅，在 1980 年前后就有研究机构报道了结果，由于微晶化带来的(　　)，主要被用于 α-Si 太阳能电池的 n 层。

A. 高电压　B. 低电阻　C. 电容　D. 大电流

252. 下列哪一项不是楼房建材一体型太阳光发电系统模板形式？(　　)。

A. 标准型　B. 屋顶材料一体型

C. 天窗型　D. 强化玻璃合成型

253. 宇宙中的薄膜新材料的创造不包括(　　)。

A. 丰富的能量 AMO　B. 广大的空间

C. 良好的世界　D. 微小的重力

254. 作为光吸收层而广泛使用的有 Cu,In,Ga,Se 组成的系，今后由于(　　)化而使转换效率飞速提高。

A. 并联　B. 串联　C. 叠加　D. 覆盖

255. CIGS 系太阳能电池的特点是的(　　)和固有缺陷。

A. 单一的结晶相　B. 多样的结晶相　C. 少量的结晶相　D. 重复的结晶相

256. 如果用了热膨胀系数相差(　　)的基片材料，就会产生剥离。

A. 大　B. 小　C. 为零　D. 不等

257. 岗位的质量要求，通常包括操作程序、工作内容、(　　) 和参数控制等。

A. 工作计划　B. 工作目的　C. 工艺规程　D. 操作重点

258. 在 CIGS 光吸收层上，用(　　)成长法可以产生 CdS。

A. 盐酸　B. 氧化物　C. 溶液　D. 镉盐

259. 计算器的工作电压为 1.5 V，工作电流为 3 μA，则太阳能电池最少在(　　)下才工作。

A. 20 lx　B. 30 lx　C. 45 lx　D. 50 lx

260. 新阳光计划中的太阳能电池制造技术研究开发不包括(　　)。

A. 结晶系太阳能电池　B. 薄膜太阳能电池

C. 新型 α-si 太阳能电池　D. 超高效率太阳能电池

261. 新阳光太阳能电池具有低费用，大面积模板的电池种类不包括(　　)。

A. 薄膜多晶 Si　B. 新型 α-Si　C. 混合薄膜　D. 铝合多晶

262. 电动二叠层电容有不使用重金属，可以在(　　)的范围内使用，充放电寿命长的优点。

A. −40～70 ℃　B. −20～70 ℃

C. −20～ 20 ℃　D. −40～40 ℃

263. 下列哪一项不是以防灾为目的、受灾时的应对系统的使用方法？(　　)。

A. 包含平时利用的提高体系利用率

B. 具有蓄电池体系的维修保养

C. 灾害发生时的利用率和自立运转的容易程度

D. 对充电控制电路的控制

264. 目前太阳能电池产量最多的国家及公司是(　　)。

A. 日本夏普　B. 美国 Astro　Power

C. 日本三菱电机　D. 法国 PHOTOWATT

265. 职业道德是人的事业成功的(　　)。

A. 重要保证　B. 最终结果　C. 决定条件　D. 显著标志

266. 今后努力发展太阳光发电系统重要的几方面,不包括下列哪一项?( )

A. 原材料价格的降低　　B. 通过商品开发扩大市场

C. 可靠性和认证制度　　D. 低消耗、高效率

267. 下列哪一项不是宇宙利用的优点?( )

A. 超高真空　　B. 微小重力场

C. 良好的价格　　D. 冷却能力无限大的热阱

268. 2010 年使用薄膜太阳能电池后,达到了电池片的厚度为( )、模板的厚度为( )左右,且占有率大幅度地增加,达到了约 40 倍的 2 800 W/kg。

A. 1 μm, 10 μm　　B. 1 μm,5 μm

C. 2 μm,10 μm　　D. 1 μm,2 μm

269. 住宅用太阳光发电系统的组装结构不包括下列哪一项?( )。

A. 太阳能电池模板　　B. 动力调节器

C. 室内配电盘　　D. 充电控制器

二、判断题(正确的打"√",错误的打"×")

( )1. 电池片正面会有两根或三根主栅线,颜色一般是白色,是为了焊接使用的。

( )2. 焊接时烙铁温度低,焊接速度慢,容易虚焊。

( )3. 焊接虚焊时,焊带上的锡并未与白色电极完全接触,会造成质量隐患。

( )4. 层压机进料后,按"下盖"层压机提示是否下盖,然后直接按"确认"按钮。

( )5. 在烙铁不使用时,烙铁头上应覆盖一层焊锡,保护烙铁头。

( )6. 玻璃与玻璃摩擦,会将玻璃表面划伤,操作时玻璃之间要有隔纸。

( )7. 过程检验,除了有检测外观的责任外,还要检测电性能是否符合要求。

( )8. 助焊剂可以滴到电池片上,对质量无影响。

( )9. EVA 是一种化学物品,在操作中,需戴手套,避免污染。

( )10. 在焊接不同的电池片时,焊带的规格是相同的。

( )11. 铝合金框的作用是为了保护组件和安装组件。

( )12. 硅胶的作用是为了密封组件和保护组件。

( )13. 开机时,须等温度到达工艺要求后,空压一遍,观察真空表是否正常,无异常方可进行层压操作。

( )14. 对于层压机,如果真空泵失灵,组件层压后,会有大面积气泡。

( )15. 在晚上,太阳能电池组件也可以发电。

( )16. TPT 是为了防水和绝缘。

( )17. 首炉固化前,必须检查各参数的设定是否符合工艺要求,第一炉出来后,应对固化质量进行检查,观察组件内部有无气泡。

( )18. 组件层压后,需要检查组件内部有无碎片,气泡等缺陷。

( )19. 不合格组件的原因不包括组件内部有垃圾。

( )20. 依室温、不同设备和材料,层压参数可由任何人在范围之内调整。

( )21. 层压结束后,要保证台面和水发布表面干净,不得有残渣或者硬块残留。

( )22. 采用毛玻璃板(花纹玻璃板)只是为了装饰和外表好看。

( )23. 组件在固化后热削边完成时,可直接放在小车上。

( )24. 采用毛玻璃板(花纹玻璃板)可以减少光反射和提高组件发电效率。

(　　)25. 要实现 RoHS 制程，首先要求供应厂商必须提供 RoHS 零件/部件。
(　　)26. 组件封装仅仅是为了改善外观。
(　　)27. RoHS 制程中最主要的是给 RoHS 材料部件设备工具随时确认是否有 RoHS 标签。
(　　)28. RoHS 制程规定必须要单独使用设备和生产线，否则，是不符合规定的。
(　　)29. RoHS 材料和非 RoHS 材料，只要标识了，就不要紧，哪怕混放在一起。
(　　)30. 单片串联焊接时，需要选用工作电流几乎相同的单片，否则会影响组件的整体性能。
(　　)31. 每个 RoHS 制程涉及点必须注意清洁、隔离、标识等动作。
(　　)32. RoHS 人员培训，只要培训过一次了，就不需要再培训。
(　　)33. 对于客户退回的产品的处理，应该保证其处理环境的 RoHS 化，保证不发生后来的外物污染。
(　　)34. 具有外部封装及内部连接、能单独提供直流电输出的最小不可分割的太阳能电池组合装置，叫太阳能电池组件。
(　　)35. RoHS 就是无铅。
(　　)36. 太阳电池测试仪的光源称作太阳模拟器，是因为其光照强度和光谱接近于地球表面的太阳光。
(　　)37. 要严格防止个别性能差的单片混入单片串联焊接工序。
(　　)38. RoHS 就是产品中不含有 Pb(铅)等六大有害物质。
(　　)39. RoHS 组件的品质要好于常规组件。
(　　)40. 绿色流程卡只能用于 RoHS 制程。
(　　)41. 流程卡中无法填写的项目可以空着不填。
(　　)42. 从事产品质量工作的人员，不管任何人只要经过培训就可以担任。
(　　)43. 产品标识就是要求产品实现的全过程中使用适宜的方法识别产品。
(　　)44. 流程卡中填错的内容可以使用修正液或圆珠笔涂改。
(　　)45. 小组件上拆下来的铝合金绝对不能使用。
(　　)46. 色差不影响组件的电性能，因此色差组件不是不良品。
(　　)47. 色差分为“片内色差”“片间色差”和“组件间色差”三种。
(　　)48. 传统焊料里面锡(Sn)的含量为 36%左右，铅(Pb) 的含量为 64%左右。
(　　)49. 党和国家安全生产的方针是：“安全第一，预防为主”。
(　　)50. RoHS 产品就是无铅产品。
(　　)51. 按“STA”键，切割机将按照设定的切割次数不停的切割焊带，切下的焊带将落入托盘中。
(　　)52. 对于未裁剪完的材料，可随意放置，甚至可以直接放在支撑架上。
(　　)53. 玻璃清洗时，玻璃的融绒面朝下，光面朝上。
(　　)54. 焊接员工在拿到电池片后，第一件要做的事就是进行焊接作业。
(　　)55. 层压开机准备：设定加热温度值，开加热按钮升温，设备首次运行升到温度后，应恒温 10 min，并运转设备一个循环。
(　　)56. 灌封胶调配：开启搅拌器电源开关，然后转动搅拌器调速按钮，使搅拌机开始旋转，再将搅拌机的叶片慢慢放入胶体混合物中，将灌封胶搅拌均匀。

(　　)57. 自制组件铝合金槽内打胶时，硅胶高度必须超过凹槽深度的50%。
(　　)58. 外观检验处，检查电池片缺口的标准是：缺口：U形缺口：纵深≤3 mm，面积≤6 mm²，整块组件≤9处；纵深≤1.5 mm，可不计；不得有V形缺口。
(　　)59. EVA是一种化学物品，在操作中，需佩戴手套，避免污染。
(　　)60. 产品质量是检验出来的。
(　　)61. 产品有质量高低之分，过程和体系也有质量高低的区别，这是质量广义性的体现。
(　　)62. 质量是有时效性的，没有出厂的合格品可能会因为顾客要求的提高，而不再被接受。
(　　)63. 开机时，须等温度到达工艺要求后，空压一遍，观察真空表是否正常，无异常方可进行层压操作。
(　　)64. 对于层压机，如果真空泵失灵，组件层压后，会有大面积气泡。
(　　)65. 先前是好的产品，现在可能是不合格品，这是不可能的。
(　　)66. 顾客和相关方对同一产品的功能提出不同的需求，也可能对同一功能提出不同的要求，这是质量相对性的体现。
(　　)67. 质量的优劣对比必须在同一等级的基础上。
(　　)68. 组件层压后，需要检查组件内部有无碎片、气泡等缺陷。
(　　)69. 不合格组件的原因不包括组件内部有垃圾。
(　　)70. 当发现完成上道工序的产品有异常时，不必知会相关工序人员及组长——不是我的错，是别人的错。
(　　)71. 国家实行生产安全事故责任追究制度。
(　　)72. 当发现文件有错误时，不反映给有关工艺人员，因为我按着文件做，错了也是工艺人员的责任。
(　　)73. 只管做，越快越好，反正后面有QC人员，会帮我查错的。
(　　)74. 生产经营单位应当在有较大危险因素的生产经营场所和有关设施、设备上，设置明显的安全警示标志。
(　　)75. 流程卡中无法填写的项目可以空着不填。
(　　)76. 连续发现有不合格品生产，一看是前面工序没做好，不是我的责任，所以不用反映、汇报。
(　　)77. 产品的品质主要依靠生产部员工来保证。
(　　)78. RoHS制程规定必须要单独使用设备和生产线，否则，是不符合规定的。
(　　)79. 职业道德只是从业人员对工作的态度。
(　　)80. 禁止生产经营单位使用国家明令淘汰、禁止使用的危及生产安全的工艺、设备。
(　　)81. 安全生产管理，坚持“安全第一、预防为主”的方针。
(　　)82. 企业的管理是上级对下级的管理。
(　　)83. 质量是：一组固有特性满足要求的程度。
(　　)84. 从业人员发现直接危及人身安全的紧急情况时，可以边作业边报告本单位负责人。
(　　)85. 整理：将工作场所中的任何物品区分为必要的与不必要的，必要的留下来，不必要的物品彻底清除。

(　　)86. 5S的定义："5S"是整理(Seiri)、整顿(Seiton)、清扫(Seiso)、清洁(Seikeetsu)和素养(Shit-suke)这5个词的缩写。

(　　)87. 整顿：必要的东西分门别类依规定的位置放置，摆放整齐，明确数量，加以标示。

(　　)88. 安全生产责任制是一项最基本的安全生产制度，是其他各项安全规章制度得以切实实施的基本保证。

(　　)89. 依照《安全生产法》的规定，从业人员有权了解作业场所和工作岗位存在的危险因素，生产经营单位应当如实告之，不得隐瞒和欺骗。

(　　)90. 特种作业人员未经专门的安全作业培训，未取得特种作业操作资格证书，上岗作业导致事故的，应追究生产经营单位有关人员的责任。

(　　)91. 安全生产管理，坚持"安全第一、预防为主"的方针。

(　　)92. 职业病诊断鉴定委员会由卫生行政部门组织。

(　　)93. 用电安全要求：在操作闸刀开关、磁力开关时，必须将盖盖好。

(　　)94. 电气设备发生火灾不准用水扑救。

(　　)95. 从业人员有权对本单位安全生产工作中存在的问题提出批评、检举、控告。

(　　)96. 上海2011年将举行世界博览会。

(　　)97. 人际交往不属于礼仪的范围。

(　　)98. 根据《安全生产法》规定从业人员在作业过程中，应当服从管理，所以对违章指挥仍要服从。

(　　)99. 素养：人人养成好习惯，依规定行事，培养积极进取的精神。

(　　)100. 清扫：清除工作场所内的脏污，并防止脏污的发生，保持工作场所干净亮丽。

一、单项选题(1～300题)

1. A	2. B	3. A	4. D	5. B	6. B	7. C	8. D	9. A	10. D
11. A	12. A	13. C	14. D	15. A	16. B	17. D	18. A	19. A	20. A
21. D	22. D	23. A	24. B	25. D	26. B	27. A	28. D	29. B	30. C
31. B	32. C	33. A	34. C	35. C	36. C	37. B	38. B	39. C	40. A
41. D	42. B	43. C	44. A	45. B	46. A	47. D	48. D	49. B	50. B
51. B	52. B	53. D	54. C	55. B	56. B	57. C	58. A	59. B	60. B
61. C	62. B	63. B	64. D	65. B	66. C	67. A	68. B	69. D	70. C
71. A	72. A	73. B	74. C	75. C	76. A	77. D	78. A	79. D	80. D
81. C	82. B	83. C	84. B	85. A	86. D	87. D	88. A	89. D	90. C
91. C	92. C	93. C	94. B	95. B	96. A	97. B	98. D	99. A	100. A
101. D	102. D	103. D	104. A	105. A	106. A	107. D	108. A	109. A	110. B
111. D	112. A	113. A	114. B	115. B	116. D	117. D	118. C	119. C	120. B
121. A	122. B	123. D	124. B	125. B	126. C	127. B	128. D	129. D	130. D
131. A	132. B	133. A	134. C	135. A	136. C	137. A	138. A	139. C	140. B
141. B	142. A	143. B	144. C	145. D	146. D	147. A	148. D	149. C	150. C
151. B	152. C	153. C	154. B	155. B	156. A	157. B	158. A	159. D	160. C
161. B	162. A	163. B	164. D	165. C	166. C	167. D	168. C	169. C	170. D
171. D	172. A	173. B	174. C	175. C	176. C	177. D	178. B	179. C	180. B
181. B	182. A	183. C	184. B	185. C	186. B	187. C	188. C	189. A	190. D
191. D	192. B	193. A	194. A	195. C	196. A	197. D	198. C	199. A	200. B
201. D	202. D	203. A	204. A	205. C	206. A	207. B	208. C	209. A	210. A
211. C	212. C	213. A	214. D	215. C	216. C	217. A	218. C	219. D	220. D
221. A	222. B	223. C	224. D	225. A	226. A	227. D	228. D	229. B	230. A
231. D	232. B	233. A	234. A	235. D	236. A	237. C	238. B	239. A	240. D
241. A	242. A	243. C	244. A	245. D	246. B	247. C	248. A	249. B	250. C
251. B	252. C	253. D	254. B	255. B	256. C	257. C	258. C	259. D	260. C
261. D	262. A	263. D	264. A	265. A	266. D	267. D	268. A	269. D	

二、判断题(1～100题)

1. √	2. √	3. √	4. √	5. √	6. √	7. √	8. ×	9. √	10. ×
11. √	12. √	13. √	14. √	15. ×	16. √	17. ×	18. √	19. ×	20. ×
21. √	22. ×	23. ×	24. √	25. √	26. ×	27. √	28. √	29. ×	30. √
31. √	32. ×	33. √	34. ×	35. ×	36. √	37. √	38. √	39. ×	40. √
41. ×	42. ×	43. √	44. ×	45. ×	46. √	47. ×	48. √	49. √	50. √
51. √	52. ×	53. √	54. ×	55. ×	56. √	57. √	58. √	59. √	60. ×
61. √	62. √	63. √	64. √	65. ×	66. √	67. ×	68. √	69. ×	70. ×
71. √	72. ×	73. ×	74. √	75. ×	76. ×	77. √	78. √	79. ×	80. √
81. √	82. ×	83. √	84. ×	85. √	86. √	87. √	88. √	89. √	90. √
91. √	92. √	93. √	94. √	95. √	96. ×	97. ×	98. ×	99. √	100. √

参考文献

[1] 赵玉文,等．中国光伏产业发展研究报告[R]. 北京:中国环境出版社,2007.
[2] 杨金焕,等．太阳能光伏发电应用技术 [M]. 北京:电子工业出版社,2009.
[3] 王长贵,王斯成．太阳能光伏发电实用技术 [M]. 北京:化学工业出版社,2005.
[4] 黄昆,韩汝琦．半导体物理基础[M]. 北京:科学技术出版社,1979.
[5] Martin A. Green. 狄大卫,等译．太阳能电池:工作原理、技术和系统应用[M]. 上海:上海交通大学出版社,2011.
[6] 安其麟,等．太阳电池原理及工艺[M]. 上海:上海科学技术出版社,1984.
[7] 刘恩科,等．光电池及其应用[M]. 北京:科学技术出版社,1991.
[8] 赵争鸣,等．太阳电池加工技术问答[M]. 北京:化学工业出版社,2005.
[9] 刘寄声,太阳电池加工技术问答．北京:化学工业出版社,2010.
[10] 郑军,光伏组件加工实训[M]. 北京:电子工业术出版社,2010.
[11] 周耀宗,等．电池型号命名方法[S]. 北京:中国标准出版社,2002.
[12] 马强,太阳能晶体硅电池组件生产实务 北京:机械工业出版社,2013.
[13] 李钟实, 太阳能光伏组件生产制造工程技术 北京:人民邮电出版社,2012.